Morse理論の基礎

Morse理論の基礎

松本幸夫

岩波書店

まえがき

一般的な分類に従えば,「空間」は幾何学の対象であり,「関数」は解析学の対象である. しかし, ある空間の上で定義された関数と, その空間の形状の間には, 本来密接な関係がある.

例えば, 直線と円周を考えてみよう. 両方とも 1 次元の空間である. いま, 直線を x 軸と考えれば, この上には

$$y = x^2, \quad y = x^3$$

など, いくらでも大きな値をとる連続関数が存在する. ところが, 円周上にはそのような関数は存在しない. 円周上で定義された連続関数は, 円周上のどこかで最大値をとらなくてはならないからである(最大値の定理). このように, その上にいくらでも大きな値をとる連続関数があるかないかによって直線と円周を区別することができる.

Morse 理論は空間上で定義された関数とその空間の形状とのかかわりに関する理論である. とくに, 関数の臨界点に注目し, 臨界点に関する情報から空間の形に関する情報を引き出すところに理論的な特徴がある.

Morse 理論で扱う空間は有限次元のことも無限次元のこともある. とくに, 無限次元を扱う Morse 理論は, 今後の数学の発展に伴いますます重要になっていくと思われる.

本書では有限次元の Morse 理論を解説する. 有限次元の Morse 理論には, 無限次元空間にまつわる理論的な煩雑さのない分だけ, 基本的なアイデアを提示しやすいという利点がある. したがって, はじめて Morse 理論を学ぶ読者は, まず, 有限次元の Morse 理論から始めるのがよいと思う.

また一方で, 有限次元の Morse 理論には, 無限次元への橋渡しにとどまらないそれ自身の意味がある. それは多様体を位相幾何学的に研究するときの不可欠の道具なのである. すなわち, Morse 理論を用いて, 多様体をセ

ル(cell)あるいはハンドル(handle)などの基本的要素に分解することができ，それによって，種々の位相幾何学的不変量を計算したり，多様体の形状を議論したりすることができる．

Morse 理論のこのような側面も，将来にわたって幾何学の基本的な財産であり続けると思う．

本書は AMSLaTeX を用いて書かれている．不慣れな著者のために，プログラムのインストールをはじめ，いろいろと親切にお力添え下さった東京大学数理科学研究科の大島利雄教授に深く感謝いたします．

本書は岩波講座『現代数学の基礎』の「Morse 理論の基礎」を単行本化したものである．出版に際してお世話になった岩波書店編集部の方々に，この場をかりて厚くお礼を申しあげます．

2005 年 6 月

松 本 幸 夫

理論の概要と目標

空間と関数の相互関係がMorse理論の主題である．ある空間上で定義された関数の臨界点のありようがその空間の位相幾何学的な形状をどのように決めるか，逆に，空間の形状が関数の臨界点の分布をどのように規制するか，という問題が興味の中心である．

有限次元多様体の上のMorse理論は，多様体の位相幾何学の強力な手段であり，多様体を理論的な目で「見る」ための統一的な方法を提供する．一方，無限次元空間上のMorse理論は，変分問題と幾何学の深いつながりを明らかにし，現代数学のひとつの指導原理となっている．

有限次元を扱うこの本では，まず曲面を例として，臨界点やHesse行列，ハンドル分解などの基本的概念を導入する．

第2章でそれを一般次元に拡張する．Morse関数が十分たくさん存在することも，ここで証明される．

第3章では，Morse関数に付随するハンドル分解を一般次元で論じ，ハンドル体の理論を展開する．Morse理論が多様体を目で見るための統一的方法を提供するといったのは，ハンドル体のことをいったのである．また射影空間やLie群などのいろいろな古典的空間について，その上のMorse関数を具体的に構成し，臨界点の指数と個数を計算する．さらに，ハンドルを滑らせることや，ハンドルの対の消去などといった，ハンドル体を扱うための基本的技法も解説する．この章が最も中心的な章である．

第4章では，ハンドル分解とセル分解の関係を論じ，多様体がハンドル体の構造をもつことにより，そのホモロジー論が見やすくなるということを示そうとした．例えば，Poincaré双対性は「ハンドル体の上下を反対にする」操作の代数的表現にほかならない．また，多様体の交点形式の議論も，ハンドル体の構造を利用すれば，直観と厳密性の間に適度のバランスが保たれたものになるように思う．

第5章は低次元多様体(4次元以下の多様体)にあてられている．低次元では，Heegaard図式やKirby図式を通して，ハンドル体が本当に目で見えるようになり，枠つき絡み目として紙の上に描けるようになる．このような具体性が低次元多様体論の親しみやすさであるが，同時に，結び目理論との強い関係も直ちに明らかになる．結び目理論と低次元多様体論とはほぼ一体なわけである．両方とも非常に具体的であり親しみやすい対象であるが，決してやさしくはない．その難しさは，からまった糸をほどこうとすればすぐにわかる．(3次元空間のなかに，どんなに複雑にからまっていてもよいから，1つの閉曲線Cを与え，任意の整数nを指定してやると，Kirby図式を通して，(C,n)に1つの3次元閉多様体$M_{(C,n)}$が対応する．3次元多様体の信じ難いほどの複雑さが実感されないだろうか．)

低次元多様体論は，いま活発に研究されている分野である．はじめの計画では，第3章と第5章をこの本の2つの山にするつもりだったが，残念ながら原稿の分量の関係から，第5章は基礎概念に触れる程度になってしまった．

私の個人的な感覚では，低次元にしろ高次元にしろ，ハンドル体の面白さは，いかにも手で触れ，目で見えるような幾何的存在感である．子供が積み木で遊んでいるのとあまり違わない感じがある．

読者にこのような感じが伝えられれば，この本の目的の半分以上は達成されたことになる．

目　次

1 曲面上の Morse 理論

多様体上の関数とその多様体の形状の関連を研究するのが Morse 理論である．第1章では曲面についてこの関連を考えてみよう．曲面は見やすいうえに，本質的な論点はすでに曲面上の Morse 理論に現れているからである．

§1.1 関数の臨界点

1変数関数 $y=f(x)$ を考えてみよう．x も y も共に実数であるとする．

関数の増減を調べるとき，微分して $y'=f'(x_0)=0$ となる x_0 を求め，x_0 の前後での微分係数 $f'(x)$ の変化を調べることが基本的方法であった．

$$f'(x_0)=0$$

となるような x_0 を関数 f の**臨界点**(critical point)と呼ぶ．極大，極小を与える点や，$y=x^3$ の変曲点はみな臨界点である．

臨界点には，臨界点 x_0 における第2次導関数の値 $f''(x_0)$ で区別される2種類がある．$f''(x_0)\neq 0$ のとき，x_0 を**非退化な臨界点**(nondegenerate critical point)といい，$f''(x_0)=0$ のとき，x_0 を**退化した臨界点**(degenerate critical point)という．

例 1.1 2次関数 $y=x^2$ では $y''=2$ であるから，$y=x^2$ の臨界点 $x=0$ は非退化である．

$n\geqq 3$ のとき，n 次関数 $y=x^n$ の臨界点 $x=0$ は退化している．実際，$y=$

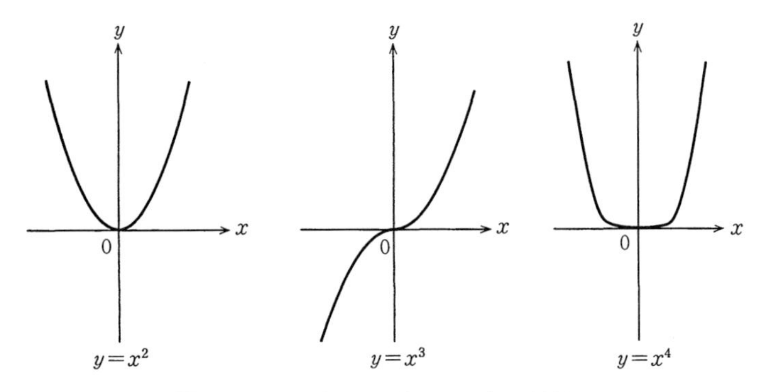

図 1.1 $y=x^2$, $y=x^3$, $y=x^4$ のグラフ

x^n の第 2 次導関数 $y''=n(n-1)x^{n-2}$ は $x=0$ で 0 になる. □

関数のグラフと x 軸との接し方をみると，退化した臨界点でのほうが非退化な臨界点でよりも，よりピッタリと接する感じになっている(図 1.1 参照).

退化した臨界点と非退化な臨界点の性質のもう 1 つの違いが，関数を少し変えてみる(摂動する)と明らかになる．2 次関数 $y=x^2$ と 3 次関数 $y=x^3$ を考えてみよう．どちらも $x=0$ が臨界点になっている．$y=x^2$ の臨界点として $x=0$ は非退化な臨界点であるが，$y=x^3$ の臨界点としては退化した臨界点である．これらの関数を 1 次関数 $y=ax+b$ を加えることによって摂動する.

2 次関数 $y=x^2$ を摂動した関数

$$y=x^2+ax+b \tag{1.1}$$

の臨界点を求めよう．微分して

$$y'=2x+a.$$

この導関数を 0 にする $x=-\dfrac{a}{2}$ が(1.1)の臨界点である．また，第 2 次導関数は $y''=2$ であるから，$x=-\dfrac{a}{2}$ は(1.1)の非退化な臨界点である．すなわち，関数 $y=x^2$ を摂動した後に，もとの非退化な臨界点 $x=0$ のそばに生じる臨界点 $x=-\dfrac{a}{2}$ はやはり非退化である.

退化した臨界点についてはどうだろうか．3 次関数 $y=x^3$ を摂動した関数

(1.2)
$$y = x^3 + ax + b$$
を微分すると
$$y' = 3x^2 + a.$$
これを0とおくと,

(1.3)
$$x = \pm\sqrt{\frac{-a}{3}}$$
を得る.

この解は, $a>0$ なら実数ではないから, $a>0$ のときは臨界点は現れない. 臨界点は消えてしまうわけである.

また, $a<0$ のときは(1.3)の2つの値は実数だから, 2つの臨界点が現れることになる. $y=x^3+ax+b$ の第2次導関数 $y=6x$ の値は $x=\pm\sqrt{\frac{-a}{3}}$ のところで0でないから, この2つの臨界点はどちらも非退化である.

はじめの関数 $y=x^3$ の退化した臨界点 $x=0$ は, 摂動のしかたによっては, 消えてしまったり($a>0$), 2つの非退化な臨界点に分裂したり($a<0$)する.

まとめると, 非退化な臨界点は安定な存在であるが, 退化した臨界点は不安定な存在である, ということになる.

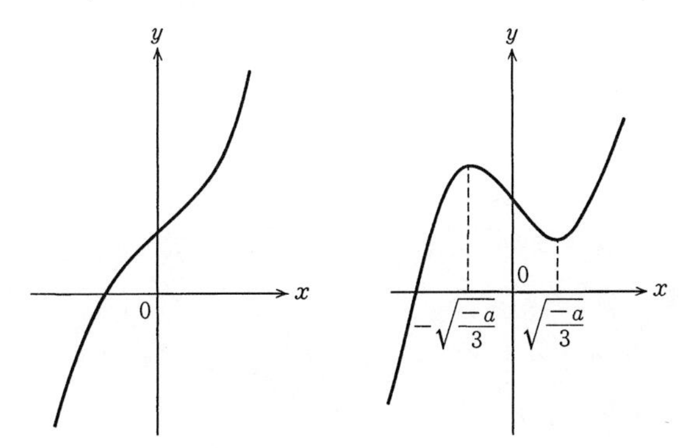

図1.2　$y=x^3+ax+b$ のグラフ: $a>0$(左図), $a<0$(右図)

§1.2　Hesse 行列

次に，2 変数の実数値関数

(1.4) $$z = f(x,y)$$

を考える．x も y も実数である．実数の 1 組 (x,y) は xy 平面上の 1 点を表すと考えられる．そうすると，関数(1.4)は，平面の各点に 1 つずつ実数を対応させる関数(平面上の関数)になっている．そのグラフは，x,y,z の 3 つの直交軸をもった 3 次元空間の中に描くことができる．

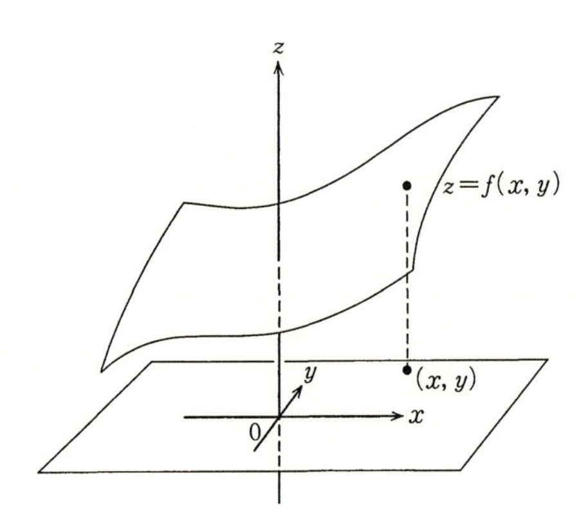

図 1.3　2 変数関数のグラフの例

図 1.3 がそのような 2 変数関数のグラフの例である．

定義 1.2 (2 変数関数の臨界点)　xy 平面上の 1 点 $p_0 = (x_0, y_0)$ が関数 $z = f(x,y)$ の**臨界点**であるとは，

(1.5) $$\frac{\partial f}{\partial x}(p_0) = 0, \quad \frac{\partial f}{\partial y}(p_0) = 0$$

が成り立つことである．□

ここでは，関数 $f(x,y)$ は C^∞ 級(何回でも微分可能)であると仮定されている．以下，この本で考える関数はすべて C^∞ 級である．

例 1.3　原点 $\mathbf{0} = (0,0)$ は，3 つの関数

(1.6) $$z = x^2 + y^2, \quad z = x^2 - y^2, \quad z = -x^2 - y^2$$

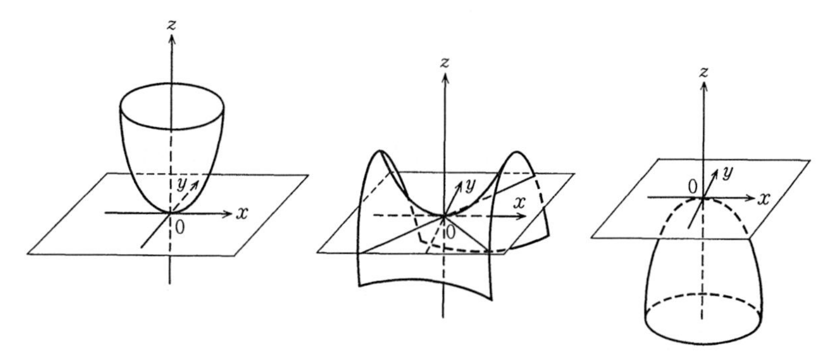

図 1.4　左から順に，$z=x^2+y^2$，$z=x^2-y^2$，$z=-x^2-y^2$ のグラフ

のどれについても，その臨界点である(図 1.4 参照)．　□

2 変数の場合に，非退化な臨界点と退化した臨界点をどのように定義したらよいだろうか．

ちょっと考えると

$$\frac{\partial^2 f}{\partial x^2}(p_0) \neq 0, \quad \frac{\partial^2 f}{\partial y^2}(p_0) \neq 0 \tag{1.7}$$

を満たす臨界点 p_0 を非退化な臨界点と定義すればよさそうであるが，これはまずい定義である．なぜなら，同じ関数 f と同じ臨界点 p_0 についても，座標系を変換するだけで，上の式(1.7)は一般には成り立たなくなってしまうからである．「非退化な臨界点」や「退化した臨界点」の概念は，座標系のとりかたに無関係な概念であってほしい．次の定義がこの要求を満たしている．

定義 1.4　(i)　点 $p_0=(x_0,y_0)$ が関数 $z=f(x,y)$ の臨界点であるとき，

$$\begin{pmatrix} \dfrac{\partial^2 f}{\partial x^2}(p_0) & \dfrac{\partial^2 f}{\partial x \partial y}(p_0) \\ \dfrac{\partial^2 f}{\partial y \partial x}(p_0) & \dfrac{\partial^2 f}{\partial y^2}(p_0) \end{pmatrix} \tag{1.8}$$

のように 2 次の偏微分係数を並べた行列を，臨界点 p_0 における関数 $z=f(x,y)$ の **Hesse 行列**(Hessian)と呼ぶ．記号で

$$H_f(p_0)$$

と表す．

(ii) 臨界点 p_0 が関数 $z=f(x,y)$ の**非退化な臨界点**であるとは，p_0 における f の Hesse 行列の行列式が 0 でないことである．すなわち

$$\det H_f(p_0)=\frac{\partial^2 f}{\partial x^2}(p_0)\frac{\partial^2 f}{\partial y^2}(p_0)-\left(\frac{\partial^2 f}{\partial x\partial y}(p_0)\right)^2\neq 0 \tag{1.9}$$

が成り立つことである．

反対に，$\det H_f(p_0)=0$ のとき，p_0 は**退化した臨界点**であるという． □

なお，$\dfrac{\partial^2 f}{\partial x\partial y}=\dfrac{\partial^2 f}{\partial y\partial x}$ であるから，$H_f(p_0)$ は対称行列である．

例 1.5　例 1.3 の 3 つの関数について，その原点 $\mathbf{0}$ における Hesse 行列を計算すると，

（i）　$z=x^2+y^2$ については，

$$\begin{pmatrix} 2 & 0 \\ 0 & 2 \end{pmatrix}$$

（ii）　$z=x^2-y^2$ については

$$\begin{pmatrix} 2 & 0 \\ 0 & -2 \end{pmatrix}$$

（iii）　$z=-x^2-y^2$ については，

$$\begin{pmatrix} -2 & 0 \\ 0 & -2 \end{pmatrix}$$

となる．これらの行列の行列式は 0 でないから，これら 3 つの関数のどれについても，原点 $\mathbf{0}$ はその関数の非退化な臨界点である． □

例 1.6　関数 $z=xy$ を考える．原点 $\mathbf{0}$ が臨界点になっている．そこでの Hesse 行列は

$$\begin{pmatrix} 0 & 1 \\ 1 & 0 \end{pmatrix}$$

であり，この行列式は 0 でないから，原点 $\mathbf{0}$ は非退化な臨界点である．実は，関数 $z=xy$ は前の例 1.3 の 2 番目の関数 $z=x^2-y^2$ を座標変換したものである． □

例 1.7　関数 $z=x^2+y^3$ についても，原点 $\mathbf{0}$ が臨界点であるが，$\mathbf{0}$ におけ

る Hesse 行列は

$$\begin{pmatrix} 2 & 0 \\ 0 & 0 \end{pmatrix}$$

となり，その行列式が 0 となるので，$\mathbf{0}$ は $z=x^2+y^3$ の退化した臨界点である．□

座標変換によって Hesse 行列はどのように変わるだろうか．

補題 1.8 点 p_0 が関数 $z=f(x,y)$ の臨界点であるとする．座標系 (x,y) を使って計算した Hesse 行列を $H_f(p_0)$ とし，別の座標系 (X,Y) を使って計算した Hesse 行列を $\mathcal{H}_f(p_0)$ とすると，次の関係式が成り立つ．

$$\mathcal{H}_f(p_0)={}^tJ(p_0)H_f(p_0)J(p_0) \tag{1.10}$$

ここに $J(p_0)$ は座標変換に伴う **Jacobi 行列**(Jacobian matrix)で，次の式で定義される．

$$J(p_0)=\begin{pmatrix} \dfrac{\partial x}{\partial X}(p_0) & \dfrac{\partial x}{\partial Y}(p_0) \\ \dfrac{\partial y}{\partial X}(p_0) & \dfrac{\partial y}{\partial Y}(p_0) \end{pmatrix} \tag{1.11}$$

また，${}^tJ(p_0)$ は $J(p_0)$ の転置行列である．

［証明］ 証明は単なる計算である．よく知られた偏微分の変数変換の公式

$$\frac{\partial f}{\partial X}=\frac{\partial f}{\partial x}\frac{\partial x}{\partial X}+\frac{\partial f}{\partial y}\frac{\partial y}{\partial X},$$

$$\frac{\partial f}{\partial Y}=\frac{\partial f}{\partial x}\frac{\partial x}{\partial Y}+\frac{\partial f}{\partial y}\frac{\partial y}{\partial Y}$$

を 2 回使って，$\dfrac{\partial^2 f}{\partial X^2}$，$\dfrac{\partial^2 f}{\partial X\partial Y}$，$\dfrac{\partial^2 f}{\partial Y^2}$ を $\dfrac{\partial^2 f}{\partial x^2}$，$\dfrac{\partial^2 f}{\partial x\partial y}$，$\dfrac{\partial^2 f}{\partial y^2}$ で表せばよい．最後に p_0 での値を求めるとき，p_0 が f の臨界点であるから，$\dfrac{\partial f}{\partial x}(p_0)=0$，$\dfrac{\partial f}{\partial y}(p_0)=0$ であることに注意する．詳しい計算は読者に任せよう．(計算は少し複雑なので，ここのところは認めてしまって，先に進んだほうがよいかもしれない．) ■

例 1.9 関数 $z=xy$ (例 1.6)を

$$(1.12)\qquad \begin{cases} x = X-Y \\ y = X+Y \end{cases}$$

という座標変換によって書き換えると

$$xy = (X-Y)(X+Y) = X^2-Y^2$$

となって，例 1.3 の 2 番目の関数になる．原点 $\mathbf{0}$（臨界点）において，xy と X^2-Y^2 の Hesse 行列を，座標系 (x,y) と (X,Y) について計算すれば，それぞれ

$$\begin{pmatrix} 0 & 1 \\ 1 & 0 \end{pmatrix}, \quad \begin{pmatrix} 2 & 0 \\ 0 & -2 \end{pmatrix}$$

であった．また，座標変換(1.12)の Jacobi 行列は

$$\begin{pmatrix} 1 & -1 \\ 1 & 1 \end{pmatrix}$$

であるから，補題 1.8 の主張する関係

$$\begin{pmatrix} 2 & 0 \\ 0 & -2 \end{pmatrix} = \begin{pmatrix} 1 & 1 \\ -1 & 1 \end{pmatrix} \begin{pmatrix} 0 & 1 \\ 1 & 0 \end{pmatrix} \begin{pmatrix} 1 & -1 \\ 1 & 1 \end{pmatrix}$$

が確かに成り立っている．　□

補題 1.8 の結論として，次の系を得る．

系 1.10　点 p_0 が関数 f の非退化な臨界点であるということは，p_0 のまわりの座標系の選び方によらない．退化した臨界点についても，同じことがいえる．　□

実際，補題 1.8 によれば，$\mathcal{H}_f(p_0) = {}^tJ(p_0)H_f(p_0)J(p_0)$ であるから，両辺の行列式をとって，

$$(1.13)\qquad \det \mathcal{H}_f(p_0) = \det {}^tJ(p_0) \det H_f(p_0) \det J(p_0).$$

座標変換の Jacobi 行列については，つねに

$$(1.14)\qquad \det J(p_0) \neq 0$$

であるから(参考文献[11]，p. 41–43，p. 107 参照)，$\det \mathcal{H}_f(p_0) \neq 0$ と $\det H_f(p_0) \neq 0$ とは同値である．これで系 1.10 が示された．

§1.3　Morse の補題

この節の目標は次の定理を証明することである.

定理 1.11 (Morse の補題)　点 p_0 が 2 変数関数 f の非退化な臨界点であるとき, p_0 のまわりの局所座標系 (X, Y) をうまく選んで, その局所座標系によって表した関数 f の形が, 次の 3 つの標準形のどれかになるようにできる.

(i)　$f = X^2 + Y^2 + c$

(ii)　$f = X^2 - Y^2 + c$

(iii)　$f = -X^2 - Y^2 + c$

ここに, c は定数 $(= f(p_0))$ である. また, p_0 は (X, Y) の原点になっている $(p_0 = (0, 0))$. □

この定理は, 非退化な臨界点の近傍では, 関数の変化の様子がとても簡単であるということをいっている. 2 変数関数の場合なら, それは例 1.3 で見た 3 つの簡単な関数のどれか 1 つと, 座標変換で一致してしまうというのである.

これら 3 つの標準形では, 原点が非退化な臨界点になっていて, 原点の近くにほかに臨界点はない. したがって, 次の系が得られる.

系 1.12　2 変数関数 f の非退化な臨界点は孤立した臨界点である. □

この事実は, 2 次元に限らず一般の m 次元で成り立つ.

定理 1.11 を証明しよう.

[証明]　点 p_0 のまわりの局所座標系 (x, y) を任意に選んでおく. 点 p_0 はこの座標系の原点 $(0, 0)$ であると仮定してよい. 以下, 簡単のため, $f(p_0) = 0$ であるものとしよう. さらに,

$$\frac{\partial^2 f}{\partial x^2}(p_0) \neq 0 \tag{1.15}$$

を仮定してもよいことをまず証明しよう. もちろん, はじめから $\dfrac{\partial^2 f}{\partial x^2}(p_0) \neq 0$ であれば何も証明する必要はない. また, $\dfrac{\partial^2 f}{\partial x^2}(p_0) = 0$ であっても, $\dfrac{\partial^2 f}{\partial y^2}(p_0) \neq 0$ であれば, x 軸と y 軸を入れ換えることにより, 条件(1.15)

が満たされるとしてよい．そこで，$\dfrac{\partial^2 f}{\partial x^2}(p_0)=0$，$\dfrac{\partial^2 f}{\partial y^2}(p_0)=0$ の両方が成り立っている場合を考える．この場合，(x,y) で計算した(点 p_0 における) f の Hesse 行列 H_f は

$$H_f=\begin{pmatrix} 0 & a \\ a & 0 \end{pmatrix} \quad \text{ただし } a\neq 0 \tag{1.16}$$

の形をしている．ここで，$a\neq 0$ であるのは点 p_0 が非退化だからである．新しい局所座標系 (X,Y) を

$$x=X-Y, \quad y=X+Y \tag{1.17}$$

となるように導入すると，(X,Y) から (x,y) への座標変換の Jacobi 行列 J は

$$J=\begin{pmatrix} 1 & -1 \\ 1 & 1 \end{pmatrix} \tag{1.18}$$

であるから，(X,Y) によって計算した f の Hesse 行列 $\mathcal{H}_f$ は

$$\mathcal{H}_f={}^tJH_fJ=\begin{pmatrix} 2a & 0 \\ 0 & -2a \end{pmatrix} \tag{1.19}$$

となる(補題 1.8)．この式は

$$\frac{\partial^2 f}{\partial X^2}(p_0)=2a\neq 0, \quad \frac{\partial^2 f}{\partial Y^2}(p_0)=-2a\neq 0 \tag{1.20}$$

であることを示している．(X,Y) の記号をあらためて (x,y) とつけかえれば，条件(1.15)が確かに満たされることがわかる．以下，はじめからこの条件(1.15)を仮定して議論をすすめることにしよう．

次の事実が多変数の微分積分で知られている．すなわち，原点 $(0,0)$ のまわりで関数 $z=f(x,y)$ が与えられていて，しかも，$f(0,0)=0$ であるとすると，別の関数 $g(x,y)$ と $h(x,y)$ を使って，原点 $(0,0)$ の適当な近傍内で

$$f(x,y)=xg(x,y)+yh(x,y) \tag{1.21}$$

と書ける．そして，

$$\frac{\partial f}{\partial x}(0,0)=g(0,0), \quad \frac{\partial f}{\partial y}(0,0)=h(0,0) \tag{1.22}$$

が成り立つ，ということである．一応，このことを証明しておこう．

簡単のため，$z=f(x,y)$ は xy 平面全体で定義されているものとしよう．任意の点 (x,y) をとり，止めておく．t をパラメータとして $f(tx,ty)$ という t に関する1変数関数を考える．これを t で微分してから積分するともとにもどるから，とくに $t=0$ から $t=1$ までの定積分を考えて，$f(0,0)=0$ であることを使うと，

$$
\begin{aligned}
f(x,y) &= \int_0^1 \frac{df(tx,ty)}{dt}dt \\
&= \int_0^1 \left\{ x\frac{\partial f}{\partial x}(tx,ty)+y\frac{\partial f}{\partial y}(tx,ty) \right\} dt \\
&= xg(x,y)+yh(x,y)
\end{aligned}
\tag{1.23}
$$

となる．ただし，この式のまんなかの等号のところでは合成関数の微分の公式を使っている．ここに出てきた記号 $\dfrac{\partial f}{\partial x}(tx,ty)$ は少しまぎらわしいが，関数 $f(x,y)$ の導関数 $\dfrac{\partial f}{\partial x}$ を計算したあとで，点 (tx,ty) においてその値をもとめたもの，という意味である．$\dfrac{\partial f}{\partial y}(tx,ty)$ についても同様である．また，最後の式では

$$
g(x,y) = \int_0^1 \frac{\partial f}{\partial x}(tx,ty)dt, \quad h(x,y) = \int_0^1 \frac{\partial f}{\partial y}(tx,ty)dt \tag{1.24}
$$

とおいた．

これで，等式(1.21)が示された．また，$g(x,y)$ と $h(x,y)$ の定義式(1.24)において，$(x,y)=(0,0)$ を代入してみれば，等式(1.22)がわかる．

以上は多変数の微分積分の基本事項であるが，念のため付け加えておいた．

さて，我々の場合，原点 $p_0=(0,0)$ は関数 f の臨界点であると仮定してあるから，

$$
g(0,0) = \frac{\partial f}{\partial x}(0,0) = 0, \quad h(0,0) = \frac{\partial f}{\partial y}(0,0) = 0 \tag{1.25}
$$

が成り立つ．したがって，関数 $g(x,y)$ と $h(x,y)$ に再び上で証明した微分積分の基本事項を使うことができて，適当な関数 h_{11} と h_{12} を用いて

$$
g(x,y) = xh_{11}(x,y)+yh_{12}(x,y) \tag{1.26}
$$

と書け，また別の適当な関数 h_{21} と h_{22} を用いて

$$h(x,y) = xh_{21}(x,y) + yh_{22}(x,y) \tag{1.27}$$

と書ける．式(1.21)と合わせると

$$f(x,y) = x^2h_{11} + xy(h_{12}+h_{21}) + y^2h_{22} \tag{1.28}$$

を得る．見やすくするため，$H_{11}=h_{11}$，$H_{12}=(h_{12}+h_{21})/2$，$H_{22}=h_{22}$ とおくと

$$f(x,y) = x^2H_{11} + 2xyH_{12} + y^2H_{22} \tag{1.29}$$

となる．この式から簡単な計算で

$$\begin{cases} \dfrac{\partial^2 f}{\partial x^2}(0,0) = 2H_{11}(0,0) \\ \dfrac{\partial^2 f}{\partial x\partial y}(0,0) = \dfrac{\partial^2 f}{\partial y\partial x}(0,0) = 2H_{12}(0,0) \\ \dfrac{\partial^2 f}{\partial y^2}(0,0) = 2H_{22}(0,0) \end{cases} \tag{1.30}$$

を得るが，はじめに注意しておいたように，いまは1番目の式の左辺は0でないと仮定している．したがって $H_{11}(0,0)\neq 0$．H_{11} は連続だから

$$H_{11}(x,y) \text{ は } (0,0) \text{ の近傍で } 0 \text{ でない} \tag{1.31}$$

ということがわかる．

そこで，原点 $(0,0)$ の近傍で新しい x 座標 X を

$$X = \sqrt{|H_{11}|}\left(x + \frac{H_{12}}{H_{11}}y\right) \tag{1.32}$$

という式で導入する．y 座標はそのままにしておく．(x,y) と (X,y) の間のJacobi行列を計算してみると，その行列式が原点 $(0,0)$ で0にならないことがわかるので，確かに (X,y) は原点 $(0,0)$ の近傍の局所座標系である．X の2乗を計算すれば，

$$X^2 = |H_{11}|\left(x^2 + 2\frac{H_{12}}{H_{11}}xy + \frac{H_{12}^2}{H_{11}^2}y^2\right) \tag{1.33}$$

$$= \begin{cases} H_{11}x^2 + 2H_{12}xy + \dfrac{H_{12}^2}{H_{11}}y^2 & (H_{11} > 0) \\ -H_{11}x^2 - 2H_{12}xy - \dfrac{H_{12}^2}{H_{11}}y^2 & (H_{11} < 0) \end{cases}$$

式(1.29)と比較して，$H_{11} > 0$ のとき

$$f = X^2 + \left(H_{22} - \frac{H_{12}^2}{H_{11}}\right)y^2, \tag{1.34}$$

また，$H_{11} < 0$ のとき

$$f = -X^2 + \left(H_{22} - \frac{H_{12}^2}{H_{11}}\right)y^2 \tag{1.35}$$

を得る．

まえに，式(1.30)で見ておいたことから，

$$H_{11}(0,0)H_{22}(0,0) - H_{12}^2(0,0) = \frac{1}{4}\det H_f \neq 0 \tag{1.36}$$

である．$\det H_f \neq 0$ というところに，原点 p_0 が f の非退化な臨界点であるという仮定が使われている．原点 $p_0 = (0,0)$ の近傍で新たな y 座標 Y を

$$Y = \sqrt{\left|\frac{H_{11}H_{22} - H_{12}^2}{H_{11}}\right|}\ y \tag{1.37}$$

という式で導入して，式(1.34)と(1.35)を書きなおせば，f は局所座標系 (X, Y) によって次のように表される．なお便宜上，$H_{11}H_{22} - H_{12}^2$ を K と書いた．

$$f = \begin{cases} X^2 + Y^2 & (H_{11} > 0,\ K > 0) \\ X^2 - Y^2 & (H_{11} > 0,\ K < 0) \\ -X^2 + Y^2 & (H_{11} < 0,\ K < 0) \\ -X^2 - Y^2 & (H_{11} < 0,\ K > 0) \end{cases} \tag{1.38}$$

X 軸と Y 軸を「90° 回転」で入れ換えれば，$f = X^2 - Y^2$ と $f = -X^2 + Y^2$ とは本質的に同じ標準形とみなせる．これで目標の定理1.11が証明できた． ∎

定義 1.13（非退化な臨界点の指数）　点 p_0 を2変数関数 f の非退化な臨界点とする．点 p_0 の近傍で適当な局所座標系 (x,y) により f を標準形になおしたとき，$f=x^2+y^2+c$, $f=x^2-y^2+c$, $f=-x^2-y^2+c$ であるのに応じて，非退化な臨界点 p_0 の**指数**(index)をそれぞれ，0, 1, 2 と定義する．言い換えれば，標準形に現れるマイナスの符号の個数が p_0 の指数である．　□

3つの関数 $z=x^2+y^2$, $z=x^2-y^2$, $z=-x^2-y^2$ のグラフ(図1.4)から明らかなように，点 p_0 の指数が0ならば，f は点 p_0 で極小値をとる．指数が1ならば，f は点 p_0 の近傍で $f(p_0)$ より真に大きな値をとることもあるし，真に小さい値をとることもある．指数が2ならば，f は点 p_0 で極大値をとる．したがって，非退化な臨界点 p_0 の指数は，p_0 のまわりでの f の振る舞いによって確定する．

指数の確定性(well-definedness)は次のように証明することもできる．まえの例1.5で見たように，3つの関数 $z=x^2+y^2$, $z=x^2-y^2$, $z=-x^2-y^2$ の Hesse 行列はそれぞれ

$$\begin{pmatrix} 2 & 0 \\ 0 & 2 \end{pmatrix}, \quad \begin{pmatrix} 2 & 0 \\ 0 & -2 \end{pmatrix}, \quad \begin{pmatrix} -2 & 0 \\ 0 & -2 \end{pmatrix}$$

であった．

これらの行列は，f の Hesse 行列 $H_f(p_0)$ を対角化したものと考えられる．すなわち，適当な行列 J を見つけて，${}^tJH_f(p_0)J$ を計算し，それが対角線の上だけに0でない数の並んだ「対角行列」になるようにしたものと思えるわけである．線形代数で知られた Sylvester の法則(巻末文献[14])によれば，$H_f(p_0)$ のような対称行列を対角行列に直したときに，対角線上に現れるマイナスの数の個数は，はじめの $H_f(p_0)$ で決まり，対角化の仕方によらない．これが指数の確定性に他ならない

第2章で述べるように，定理1.11と同様な定理が一般の m 次元でも証明され，非退化な臨界点 p_0 の指数が定義できる．その場合の指数の確定性も Sylvester の法則によって保証されるのである．

§1.4　曲面上の Morse 関数

前節までの考察は，すべて，臨界点の近傍での「局所的」な考察であった．この節から空間全体の形状にかかわる「大域的」な考察に移ろう．この節では，2 次元の空間，すなわち**曲面**(surface)を考える．図 1.5 と図 1.6 は閉じた曲面，いわゆる**閉曲面** (closed surface)の例である．順に，球面(sphere)，トーラス(torus)，種数 2 の閉曲面，種数 3 の閉曲面が並んでいる．

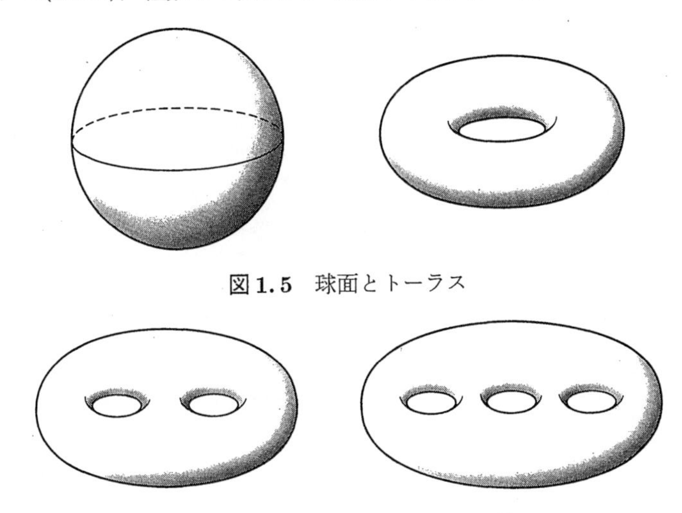

図 1.5　球面とトーラス

図 1.6　種数 2 の閉曲面と種数 3 の閉曲面

種数(genus)というのは閉曲面の「穴」のことで，トーラスの種数は 1，球面の種数は 0 である．任意の自然数 g について，種数 g の閉曲面が考えられる．トーラスを「浮き輪」の形と思うと，種数 2 の閉曲面は「2 人乗りの浮き輪」である．同様に，種数 g の閉曲面は「g 人乗りの浮き輪」の形と思える．

球面を記号で S^2 と表す．肩の数字 2 は球面の次元である．トーラスは T^2，また，種数 g の閉曲面は Σ_g と表されることが多い．Σ_0, Σ_1 はそれぞれ，球面 S^2，トーラス T^2 のことに他ならない．

M をひとつの曲面とする．M の各点 p に実数 $f(p)$ を対応させる写像

$$f: M \to \mathbb{R}$$

のことを，M 上の関数という．（$\mathbb{R}$ は実数全体の集合である．）

さて，曲面は曲がっているので，曲面上の局所座標系も一般には曲がっている（図1.7参照）．

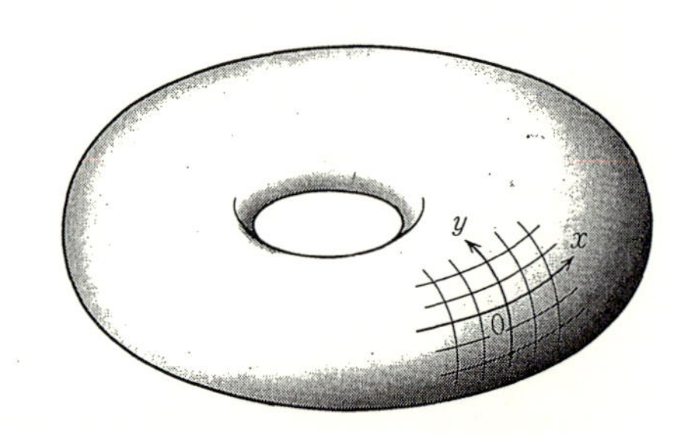

図1.7　曲面上の局所座標系

曲面 M 上の関数 $f: M \to \mathbb{R}$ が C^∞ 級であるというのは，その曲面上のどの滑らかな局所座標系についても，f がその座標系に関して C^∞ 級であることである．

以下，考える曲面はすべて滑らか（C^∞ 級）であるとし，考える関数もすべて C^∞ 級であるとする．

曲面上の関数 $M \to \mathbb{R}$ の「臨界点」の概念も局所座標系を使って前節と同様に定義される．すなわち，曲面 M の点 p_0 が関数 $f: M \to \mathbb{R}$ の**臨界点**であるとは，p_0 の近傍の局所座標系 (x, y) について，

$$\frac{\partial f}{\partial x}(p_0) = 0, \quad \frac{\partial f}{\partial y}(p_0) = 0 \tag{1.39}$$

が成り立つことである．

はじめの節で説明したように，非退化な臨界点は安定な存在であり，退化した臨界点にくらべて都合のよい性質をもっている．したがって，関数のなかでも，非退化な臨界点しかもたないような関数は，扱いやすい関数のはずである．このような考えに基づいて，次のように定義する．

定義 1.14（Morse 関数）　曲面 M 上の関数 $f: M \to \mathbb{R}$ の臨界点がすべて

非退化であるとき，f を **Morse 関数**(Morse function)と呼ぶ． □

Morse 関数の例をあげよう．

例 1.15（球面の高さ関数）　直交座標系 (x,y,z) をもつ 3 次元空間 $\mathbb{R}^3$ のなかの単位球面 S^2 を考える．すなわち，

$$x^2+y^2+z^2=1 \tag{1.40}$$

という方程式で定義される球面である．

S^2 上の任意の点 $p=(x,y,z)$ に，その点の第 3 座標 z を対応させる関数 $f\colon S^2\to\mathbb{R}$ を考える．いわば「高さ関数」である．すると，この f は S^2 上の Morse 関数になる(図 1.8)．

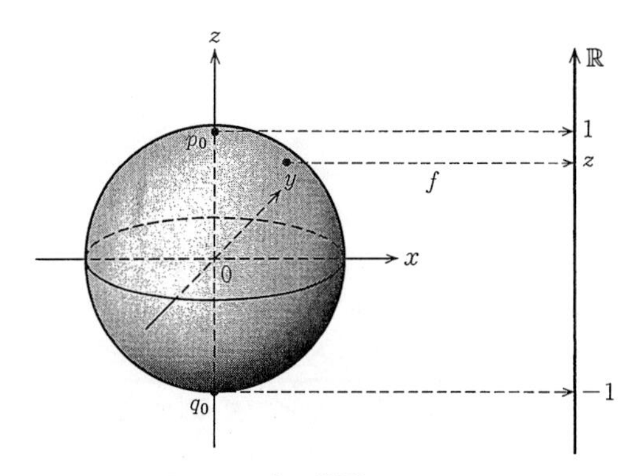

図 **1.8**　高さ関数 $f\colon S^2\to\mathbb{R}$

実際，北極点 $p_0=(0,0,1)$ と南極点 $q_0=(0,0,-1)$ が f の臨界点である．また，このほかには f の臨界点がないことは容易にわかる．そこで，$f\colon S^2\to\mathbb{R}$ が Morse 関数であることを示すには，p_0 と q_0 が両方とも f の非退化な臨界点であることを証明すればよい．局所座標系として (x,y) をとって，f の Hesse 行列を計算すれば，求める結論が得られる． □

この例で見るように，球面 S^2 上には，非退化な臨界点が 2 つだけの Morse 関数が存在する．実は，この逆が言える．

定理 1.16　閉曲面 M の上に，非退化な臨界点が 2 つだけの Morse 関数 $f\colon M\to\mathbb{R}$ が存在すれば，M は球面 S^2 に微分同相である． □

この定理は Morse 理論の簡単な例になっている．証明のまえに「微分同

相」を定義しよう.

「同相写像」の概念から始めると，2つの図形 X と Y の間に，1対1で「上への」写像

$$h: X \to Y$$

があるとする. 写像 h によって，X の点の集合と Y の点の集合とは全部が残りなく1対1に対応している. そうすると $h: X \to Y$ の逆写像

$$h^{-1}: Y \to X$$

が考えられるが，$h: X \to Y$ と $h^{-1}: Y \to X$ がともに連続写像であるとき，$h: X \to Y$ は**同相写像**(homeomorphism)であるという. このとき，逆写像 $h^{-1}: Y \to X$ も同相写像である. 2つの図形 X と Y が**同相**(homeomorphic)であるとは，X と Y の間になんらかの同相写像 $h: X \to Y$ が存在することである. X と Y が同相であれば，トポロジー(位相幾何学，topology)では両者は「同じ形」であると見なすのである.

定義 1.17　曲面 M から曲面 N への同相写像

$$h: M \to N$$

が**微分同相写像**(diffeomorphism)であるとは，$h: M \to N$ もその逆写像 $h^{-1}: N \to M$ も，ともに C^∞ 級であることである.

また，なんらかの微分同相写像 $h: M \to N$ が存在するとき，M と N は**微分同相**(diffeomorphic)であるという. □

互いに微分同相であるような2つの曲面 M, N は「滑らかさを考慮にいれた上で」同じ形をしている. 滑らかな図形を研究対象とする微分トポロジー(微分位相幾何学，differential topology)では，互いに微分同相であるような2つの図形は「同じ形」であると考える.

定理 1.16 を証明しよう(図 1.9 参照).

[証明]　閉曲面 M はコンパクトな空間であることに注意する(閉曲面は「コンパクトで境界のない2次元多様体」として定義される). コンパクト性の定義は第2章で復習するが，ここで必要なコンパクト空間の性質は，最大値の定理である.

定理 1.18 (最大値の定理)　$f: X \to \mathbb{R}$ をコンパクト空間 X の上の連続関

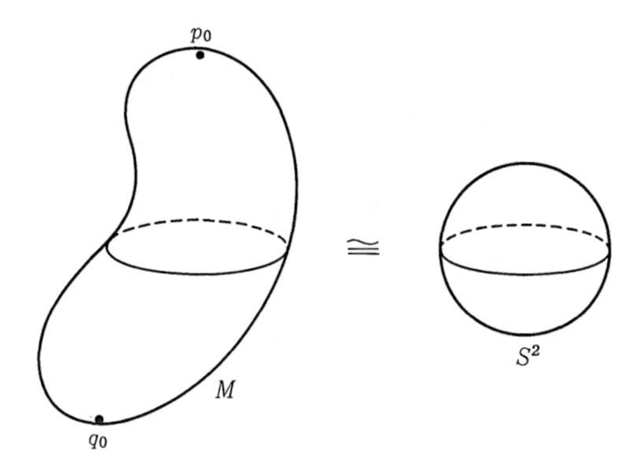

図 1.9 M は S^2 に微分同相

数とすると，f は X のどこかの点 p_0 で最大値をとり，また，X のどこかの点 q_0 で最小値をとる． □

最大値の定理の証明はよく知られているので省略する(参考文献[10])．

最大値の定理により，M 上の Morse 関数 $f\colon M\to\mathbb{R}$ は M のある点 p_0 で最大値をとり，また，別のある点 q_0 で最小値をとる．p_0 と q_0 は関数 f の臨界点である．しかも f は Morse 関数であるから，p_0 も q_0 も非退化な臨界点である．

Morse の補題(定理 1.11)によれば，p_0 のまわりの局所座標系 (x,y) と q_0 のまわりの局所座標系 (X,Y) をそれぞれうまくとると，f は標準形で表される．

p_0 は f の最大値を与える点であるから，その指数は 2 でなくてはならない．また，q_0 は最小値を与えるから，その指数は 0 である．したがって，f は上の局所座標系によって，次のように表される．

$$f=\begin{cases} -x^2-y^2+A & (\text{点}\,p_0\,\text{の近傍で}) \\ X^2+Y^2+a & (\text{点}\,q_0\,\text{の近傍で}) \end{cases} \tag{1.41}$$

ここに，A と a はそれぞれ f の最大値と最小値である．

$\varepsilon>0$ を十分小さい正数とすると，点 p_0 の近傍で

$$A-\varepsilon \leqq f(p) \leqq A \tag{1.42}$$

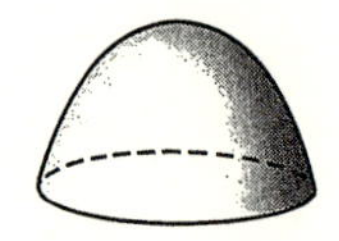

図 1.10　左: p_0 の近傍の f のグラフ.
右: q_0 の近傍の f のグラフ.

を満たす点 p からなる集合 $D(p_0)$ は，図 1.10 では左の下向きのお椀の部分であるが，これを局所座標系 (x, y) で書けば，式(1.41)によって，

$$x^2+y^2 \leqq \varepsilon \tag{1.43}$$

となる．したがって，この下向きのお椀 $D(p_0)$ は式(1.43)で定義される 2 次元の**円板**(disk)に微分同相である．同様に，点 q_0 の近傍で

$$a \leqq f(p) \leqq a+\varepsilon \tag{1.44}$$

を満たす点 p からなる集合 $D(q_0)$ は，図 1.10 の右の上向きのお椀であるが，それは局所座標系 (X, Y) で

$$X^2+Y^2 \leqq \varepsilon \tag{1.45}$$

と書けるので，やはり円板に微分同相である．

曲面 M からこの 2 つの円板の内側を除いた部分を M_0 とする(図 1.11 参照)．M_0 はいわゆる「境界のある曲面」になる．M_0 は上と下にそれぞれ 1 つずつ円周の境界 $C(p_0)$ と $C(q_0)$ をもっている．

一般に，M_0 のような，境界のある曲面の境界を

$$\partial M_0 \tag{1.46}$$

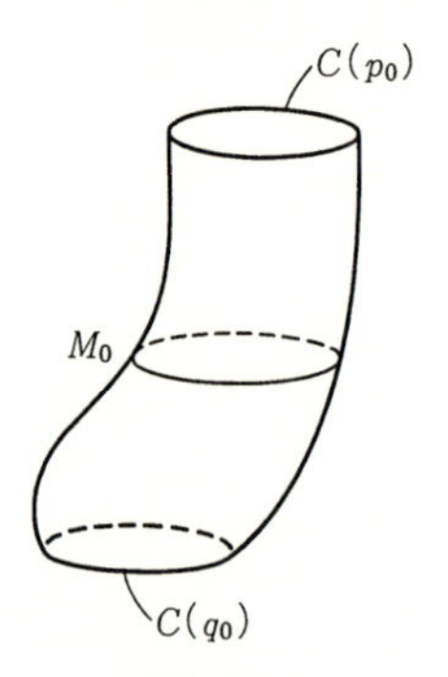

図 1.11

という記号で表すことにする．いまの場合，M_0 の境界は 2 つの円周 $C(p_0)$ と $C(q_0)$ からなるから，

$$\partial M_0 = C(p_0) \cup C(q_0) \tag{1.47}$$

である．

ついでに，内部の概念も定義しておくと，M_0 から境界を除いた部分を M_0 の**内部**(interior)という．記号で

$$\mathrm{int}(M_0) \tag{1.48}$$

と表す．定義から，$\mathrm{int}(M_0) = M_0 - \partial M_0$ が成り立つ．

さて，$D(p_0)$ と $D(q_0)$ の定義(式(1.42)と(1.44))から明らかなように，曲面 M_0 上の関数と考えたとき，$f: M_0 \to \mathbb{R}$ は境界 $C(p_0)$ と $C(q_0)$ の上で，それぞれ一定値 $A-\varepsilon$ と $a+\varepsilon$ をとる．

証明すべき定理 1.16 では，Morse 関数 f はただ 2 つの臨界点 p_0 と q_0 しかもたないと仮定されていた．したがって，それらを中心とする $D(p_0)$ と $D(q_0)$ を取り除いてしまったので，もはや $f: M_0 \to \mathbb{R}$ には臨界点がない．

この条件のもとで，次の事実が成り立つ．

補題 1.19　M_0 上に C^∞ 級の関数 $f: M_0 \to \mathbb{R}$ があって，f は M_0 の 2 つの境界 $C(p_0)$ と $C(q_0)$ の上でそれぞれ一定値をとるとする．さらに，M_0 上に f の臨界点はないとする．このとき，M_0 は 1 つの境界 $C(q_0)$ と単位区間 $[0,1]$ の直積 $C(q_0) \times [0,1]$ に微分同相である．　□

補題 1.19 は一般の形で次の章で証明する(定理 2.31 参照)．

境界 $C(q_0)$ は円周(記号: S^1)に微分同相であるから，上の補題により，M_0 は直積

$$S^1 \times [0,1]$$

に微分同相である．

一般に，直積 $S^1 \times [0,1]$ に微分同相な曲面を**アニュラス**(annulus)と呼ぶ．例えば，A を，円板 Δ から小さな同心円板 Δ_0 の内部を除いて得られる曲面とすると，A はアニュラスである．

補題 1.19 により M_0 はアニュラスである．M_0 と上向きのお椀 $D(q_0)$ の和集合を N_0 とおこう．すなわち，

$$N_0 = M_0 \cup D(q_0).$$

N_0 は上向きのお椀(円板)$D(q_0)$ の境界に沿ってアニュラス M_0 を張り合わせたものであるから，N_0 はそれ自身，円板に微分同相である．

M は下向きの円板 $D(p_0)$ と上向きの円板 N_0 を共通の境界 $C(p_0)$ に沿って張り合わせた閉曲面であるから，球面 S^2 に微分同相である．これで一応定理 1.16 が示せた． ∎

2 つの円板を境界に沿って張り合わせた閉曲面が，球面 S^2 に微分同相であることを厳密に示すには，次の補題が必要である(演習問題 1.1)．

補題 1.20　2 つの円板 D_0 と D_1 の境界の間に微分同相写像

$$k\colon \partial D_0 \to \partial D_1 \tag{1.49}$$

が与えられると，k は円板の間の微分同相写像

$$K\colon D_0 \to D_1 \tag{1.50}$$

に拡張可能である． □

証明については，演習問題 1.3 とその解答を参照してほしい．この事実は「当たり前の」事実ではないことを強調しておきたい．実際，同様の事実は 6 次元以下の円板については正しいが，7 次元以上では一般には成立しない．

この節を終えるまえに，次の基本的事実を証明しておく．

補題 1.21　閉曲面 M 上の Morse 関数 $f\colon M \to \mathbb{R}$ の臨界点は有限個しかない．

[証明]　Morse 関数 $f\colon M \to \mathbb{R}$ の臨界点が p_1, p_2, $p_3, \cdots$ のように無限個あると仮定して矛盾をだそう．閉曲面 M はコンパクトであるから，この無限個の点列から，収束する部分点列 $p_{n(1)}$, $p_{n(2)}, \cdots$ を選び出すことができる(たとえば[10]を見よ)．p_0 をその極限の点とする．p_0 の適当な近傍 U で定義された局所座標系 (x, y) を考える．上で選んだ部分点列 $\{p_{n(i)}\}_{i=1}^{\infty}$ は点 p_0 に収束するから，必要ならさらにこの部分点列を選ぶことによって，部分点列 $\{p_{n(i)}\}_{i=1}^{\infty}$ は p_0 の近傍 U に含まれるとしてよい．

さて，f は C^∞ 級であるから，その偏微分係数 $\dfrac{\partial f}{\partial x}(p)$ と $\dfrac{\partial f}{\partial y}(p)$ は点 p に連続的に依存する．臨界点の列 $p_{n(1)}$, $p_{n(2)}, \cdots$ の上で $\dfrac{\partial f}{\partial x}(p)$ と $\dfrac{\partial f}{\partial y}(p)$ の値はすべて 0 である．したがって，$p_{n(1)}$, $p_{n(2)}$, $\cdots$ の極限点 p_0 においても，

これらの偏微分係数は 0 となり，p_0 は関数 f の臨界点である．Morse 関数 f の臨界点はすべて非退化であり，それは，系 1.12 により孤立しているはずである．しかし，臨界点 p_0 には臨界点からなる点列 $\{p_{n(i)}\}_{i=1}^{\infty}$ が収束している．これは矛盾である．こうして補題 1.21 が証明できた． ∎

§1.5　ハンドル分解

前節の定理 1.16 は，ある特別な場合ではあるが，曲面上の Morse 関数によってその曲面の形状が決まる，ということを示している．Morse 理論(とくに有限次元空間上の Morse 理論)は，このような現象をもっと体系的に研究しようとするものである．そのとき有力な手段になるのが「ハンドル分解」と呼ばれる操作である．ここでは曲面を例にとって，ハンドル分解を説明しよう．

閉曲面 M とその上の Morse 関数

$$f\colon M \to \mathbb{R}$$

から出発する．

以下，閉曲面 M は**連結**(connected)，すなわち全体として一つながりであると仮定する．

さて，Morse 関数 $f\colon M \to \mathbb{R}$ が与えられたとき，f の値がある実数値 t 以下であるような点全体のなす M の「部分曲面」を M_t という記号で表そう．すなわち，

$$M_t = \{p \in M \mid f(p) \leqq t\} \tag{1.51}$$

と定義するのである．また，f の値がちょうど t であるような点全体の集合を $f=t$ の「等高線」と呼ぼう．記号で L_t と表すことにすると，M_t は等高線 L_t 以下の部分である．等高線 L_t は部分曲面 M_t の境界になっている(図 1.12 参照)．

$f\colon M \to \mathbb{R}$ には最大値 A と最小値 a がある．f の値 $f(p)$ が最小値 a よりさらに小さくなるような点 p はありえないから，$t<a$ ならば

$$M_t = \varnothing.$$

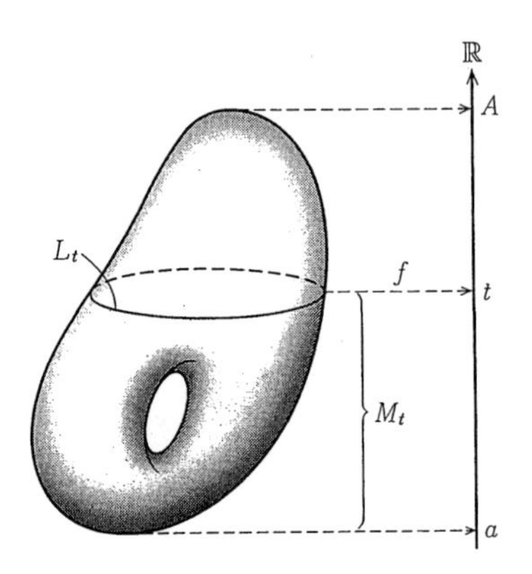

図 1.12　部分曲面 M_t と等高線 L_t

また，M 上のどの点 p についても，そこでの値 $f(p)$ は最大値 A 以下だから，$A \leqq t$ であれば，M 上のどの点 p についても $f(p) \leqq t$ が成り立つ．すなわち，$A \leqq t$ ならば

$$M_t = M$$

である．

このように，t が a より小さい所からしだいに増えていくと，部分曲面 M_t の形は空集合 $\varnothing$ から始まって変わっていき，ついに t が A より大きくなると M_t は M 全体になる．この間の M_t の形の変化を追跡しようというのが Morse 理論の基本的発想である．

$f\colon M \to \mathbb{R}$ を「高さ関数」のように思うと，次のような説明もできる．つまり，M を水に沈めていくと思うのである．パラメータ t は水面の位置(水位)を表している．M_t は水位が t のときの水面下にある曲面の部分である．水がどんどん増えてきて，水面の位置が上がってくると，沈んでいる部分 M_t の形が変わってゆく．この形の変わり方を調べようというのが Morse 理論である．

定義 1.22 (臨界値)　実数 c_0 が f の**臨界値**(critical value)であるとは，c_0 が f のある臨界点 p_0 での関数値になっていることである：$c_0 = f(p_0)$.　□

補題 1.23　2 つの実数 b と c $(b<c)$ について，区間 $[b,c]$ のなかに f の臨

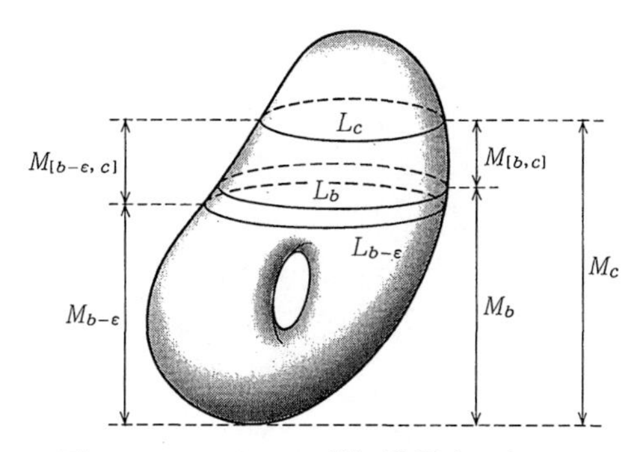

図 1.13　L_b と L_c の間に臨界点がない.

界値がなければ，M_b と M_c は微分同相である(図 1.13 参照).

［証明］　最小値 a と最大値 A は当然 f の臨界値であるから，区間 $[b,c]$ は a も A も含んでいない．そこで，

$$a < b < c < A$$

と仮定して補題 1.23 を証明しよう．等高線 L_b と L_c の間の部分を $M_{[b,c]}$ と表そう：

$$M_{[b,c]} = \{p \in M \mid b \leqq f(p) \leqq c\}. \tag{1.52}$$

明らかに

$$M_b \cup M_{[b,c]} = M_c \tag{1.53}$$

が成り立つ.

仮定により，$M_{[b,c]}$ は f の臨界点を含まない.

補題 1.21 によれば，$f\colon M \to \mathbb{R}$ の臨界点は M 上に有限個しかない．したがって，正数 $\varepsilon > 0$ を十分小さくとれば，$M_{[b,c]}$ のすそのほうを少しだけ広げた範囲，すなわち，$M_{[b-\varepsilon,c]}$ の中にも f の臨界点は存在しないとしてよい.

次の章で証明する定理 2.31 によれば，このとき $M_{[b-\varepsilon,c]}$ は直積 $L_{b-\varepsilon} \times [0,1]$ に微分同相である．また $M_{[b-\varepsilon,b]} \subset M_{[b-\varepsilon,c]}$ だから，$M_{[b-\varepsilon,b]}$ の中にもちろん臨界点はないから，同じ定理により，$M_{[b-\varepsilon,b]}$ も直積 $L_{b-\varepsilon} \times [0,1]$ に微分同相である．したがって，微分同相写像

$$h\colon M_{[b-\varepsilon,b]} \to M_{[b-\varepsilon,c]}$$

が存在するが，h は下の等高線 $L_{b-\varepsilon}$ に制限したとき恒等写像(identity)であ

ると仮定できる．そこで，h と恒等写像

$$\mathrm{id}\colon M_{b-\varepsilon}\to M_{b-\varepsilon}$$

を，境界の等高線 $L_{b-\varepsilon}$ に沿って張り合わせることができて，微分同相写像

$$H=\mathrm{id}\cup h\colon M_{b-\varepsilon}\cup M_{[b-\varepsilon,b]}\to M_{b-\varepsilon}\cup M_{[b-\varepsilon,c]}$$

が得られる．(微分同相写像の張り合わせについては微妙なところがある．次章の定理 2.8 とそのあとの説明を見よ．)

$M_{b-\varepsilon}\cup M_{[b-\varepsilon,b]}=M_b$ と $M_{b-\varepsilon}\cup M_{[b-\varepsilon,c]}=M_c$ に注意すれば，微分同相写像

$$H\colon M_b\to M_c$$

が得られることになる．これで，補題 1.23 が証明できた．

証明の要点は，M_b の中の細いアニュラスの部分 $M_{[b-\varepsilon,b]}$ を引き伸ばして行けば M_b は M_c に重なってしまうというのである． ∎

補題 1.23 によれば，パラメータ t が変化していくとき，t が f の臨界値でないところで変化しても M_t の形は変わらない．したがって，M_t の形の変化を追跡する上で重要なのは，t が f のある臨界値 c_0 を横切る前と横切った後での M_t の変化である．

c_0 が臨界値であれば，

$$f(p_0)=c_0$$

であるような臨界点 p_0 が少なくとも 1 つ存在する．簡単のため，臨界値 c_0 に対応する臨界点は p_0 ただ 1 つであるとしよう．すると，正数 $\varepsilon>0$ を十分小さく選んで，$M_{[c_0-\varepsilon,\,c_0+\varepsilon]}$ に含まれる f の臨界点は p_0 のみであると仮定できる．($M_{[c_0-\varepsilon,\,c_0+\varepsilon]}$ は等高線 $L_{c_0-\varepsilon}$ と $L_{c_0+\varepsilon}$ の間の部分である．)

パラメータ t が臨界値 c_0 を横切る前と後の $M_{c_0-\varepsilon}$ と $M_{c_0+\varepsilon}$ の関係を考えてみよう．

(a)　p_0 の指数が 0 の場合

臨界点 p_0 のまわりの適当な座標系 (x,y) によって，f は局所的に

$$f=x^2+y^2+c_0 \tag{1.54}$$

と書ける(定理 1.11)．

もし，c_0 が f の最小値であれば，$M_{c_0-\varepsilon}=\varnothing$ であり，また，

(1.55)
$$M_{c_0+\varepsilon} = \{p \in M \mid f(p) \leqq c_0+\varepsilon\}$$
$$= \{(x,y) \mid x^2+y^2 \leqq \varepsilon\}$$

であるから，$M_{c_0+\varepsilon}$ は上向きのお椀で，2 次元円板 D^2 に微分同相である．したがって，この場合の M_t の形の変化は，t が最小値 c_0 より小さければ M_t は空集合で，t が最小値 c_0 を通過したとたんに，円板が生み出されて，M_t は円板の形になる，という過程として記述される．

またもし c_0 が最小値でなければ，$M_{c_0-\varepsilon}$ は空集合ではないが，この場合も，t が臨界値 c_0 を通過したとたんに，ポンと円板 D^2 が生まれて，$M_{c_0+\varepsilon}$ は $M_{c_0-\varepsilon}$ と 2 次元円板 D^2 との和集合(ただし，互いに交わらないばらばらの和集合)に微分同相になる(図 1.14 参照)：

(1.56)
$$M_{c_0+\varepsilon} \cong M_{c_0-\varepsilon} \sqcup D^2 .$$

ここに，$\cong$ は両辺の空間が互いに微分同相であることを表している．また $\sqcup$ は，ばらばらの和集合(これを**非交和**という)を表す記号である．

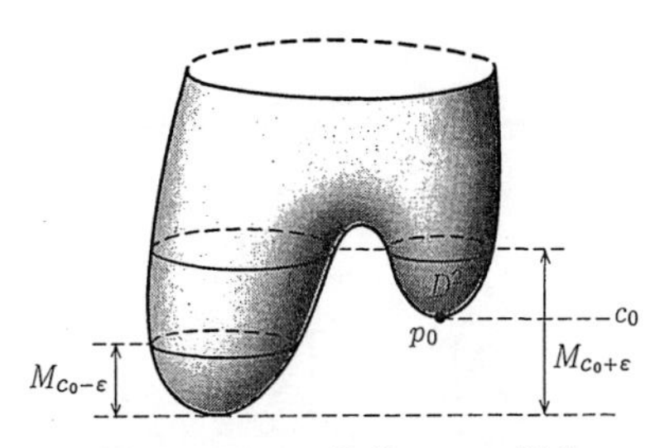

図 1.14 p_0 の指数が 0 の場合

(b) p_0 の指数が 1 の場合

臨界点 p_0 のまわりの適当な座標系 (x,y) によって，

$$f = -x^2+y^2+c_0$$

と書ける(定理 1.11)．ただし，次の章の一般論にあわせるため，定理 1.11 での x と y の役割を入れ換えてある．

臨界点 p_0 付近の f のグラフは図 1.15 のような峠になっている．このグラフ上，$y=0$ に対応する線は p_0 から見て下に下がっていく線になっており，それと直交する方向の $x=0$ に対応する線は p_0 から見て上に上がっていく線になっている．臨界点 p_0 の指数が1ということは，p_0 から見て下に下がる方向がちょうど1次元分だけあるということにほかならない．

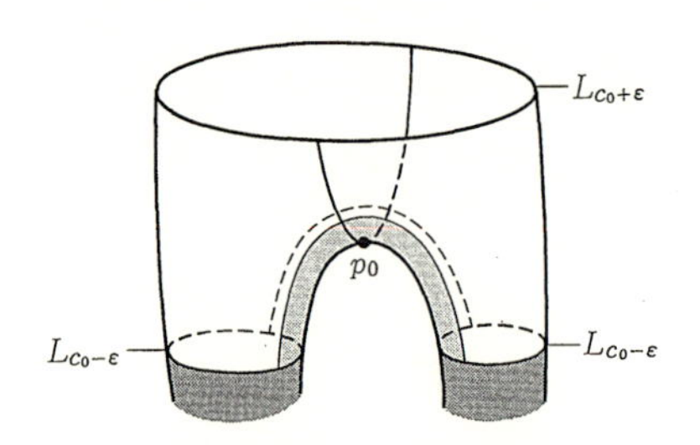

図 1.15　指数1の臨界点付近のグラフ

グラフ上 p_0 から見て下に下がる線に，グラフの上で少し幅をつけてみると，峠を越えて行く道のようになる．あるいは，$M_{c_0-\varepsilon}$ の縁 $L_{c_0-\varepsilon}$ にかかった橋のようにも見える．図1.16は図1.15のグラフを上からみたところである．

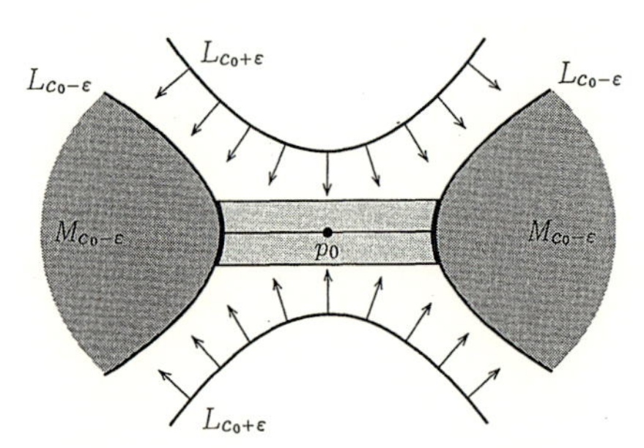

図 1.16　グラフを上から見たところ

ここで

$$-x^2+y^2 \leqq -\varepsilon$$

の部分(濃い影をつけた部分)が $M_{c_0-\varepsilon}$ であり，うすい影をつけた部分が $M_{c_0-\varepsilon}$ にかかった橋の部分である．この部分は左右の辺が少し曲がっているが，ほぼ長方形と思ってよい．(長方形に同相である．)

さて，線分 $[-1,1]$ のことを，1 次元円板と呼んで，しばしば

$$D^1$$

という記号で表す．そして，両端点のことを D^1 の境界といい，∂D^1 と表すことにする．∂D^1 は 2 点からなっている．

図 1.16 でうすい影をつけた橋(長方形)は直積 $D^1 \times D^1$ に同相であり，橋が $M_{c_0-\varepsilon}$ についている部分(図 1.16 で太い実線で表されているところ)は長方形の 1 対の対辺 $\partial D^1 \times D^1$ に対応している(図 1.17 を見よ)．

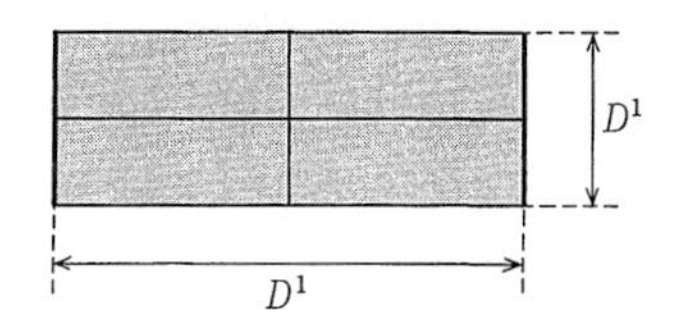

図 1.17 1-ハンドル $D^1 \times D^1$ とその $M_{c_0-\varepsilon}$ へのとりつけ場所

長方形 $D^1 \times D^1$ のことを，$M_{c_0-\varepsilon}$ につけた **1-ハンドル**(1-handle)という．1 というのは，1-ハンドルは指数 1 の臨界点に対応するからである．またハンドル(把手＝とって)という言葉がでてくるのは少し奇妙に感じられるかもしれないが，第 3 章で 3 次元のハンドルを考えるとき，気分的に納得できると思う．

パラメータ t が臨界値 c_0 を少し越えたところの $M_{c_0+\varepsilon}$ は，局所座標では

$$-x^2+y^2 \leqq \varepsilon$$

の部分である．

$M_{c_0-\varepsilon}$ に対応する部分に 1-ハンドル $D^1 \times D^1$ をつけたものと，上記の $M_{c_0+\varepsilon}$ に対応する部分とを較べてみる(図 1.16)．すると，図の矢印に沿ってしだいに $M_{c_0+\varepsilon}$ を縮めて行くと，ついに，$M_{c_0-\varepsilon} \cup D^1 \times D^1$ に重なることがわかる．したがって，

$$M_{c_0+\varepsilon} \cong M_{c_0-\varepsilon} \cup D^1 \times D^1 \tag{1.57}$$

である．このように，臨界点 p_0 の指数が 1 の場合，パラメータ t の値が $c_0-\varepsilon$ から $c_0+\varepsilon$ に増加するときの M_t の変化は，$M_{c_0-\varepsilon}$ に 1-ハンドルがとりつけられて $M_{c_0+\varepsilon}$ になる過程，として記述されるわけである．

厳密にいえば，1-ハンドル $D^1\times D^1$ を $M_{c_0-\varepsilon}$ につけたとき，得られた曲面 $M_{c_0-\varepsilon}\cup D^1\times D^1$ の境界は，1-ハンドル(＝長方形)の4つ角だったところで直角に外に向かって折れているので，微分同相(1.57)の右辺の曲面 $M_{c_0-\varepsilon}\cup D^1\times D^1$ は滑らかな曲面とは言い難い．しかし，このようにして境界上に生じる滑らかでない点を標準的に処理する「平滑化」(smoothing)と呼ばれる方法が知られており，右辺はそのような平滑化を施して境界の折れ曲がりを取り去ったあとの滑らかな曲面として解釈することにする．あるいは，もっと便宜的に，(1.57)の $\cong$ を，滑らかさを考慮しない単なる同相の関係と解釈しておき，右辺の曲面を滑らかな曲面にしたいときにはつねに左辺の $M_{c_0+\varepsilon}$ に置き換えて考える，という態度をとることもできる．以下，右辺の $M_{c_0-\varepsilon}\cup D^1\times D^1$ は，すで何らかの方法で滑らかな曲面になっているものとして，議論を進めることにする．

(c)　p_0 の指数が2の場合

臨界点 p_0 のまわりの適当な座標系 (x,y) によって，f は局所的に

$$f=-x^2-y^2+c_0$$

と書ける(定理1.11)．

局所座標系 (x,y) で書くと，$M_{c_0-\varepsilon}$ は

$$M_{c_0-\varepsilon}=\{p\in M\mid f(p)\leqq c_0-\varepsilon\}=\{(x,y)\mid x^2+y^2\geqq\varepsilon\}\tag{1.58}$$

であるから，半径 $\sqrt{\varepsilon}$ の円板の外側の部分である(円周も含む)．図1.18では，半径 $\sqrt{\varepsilon}$ の円板は下向きのお椀になっているが，$M_{c_0-\varepsilon}$ にこの下向きのお椀を縁の円周に沿ってつけたものが $M_{c_0+\varepsilon}$ である．

$$M_{c_0+\varepsilon}=M_{c_0-\varepsilon}\cup D^2.\tag{1.59}$$

$M_{c_0-\varepsilon}$ についた下向きのお椀 D^2 のことを**2-ハンドル**(2-handle)と呼ぶ．関係(1.59)は，臨界点 p_0 の指数が2の場合には，t が $c_0-\varepsilon$ から $c_0+\varepsilon$ に増加すると，$M_{c_0-\varepsilon}$ には2-ハンドルが1個ついて $M_{c_0+\varepsilon}$ になるといっているのである．

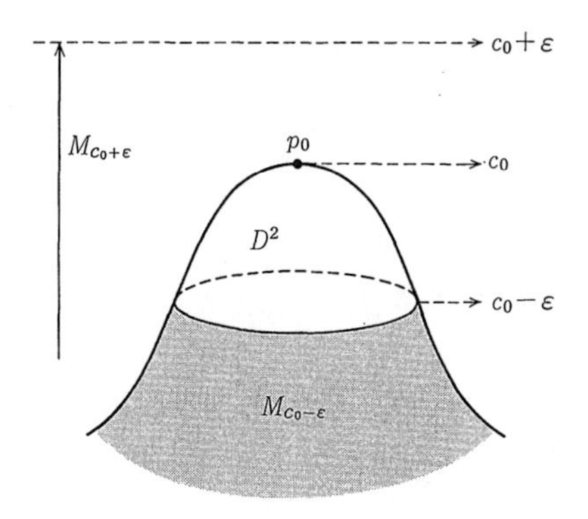

図 1.18　指数 2 の臨界点

このとき，2-ハンドルにより，$M_{c_0-\varepsilon}$ の境界の 1 つの円周に「ふた」がされるので，境界の連結成分の個数が 1 つ減ることに注意しておこう．

(d)　ハンドル分解

あらためて Morse 関数 $f\colon M\to\mathbb{R}$ にもどろう．

補題 1.21 によれば，f の臨界点の個数は全部で有限個である．これら全部を適当に並べて

$$p_1,\ p_2,\ p_3,\ \cdots,\ p_n$$

とする．

次の章で示すように，Morse 関数 f を変形して次の条件が成り立つようにすることができる．

$$i\neq j \ \text{ならば}\ f(p_i)\neq f(p_j).$$

そこで，f はすでにこの性質をもっているとしよう．必要なら p_i たちの番号をつけ換えて

$$f(p_1)<f(p_2)<f(p_3)<\cdots<f(p_n) \tag{1.60}$$

であると仮定してよい．$c_i=f(p_i)$ とおくと

$$c_1<c_2<c_3<\cdots<c_n \tag{1.61}$$

である．明らかに，c_1 は f の最小値で，c_n は最大値である．

パラメータ t が，c_1 より小さいところから始まって増えていくときの，M_t

の変化を追ってみる．前に見たように，まず，$t<c_1$ なら $M_t=\varnothing$ である．t が c_1 を通過したとたん，ポンと円板(上向きのお椀)が生まれて，$M_t=D^2$ となる．これは，c_1 が f の最小値なので，p_1 の指数が 0 であることによる．このように，指数 0 の臨界点に対応して生まれる円板 D^2(上向きのお椀)のことを**0-ハンドル**(0-handle)と呼ぶことにする．なお，2-ハンドルも円板だったが，2-ハンドルの場合は「下向きのお椀」で，0-ハンドルの場合は「上向きのお椀」であるところが違う．(臨界点の指数は，その臨界点から見て，下に下がる方向の次元が何次元あるか，その次元を表す数としても解釈できる．2-ハンドルは下向きのお椀なので下に下がる次元が 2 次元ある．1-ハンドルでは橋の中心線が下に下がる方向で，これは 1 次元である．また 0-ハンドルは上向きのお椀なので，下に下がる方向はない．)

以下，t の値がひとつの臨界値 c_i を通過するごとに，p_i の指数に応じて，0-ハンドル，1-ハンドル，2-ハンドルのどれかが，1 つ手前の $M_{c_i-\varepsilon}$ に付いていく．(0-ハンドルの場合は「付く」といっても非交和をとるにすぎない．)

最後の c_n は，f の最大値なので，2-ハンドルに対応している．c_n の手前の $M_{c_n-\varepsilon}$ の境界は 1 つの円周で，t が c_n を通過したとたん，この円周が 2-ハンドルでふたをされて，閉曲面 M が完成する．こうして，次の定理が証明できた．

定理 1.24 (閉曲面のハンドル分解(handle decomposition))　Morse 関数 $f\colon M\to\mathbb{R}$ があるとき，閉曲面 M は有限個の，0-ハンドル，1-ハンドル，2-ハンドルの和集合として表される． □

次の章で，どんな閉曲面 M 上にも Morse 関数が存在することが示されるので，結局，どんな閉曲面もハンドル分解が可能である．

《要 約》

1.1　関数の臨界点には退化した臨界点と非退化な臨界点がある．

1.2　非退化な臨界点しかもたない関数を Morse 関数という．

1.3　閉曲面 M 上に Morse 関数 f があると，f の関数値に関して，M を下から切っていくことができる．

1.4 f の関数値が1つの臨界値を通過するごとに，その臨界点の指数に応じたハンドルが接着される．

1.5 こうして閉曲面 M を有限個のハンドルの和集合に分解することができる．

演習問題

1.1 2つの円板 D_1 と D_2 を，境界の微分同相写像 $h\colon \partial D_1 \to \partial D_2$ で張り合わせて得られる閉曲面は，2次元球面 S^2 に微分同相である．補題1.20を認めた上で，この事実を証明せよ．

1.2 円周 S^1 を円板 D^2 の境界と思う．このとき，任意の同相写像 $h\colon S^1 \to S^1$ は，ある同相写像 $H\colon D^2 \to D^2$ に拡張できることを証明せよ．

1.3 前問と同じ状況において，任意の微分同相写像 $h\colon S^1 \to S^1$ は，ある微分同相写像 $H\colon D^2 \to D^2$ に拡張できることを証明せよ．

1.4 円周 S^1 上の点を角度 θ を使って表す．ただし，θ と $\theta+2\pi$ とは同じ点を表すものとする．さて，トーラスとは直積 $S^1\times S^1$ のことであるが，トーラス上の関数 $f\colon S^1\times S^1 \to \mathbb{R}$ を

$$f(\theta,\phi) = (R+r\cos\phi)\cos\theta$$

と定義する．ただし，R と r は正の定数で，$R>r$ と仮定する．このとき，f が Morse 関数であることを示し，すべての臨界点とその指数を求めよ．

2 一般次元への拡張

この章から一般の m 次元多様体の上の Morse 理論に入ってゆく．第 1 章で登場した主要な概念，すなわち，非退化な臨界点，Morse 関数，ハンドルとハンドル分解，などの概念が m 次元に拡張される．

第 1 節で多様体について復習したあと，第 2 節で，一般の多様体の上で Morse 関数の存在を証明する．第 3 節では Morse 関数に適合した「上向きベクトル場」を論じる．第 4 節では，与えられた Morse 関数をすこし修正して，異なる臨界点では異なる値をとらせるようにできることを証明する．

一般次元のハンドル分解については，第 3 章で議論する．

§2.1 m 次元多様体

m 次元多様体は曲面の概念を一般次元へ拡張したものである．詳しい定義は多様体の教科書(参考文献[11], [12]参照)にゆずることにする．当面，必要とする(C^∞ 級の)多様体の性質は局所座標系の存在だけである．すなわち，M を m 次元多様体とすると，M のどの点 p のまわりにも，m 次元の C^∞ 級局所座標系

$$(x_1, x_2, \cdots, x_m) \tag{2.1}$$

が存在する．以下，多様体の局所座標系といえば，C^∞ 級の局所座標系を指すものとする．

(a)　多様体上の関数と多様体間の写像

多様体 M 上の関数 $f\colon M\to\mathbb{R}$ が C^∞ 級であることの定義は，曲面の場合とまったく同じである．すなわち，M の任意の点 p とそのまわりの任意の局所座標系 $(x_1, x_2, \cdots, x_m)$ に関して f が C^∞ 級であるとき，f を M 上の **C^∞ 級関数**という．

また，N を別の n 次元多様体として，連続写像 $h\colon M\to N$ が C^∞ 級であることの定義を念のため与えておくと，まず，「$h\colon M\to N$ が点 $p\in M$ のまわりで C^∞ 級である」ということを定義する．そのため，点 p と点 $h(p)$ の近傍 U と V をそれぞれ M と N のなかで十分小さく選び，

$$h(U)\subset V$$

が成り立つようにし，かつ，U と V はそれぞれ何らかの局所座標系 $(x_1, x_2, \cdots, x_m)$ と $(y_1, y_2, \cdots, y_n)$ の守備範囲に入っているようにする．h は p のまわりで局所的に

$$h(x_1, x_2, \cdots, x_m) = (y_1, y_2, \cdots, y_n) \tag{2.2}$$

と書けるが，「$h\colon M\to N$ が点 p のまわりで C^∞ 級である」とは，式(2.2)の h が局所座標系 $(x_1, x_2, \cdots, x_m)$ と $(y_1, y_2, \cdots, y_n)$ に関して C^∞ 級であることである．

式(2.2)をもう少し詳しくいうと，この式の右辺の各 y_i は，左辺の $(x_1, x_2, \cdots, x_m)$ によって決まるから $(x_1, x_2, \cdots, x_m)$ を変数とする m 変数関数

$$y_i = h_i(x_1, x_2, \cdots, x_m) \tag{2.3}$$

と考えられる．式(2.2)の h が C^∞ 級であるとは，ここに現れた n 個の関数 $h_i(x_1, x_2, \cdots, x_m)$ $(i=1, 2, \cdots, n)$ がすべて C^∞ 級であることである．

このように，写像 $h\colon M\to N$ を局所的に n 個の m 変数関数 $h_1, h_2, \cdots, h_n$ を使って表すことを，h の**局所成分表示**という．

最後に，$h\colon M\to N$ が **C^∞ 級写像**であるというのは，$h\colon M\to N$ が任意の点 $p\in M$ のまわりで，いま定義した意味で C^∞ 級であることをいう．

曲面のときと同様に，C^∞ 級というかわりに「滑らかな」ということもある．

多様体の間の同相写像と微分同相写像の定義も曲面の場合と同じである．

(b)　境界のある多様体

「境界のある曲面」の概念を一般次元に拡張したものが「境界のある多様体」である．まず，例をあげよう．

例 2.1（m 次元円板 D^m）　$\mathbb{R}^m = \{(x_1, x_2, \cdots, x_m) \mid x_i$ は実数$\}$ を m 次元の Euclid 空間とする．$\mathbb{R}^m$ のなかで，原点 $\mathbf{0}$ から一定の距離（例えば 1）以内にある点の集合 D^m を m 次元円板という．式で書けば

(2.4)　$$D^m = \{(x_1, x_2, \cdots, x_m) \mid x_1^2 + x_2^2 + \cdots + x_m^2 \leqq 1\}$$

が **$\boldsymbol{m}$ 次元円板**（m-dimensional disk）である．D^m は境界のある m 次元多様体で，その境界は **$\boldsymbol{m-1}$ 次元球面**（$(m-1)$-dimensional sphere）

(2.5)　$$S^{m-1} = \{(x_1, x_2, \cdots, x_m) \mid x_1^2 + x_2^2 + \cdots + x_m^2 = 1\}$$

である．このことを，境界の記号 ∂ を使って，

(2.6)　$$\partial D^m = S^{m-1}$$

と書く（図 2.1 参照）．

とくに，$m=3$ の場合，3 次元円板 D^3 とは，通常の言葉では，中身のつまったボール（球体）のことで，その境界 ∂D^3 とは表面の 2 次元球面 S^2 のことである．　□

m 次元円板 D^m はコンパクトだが，次の例 2.2 はコンパクトでない．

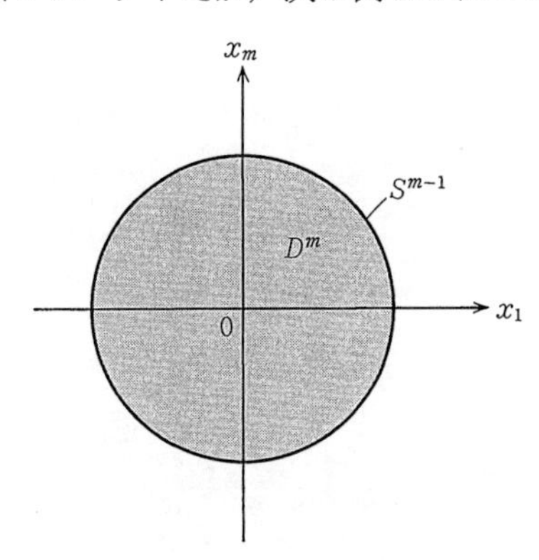

図 2.1　m 次元円板 D^m と $m-1$ 次元球面 S^{m-1}

例 2.2（m 次元上半空間）

(2.7)
$$\mathbb{R}^m_+ = \{(x_1, x_2, \cdots, x_m) \mid x_m \geqq 0\}$$

とおいて，これを **m 次元上半空間**（m-dimensional upper-half space）と呼ぶ．$\mathbb{R}^m_+$ の境界は $x_m = 0$ のところで，$\mathbb{R}^{m-1} = \{(x_1, x_2, \cdots, x_{m-1})\}$ と同一視される（図 2.2 参照）：

(2.8)
$$\partial\mathbb{R}^m_+ = \mathbb{R}^{m-1}.$$
□

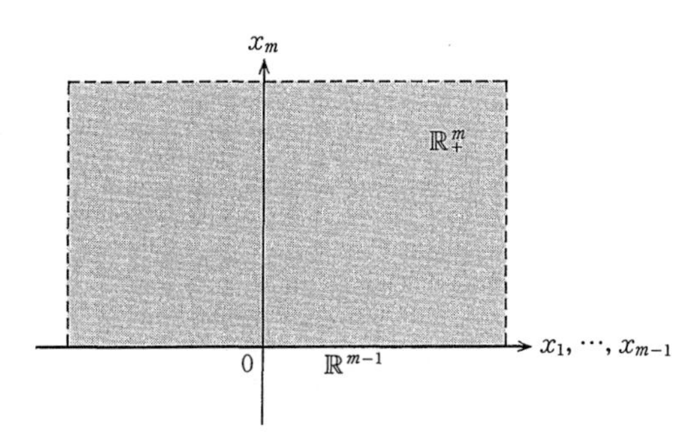

図 2.2　m 次元上半空間

上の 2 つの例は次のように一般化される．

M を（境界のない）通常の意味の m 次元多様体とし，$f \colon M \to \mathbb{R}$ をその上の滑らかな関数とする．そして，0 は f の臨界値ではないと仮定する．このとき，M の部分集合 $M_{f \geqq 0}$ を

(2.9)
$$M_{f \geqq 0} = \{p \in M \mid f(p) \geqq 0\}$$

と定義すれば，$M_{f \geqq 0}$ は境界のある m 次元多様体になる．その境界 $\partial M_{f \geqq 0}$ は

(2.10)
$$M_{f=0} = \{p \in M \mid f(p) = 0\}$$

で与えられる．

実際，円板 D^m の場合も半空間 $\mathbb{R}^m_+$ の場合も，M として $\mathbb{R}^m$ をとればよく，$f \colon \mathbb{R}^m \to \mathbb{R}$ としては，

(2.11)
$$f = \begin{cases} 1 - (x_1^2 + x_2^2 + \cdots + x_m^2) & (D^m \text{ の場合}) \\ x_m & (\mathbb{R}^m_+ \text{ の場合}) \end{cases}$$

をとればよい.

以下，この本では，境界のある多様体の一般的な定義は与えず，境界のある多様体といえば，いつでも $M_{f \geqq 0}$ の形に表せるようなもののみを扱うことにする.（実際には,「境界のある多様体」を一般的に定義しても，それらはすべて $M_{f \geqq 0}$ の形に表せることが証明される.）

境界 $M_{f=0}$ がつねに $m-1$ 次元多様体になることは次の定理によって保証される.

定理 2.3（陰関数の定理）　M を通常の意味の m 次元多様体とし，$f\colon M \to \mathbb{R}$ をその上の滑らかな関数とする. このとき，0 が f の臨界値でなければ，M の部分集合 $f^{-1}(0)=\{p \in M \mid f(p)=0\}$ は，M の $m-1$ 次元部分多様体である.　□

ここに出てきた「部分多様体」について説明しておくと,

定義 2.4（部分多様体）　M を通常の意味の m 次元多様体とする. M の部分集合 K が **k 次元部分多様体**（k-dimensional submanifold）であるとは，K の任意の点 p について，p のまわりの（M の C^∞ 級の）局所座標系

$$(x_1, x_2, \cdots, x_k, \cdots, x_m)$$

が存在して，K は p の近傍内で

$$x_{k+1} = x_{k+2} = \cdots = x_m = 0 \tag{2.12}$$

という式で記述されることである（図 2.3 を見よ).　□

部分多様体の定義 2.4 からただちに，K には，$(x_1, x_2, \cdots, x_k)$ によって局

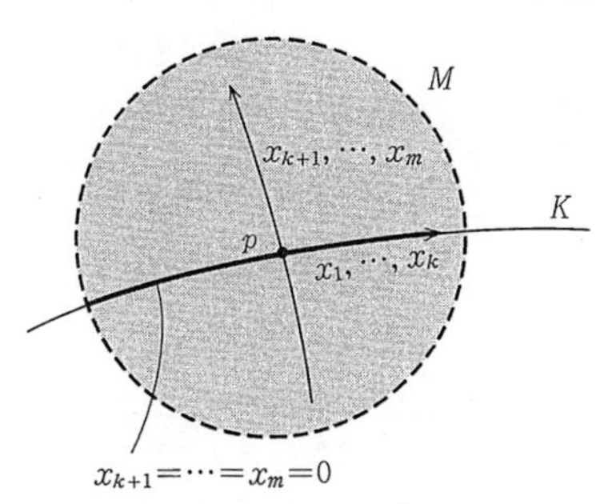

図 **2.3**　k 次元部分多様体

所座標系が入り，したがって，K はそれ自身 k 次元多様体になることがわかる．

陰関数の定理の証明の要点は，0 が f の臨界値でなければ，$f^{-1}(0)$ の任意の点 p のまわりに，f 自身を第 m 座標とするような M の局所座標系

$$(x_1, x_2, \cdots, x_m), \quad ここに \quad x_m = f \tag{2.13}$$

が構成できる，ということを示すことである．それが示せれば，$f^{-1}(0)$ は点 p の近傍で，$x_m\,(=f)=0$ という式で記述されるから，部分多様体の定義によって，$f^{-1}(0)$ は M の $m-1$ 次元部分多様体であるというわけである．

詳しくは多様体の教科書[11]（または微分積分の教科書）を参照してほしい．

$M_{f\geqq 0}$ の境界 $M_{f=0}$ の点 p の近傍で，(2.13)の局所座標系 $(x_1, x_2, \cdots, x_m)$ を構成して，$M_{f\geqq 0}$ と $M_{f=0}$ を局所的に記述してみると，$M_{f\geqq 0}$ は $x_m \geqq 0$ と書け，$M_{f=0}$ は $x_m=0$ と書ける．こうして，次の補題を得る．ただし，補題では，$M_{f\geqq 0}$ のことをあらためて M という記号で表している．

補題 2.5（境界上の点のまわりの局所座標系）　M を境界のある m 次元多様体とし，p を境界 ∂M 上の任意の点とする．そのとき，p のまわりには，次のような（上半空間型の）局所座標系が存在する．

$$(x_1, x_2, \cdots, x_m), \quad x_m \geqq 0. \tag{2.14}$$

ここで，M は $x_m \geqq 0$ に対応し，∂M は $x_m=0$ に対応する（図 2.4 参照）．　□

以後，境界 ∂M 上の点 p のまわりの局所座標系といえば，必ずこのような上半空間型の局所座標系のことであるとする．

実は，第3節で示すように，上の補題よりさらに強い主張が証明できる．すなわち，境界のある多様体 M の境界 ∂M の近傍として，$\partial M \times [0,1)$ とい

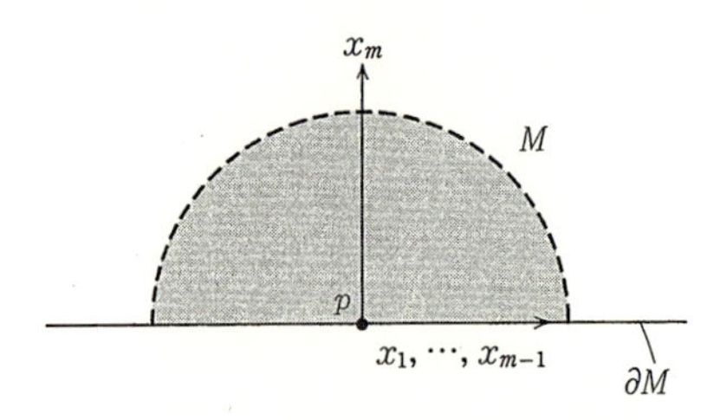

図 2.4　上半空間型の局所座標系

う直積の構造をもつものが存在することがいえる．ここに，$[0,1)$ は右半開区間で，境界 ∂M は $\partial M\times\{0\}$ に対応している．このような近傍を ∂M の**カラー近傍**という．「カラー」とはワイシャツなどのカラー(えり)の意味である(第3節の系2.33参照)．

(c)　境界のある多様体上の関数と写像

第1章では，境界のある曲面上の関数や写像について，「C^∞ 級である」という表現をやや無反省に使ってきたが，ここで，あらためて，境界のある多様体上の関数や写像が C^∞ 級であるとはどういうことか，を定義しておこう．もちろん，境界上の点 p のところで気をつけなければならないからである．下の定義2.6で，M は境界のある多様体，$f\colon M\to\mathbb{R}$ はその上の関数である．また，$\mathrm{int}(M)$ は，曲面のときと同様に，M から境界を除いたものである：

$$\mathrm{int}(M)=M-\partial M. \tag{2.15}$$

$\mathrm{int}(M)$ を M の**内部**という．

定義2.6　関数 $f\colon M\to\mathbb{R}$ が点 $p\,(\in M)$ のまわりで C^∞ 級であるとは，次の(i)または(ii)が成り立つことである．

(i)　p が内部 $\mathrm{int}(M)$ の点のとき：p の十分小さな近傍内の局所座標系 $(x_1,x_2,\cdots,x_m)$ に関して，f は C^∞ 級である．

(ii)　p が境界 ∂M 上の点のとき：p の十分小さな近傍内の上半空間型局所座標系 $(x_1,x_2,\cdots,x_m)$ (ただし，$x_m\geqq 0$)に関して f を表したとき，$f(x_1,x_2,\cdots,x_m)$ は，$x_m\geqq 0$ という制限のない局所座標系 $(x_1,x_2,\cdots,x_m)$ 上で定義されたある C^∞ 級 m 変数関数

$$\tilde{f}(x_1,x_2,\cdots,x_m)$$

に拡張される．すなわち，f は $\tilde{f}$ を $x_m\geqq 0$ に制限したものになっている．やや「気分的」に書けば，$f=\tilde{f}\mid\{x_m\geqq 0\}$ である．

関数 $f\colon M\to\mathbb{R}$ が M の各点 p のまわりで C^∞ 級であるとき，単に，$f\colon M\to\mathbb{R}$ は C^∞ 級であるという．　□

境界のある多様体 M と N の間の写像 $h\colon M\to N$ が C^∞ 級であるというこ

とを定義しよう．まず「h が1点 p のまわりで C^∞ 級である」とは，境界のない場合と同様に，p のまわりでの h の局所成分表示に現れる関数 $h_1, h_2, \cdots, h_n$ が，上の定義2.6の意味ですべて C^∞ 級であることである．$h\colon M \to N$ が，各点 $p\,(\in M)$ のまわりで C^∞ であるとき，単に，$h\colon M \to N$ は C^∞ 級であるという．これで，境界のある多様体の間の C^∞ 級写像の定義ができた．

また，同相写像 $h\colon M \to N$ が**微分同相写像**であるとは，h とその逆写像 $h^{-1}\colon N \to M$ が両方ともいま定義した意味で C^∞ 級であることである．この定義も形式的には境界のない場合の定義と同じである．

微分同相写像 $h\colon M \to N$ は，M の境界 ∂M を N の境界 ∂N に写す．h を境界に制限した写像

$$h \mid \partial M\colon \partial M \to \partial N$$

は，∂M と ∂N の間の微分同相写像を与える．

次の定理は，第1章でもすでに使ったものである．

定理 2.7（境界のある多様体の張り合わせ）　M_1, M_2 を境界のある多様体とし，境界の間の微分同相写像 $\varphi\colon \partial M_1 \to \partial M_2$ が与えられているとする．そのとき，M_1 と M_2 の境界を φ で張り合わせて，(すなわち，任意の点 $p \in \partial M_1$ について，p と $\varphi(p) \in \partial M_2$ を同一視して)新しい多様体 $W = M_1 \cup_\varphi M_2$ を作ることができる．できた多様体 W は微分同相を除いて1つしかないという意味で，この張り合わせの構成は一意的である．(張り合わせる部分は，境界のすべてでなくとも，その連結成分のいくつかでもよい．図2.5参照.)□

証明については，参考文献[4], pp. 25–26 を見てほしい．

次に，微分同相写像を張り合わせる定理を述べるが，多様体の張り合わせ

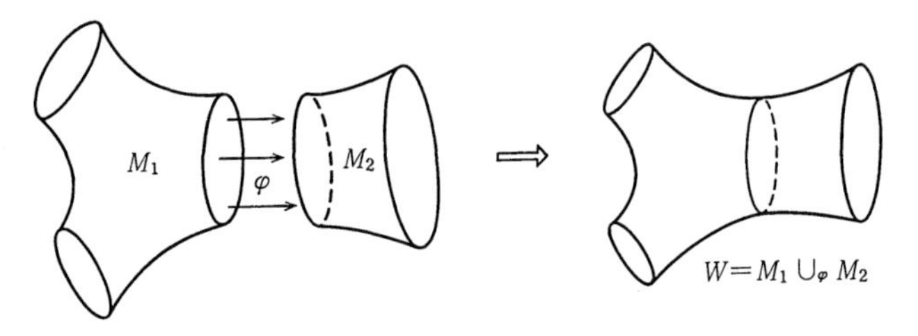

図 2.5　境界のある多様体の張り合わせ

よりも，もう少し微妙な点がある．

定理 2.8（微分同相写像の張り合わせ）　$W=M_1\cup_\varphi M_2$ と $V=N_1\cup_\psi N_2$ を境界のある多様体を張り合わせて得られた多様体とする．（ここに，$\varphi\colon \partial M_1\to\partial M_2$ と $\psi\colon \partial N_1\to\partial N_2$ はそれぞれ境界の間の微分同相写像である．）このとき，もし微分同相写像 $h_1\colon M_1\to N_1$ と $h_2\colon M_2\to N_2$ があって，∂M_1 上の任意の点 p について，$\psi\circ h_1(p)=h_2\circ\varphi(p)$ が成り立てば，h_1 と h_2 を境界に沿って張り合わせた微分同相写像 $H=h_1\cup h_2\colon W\to V$ が存在する（図 2.6 を見よ）．　□

この定理の中の記号 $H=h_1\cup h_2$ は，少し人を欺くところがある．というのは，写像 H は M_1 上では h_1，M_2 上では h_2 で定義された写像そのものではないからである．そのように定義したのでは，得られた写像：$W\to V$ が ∂M_1 に沿って微分可能でないかもしれない．そのため，h_1,h_2 を境界の近くで少し変形する必要がある．この本ではこのような変形を詳しく説明する余裕がないが，次の例を参考にして，うまく変形できることを納得してほしい．

例 2.9　$M_1=N_1=\mathbb{R}^2_+=\{(x,y)\,|\,y\geqq 0\}$ を上半平面とし，$M_2=N_2=\mathbb{R}^2_-=\{(x,y)\,|\,y\leqq 0\}$ を下半平面とする．φ も ψ も恒等写像にとっておく．すると，$W=V=\mathbb{R}^2$ である．

$$\left\{\begin{array}{ll} h_1(x,y)=(x+y,y) & (y\geqq 0\text{ のとき}) \\ h_2(x,y)=(x,y) & (y\leqq 0\text{ のとき}) \end{array}\right. \tag{2.16}$$

と定義しよう．$h_1\colon M_1\to N_1$ も $h_2\colon M_2\to N_2$ も微分同相写像であるが，これらをそのまま張り合わせたのでは微分同相写像：$\mathbb{R}^2\to\mathbb{R}^2$ は得られない．そこで，h_1 を次のような $\tilde{h}_1$ に修正する：

$$\tilde{h}_1(x,y)=(x+\rho(y)y,y). \tag{2.17}$$

ただし，（$\varepsilon>0$ を十分小さい整数として）$\rho(y)$ は，$0\leqq\rho(y)\leqq 1$ であり，かつ，$\rho(y)=0$（$y\leqq\varepsilon$ のとき），$\rho(y)=1$（$y\geqq 2\varepsilon$ のとき）を満たす C^∞ 級関数である．（そのような関数の存在は参考文献[11]を見よ．）

このように修正しておけば，上半平面で $\tilde{h}_1$，下半平面で h_2 と定義した $H\colon\mathbb{R}^2\to\mathbb{R}^2$ は微分同相写像になる．定理 2.8 では，このような H のことを

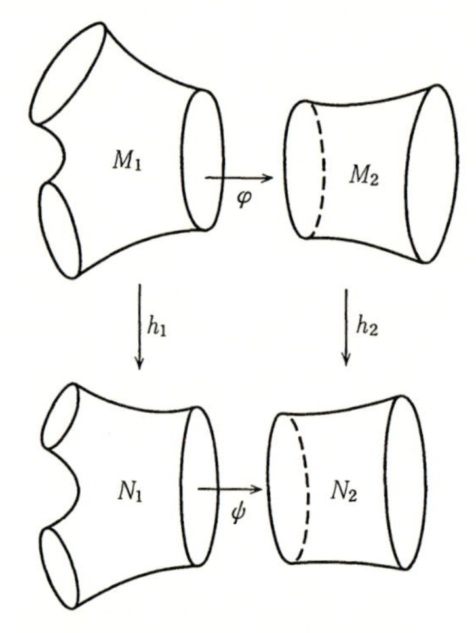

図 2.6　微分同相の張り合わせ

簡単に $H=h_1\cup h_2$ と書いたのである. □

§2.2　Morse 関数

(a)　$\boldsymbol{m}$ 次元多様体上の Morse 関数

境界のないコンパクトな多様体のことを**閉じた多様体**(closed manifold)または**閉多様体**という. M を m 次元の閉じた多様体, $f\colon M\to\mathbb{R}$ をその上の滑らかな関数とする.

定義 2.10 (f の臨界点)　M の点 p_0 が $f\colon M\to\mathbb{R}$ の**臨界点**であるとは, p_0 のまわりの局所座標系 $(x_1,x_2,\cdots,x_m)$ について,

$$\frac{\partial f}{\partial x_1}(p_0)=0,\quad \frac{\partial f}{\partial x_2}(p_0)=0,\quad \cdots,\quad \frac{\partial f}{\partial x_m}(p_0)=0 \tag{2.18}$$

が成り立つことである. □

なお, この定義は局所座標系の選び方によらない. $(x_1,x_2,\cdots,x_m)$ について条件(2.18)が成り立てば, p_0 のまわりの別の局所座標系 $(y_1,y_2,\cdots,y_m)$ についても同じ条件が成り立つ(演習問題 2.1).

実数 c が, $f\colon M\to\mathbb{R}$ の何らかの臨界点 p_0 での値 $c=f(p_0)$ になっている

とき，c を f の**臨界値**という．この言葉はすでに，前節の境界のある多様体の説明のところで使った．

定義 2.11（Hesse 行列）　p_0 が $f\colon M \to \mathbb{R}$ の臨界点であるとき，次の $m \times m$ 行列

$$H_f(p_0) = \begin{pmatrix} \frac{\partial^2 f}{\partial x_1^2}(p_0) & \cdots & \frac{\partial^2 f}{\partial x_1 \partial x_m}(p_0) \\ & \ddots & \\ \vdots & \frac{\partial^2 f}{\partial x_i \partial x_j}(p_0) & \vdots \\ & & \ddots \\ \frac{\partial^2 f}{\partial x_m \partial x_1}(p_0) & \cdots & \frac{\partial^2 f}{\partial x_m^2}(p_0) \end{pmatrix} \tag{2.19}$$

を臨界点 p_0 における関数 f の **Hesse 行列**という．　□

i 行 j 列のところに $\dfrac{\partial^2 f}{\partial x_i \partial x_j}(p_0)$ を並べた行列が Hesse 行列である．

$$\frac{\partial^2 f}{\partial x_i \partial x_j}(p_0) = \frac{\partial^2 f}{\partial x_j \partial x_i}(p_0)$$

であるから，Hesse 行列は対称行列である．

臨界点 p_0 のまわりの別の局所座標系 $(y_1, y_2, \cdots, y_m)$ をとって f の 2 階微分を計算したものと，もとの $(x_1, x_2, \cdots, x_m)$ で計算したものとを較べると

$$\frac{\partial^2 f}{\partial y_h \partial y_k}(p_0) = \sum_{i,j=1}^{m} \frac{\partial x_i}{\partial y_h}(p_0) \frac{\partial x_j}{\partial y_k}(p_0) \frac{\partial^2 f}{\partial x_i \partial x_j}(p_0) \tag{2.20}$$

という関係がある．したがって，次の補題を得る．

補題 2.12　臨界点 p_0 のまわりに 2 つの局所座標系

$$(y_1, y_2, \cdots, y_m) \quad と \quad (x_1, x_2, \cdots, x_m)$$

をとり，それらによって計算した $f\colon M \to \mathbb{R}$ の Hesse 行列をそれぞれ $\mathcal{H}_f(p_0)$ と $H_f(p_0)$ とすれば

$$\mathcal{H}_f(p_0) = {}^t J(p_0) H_f(p_0) J(p_0) \tag{2.21}$$

が成り立つ．ここに，$J(p_0)$ は，$(y_1, y_2, \cdots, y_m)$ から $(x_1, x_2, \cdots, x_m)$ への座標変換にともなう **Jacobi 行列**を点 p_0 で計算したもので，具体的には，

$$
(2.22) \qquad J(p_0) = \begin{pmatrix} \dfrac{\partial x_1}{\partial y_1}(p_0) & \cdots & \dfrac{\partial x_1}{\partial y_m}(p_0) \\ & \ddots & \\ \vdots & \dfrac{\partial x_i}{\partial y_j}(p_0) & \vdots \\ & & \ddots \\ \dfrac{\partial x_m}{\partial y_1}(p_0) & \cdots & \dfrac{\partial x_m}{\partial y_m}(p_0) \end{pmatrix}
$$

で与えられる． □

非退化な臨界点と退化した臨界点を定義しよう．

定義 2.13（非退化な臨界点と退化した臨界点）　臨界点 p_0 における f の Hesse 行列 $H_f(p_0)$ の行列式 $\det H_f(p_0)$ が 0 でないとき，p_0 を**非退化な臨界点**と呼び，反対に $\det H_f(p_0)=0$ であるとき，p_0 を**退化した臨界点**と呼ぶ． □

補題 2.12 の系として，次が得られる．

系 2.14　関数 $f\colon M\to\mathbb{R}$ の臨界点 p_0 が非退化であるか，退化しているかは，p_0 のまわりの局所座標系の取り方によらずに決まる．

［証明］　関係式(2.21)から

$$
\det \mathcal{H}_f(p_0) = \det {}^t J(p_0) \det H_f(p_0) \det J(p_0)
$$

である．座標変換にともなう Jacobi 行列 $J(p_0)$ の行列式は 0 でないことがわかっているから，$\det \mathcal{H}_f(p_0)\neq 0$ と $\det H_f(p_0)\neq 0$ は同値である． ■

以上見たように，m 次元の場合のいろいろな定義は曲面の場合と形式的にはまったく同じである．最後に Morse 関数を定義しよう．この定義も曲面の場合と同じである．

定義 2.15（Morse 関数）　関数 $f\colon M\to\mathbb{R}$ が **Morse 関数**であるとは，f の臨界点がすべて非退化な臨界点であることである． □

(b)　m 次元の Morse の補題

曲面の場合に証明した Morse の補題(定理 1.11)は次のように拡張される．

定理 2.16（m 次元の Morse の補題）　点 p_0 が $f\colon M\to\mathbb{R}$ の非退化な臨界

点であるとき，p_0 のまわりの局所座標系 $(X_1, X_2, \cdots, X_m)$ をうまく選んで，その局所座標系によって表した関数 f の形が次の標準形になるようにすることができる．

$$f = -X_1^2 - \cdots - X_\lambda^2 + X_{\lambda+1}^2 + \cdots + X_m^2 + c. \tag{2.23}$$

ここに，c は定数 $(=f(p_0))$ である．また，p_0 は $(X_1, X_2, \cdots, X_m)$ の原点 $(0, 0, \cdots, 0)$ になっている． □

この標準形に現れたマイナスの符号の個数 λ は，Hesse 行列 $H_f(p_0)$ を対角化したときのマイナスの対角成分の個数に等しい．Sylvester の法則([14]参照)により，λ は Hesse 行列の対角化の仕方によらずに決まる．したがって，λ は関数 f と臨界点 p_0 で決まってしまう．

定義 2.17　λ を非退化な臨界点 p_0 の**指数**と呼ぶ．m 次元の場合，λ は 0 から m までの値をとりうる． □

m 次元の Morse の補題(定理 2.16)を証明しよう．

[証明]　臨界点 p_0 のまわりの任意の局所座標系 $(x_1, x_2, \cdots, x_m)$ を選ぶ．ただし，p_0 はこの局所座標系の原点 $(0, 0, \cdots, 0)$ であるとしておく．さらに，必要なら，f のかわりに $f-f(p_0)$ を考えることにし，$f(p_0)=0$ であると仮定してよい．

2 次元の Morse の補題(定理 1.11)の証明中で使った「微分積分の基本事項」の m 次元版によって，$f(0, 0, \cdots, 0)=0$ の仮定のもとで，m 個の(原点の近傍で定義された) C^∞ 級関数

$$g_1(x_1, \cdots, x_m),\quad g_2(x_1, \cdots, x_m),\quad \cdots,\quad g_m(x_1, \cdots, x_m) \tag{2.24}$$

があって，原点の近傍で

$$f(x_1, \cdots, x_m) = \sum_{i=1}^{m} x_i g_i(x_1, \cdots, x_m) \tag{2.25}$$

が成り立ち，かつ

$$\frac{\partial f}{\partial x_i}(0, \cdots, 0) = g_i(0, \cdots, 0) \tag{2.26}$$

であることがわかる．

点 $p_0=(0, \cdots, 0)$ は f の臨界点なので，式(2.26)の両辺は実は 0 である．し

たがって，$g_i(x_1,\cdots,x_m)$ にまた「微分積分の基本事項」が使えて，m 個の(原点の近傍で定義された) C^∞ 級関数

(2.27)　　$h_{i1}(x_1,\cdots,x_m),\ h_{i2}(x_1,\cdots,x_m),\ \cdots,\ h_{im}(x_1,\cdots,x_m)$

が存在し，原点の近傍で

$$g_i(x_1,\cdots,x_m)=\sum_{j=1}^{m}x_jh_{ij}(x_1,\cdots,x_m) \tag{2.28}$$

が成り立つ．これを，式(2.25)に代入して，

$$f(x_1,\cdots,x_m)=\sum_{i,j=1}^{m}x_ix_jh_{ij}(x_1,\cdots,x_m) \tag{2.29}$$

を得る．ここで，$H_{ij}=(h_{ij}+h_{ji})/2$ とおくと，

$$f(x_1,\cdots,x_m)=\sum_{i,j=1}^{m}x_ix_jH_{ij}(x_1,\cdots,x_m) \tag{2.30}$$

であり，かつ

$$H_{ij}(x_1,\cdots,x_m)=H_{ji}(x_1,\cdots,x_m). \tag{2.31}$$

条件(2.31)のもとで，式(2.30)のような $f(x_1,\cdots,x_m)$ の表示を，f の「2次形式表示」と呼ぶことにしよう．証明すべき f の標準形(2.23)も特別な形の2次形式表示である．

以下の証明のアイデアは，f の2次形式表示に含まれる項の数に関する数学的帰納法により，f の表示(2.30)を Morse の標準形のかたちの2次形式表示に直していくことである．

さて，式(2.30)の両辺の2次の微分係数を原点で計算すると

$$\frac{\partial^2 f}{\partial x_i\partial x_j}(0,\cdots,0)=2H_{ij}(0,\cdots,0). \tag{2.32}$$

2次元の Morse の補題(定理1.11)の証明のときにやったように，臨界点 p_0 が非退化であるという仮定 ($\det H_{ij}(0,\cdots,0)\neq 0$) を使うと，あらかじめ局所座標系 $(x_1,x_2,\cdots,x_m)$ に適当な線形変換をほどこしておいて，

$$\frac{\partial^2 f}{\partial x_1^2}(0,\cdots,0)\neq 0 \tag{2.33}$$

と仮定できる．すると，式(2.32)より，$H_{11}(0,\cdots,0)\neq 0$ である．H_{11} は連続

であるから，

$$H_{11} \text{ は原点の近傍で } 0 \text{ でない} \tag{2.34}$$

ということがわかる．そこで，x_1 にかわる新しい局所座標 X_1 を

$$X_1 = \sqrt{|H_{11}|}\left(x_1 + \sum_{i=2}^{m} x_i \frac{H_{1i}}{H_{11}}\right) \tag{2.35}$$

という式で導入する．x_1 以外の $x_2, \cdots, x_m$ はそのままにしておく．原点において，$(X_1, x_2, \cdots, x_m)$ と $(x_1, x_2, \cdots, x_m)$ の間の Jacobi 行列の行列式が 0 でないことが容易に計算できるので，$(X_1, x_2, \cdots, x_m)$ は確かに局所座標系になっている．X_1 の 2 乗を計算すると

$$\begin{aligned} X_1^2 &= |H_{11}|\left(x_1 + \sum_{i=2}^{m} x_i \frac{H_{1i}}{H_{11}}\right)^2 \\ &= \begin{cases} H_{11}x_1^2 + 2\sum_{i=2}^{m} x_1 x_i H_{1i} + \left(\sum_{i=2}^{m} x_i H_{1i}\right)^2 \Big/ H_{11} & (H_{11} > 0) \\ -H_{11}x_1^2 - 2\sum_{i=2}^{m} x_1 x_i H_{1i} - \left(\sum_{i=2}^{m} x_i H_{1i}\right)^2 \Big/ H_{11} & (H_{11} < 0) \end{cases} \end{aligned} \tag{2.36}$$

この式(2.36)と f の 2 次形式表示(2.30)を較べると

$$f = \begin{cases} X_1^2 + \sum_{i,j=2}^{m} x_i x_j H_{ij} - \left(\sum_{i=2}^{m} x_i H_{1i}\right)^2 \Big/ H_{11} & (H_{11} > 0) \\ -X_1^2 + \sum_{i,j=2}^{m} x_i x_j H_{ij} - \left(\sum_{i=2}^{m} x_i H_{1i}\right)^2 \Big/ H_{11} & (H_{11} < 0) \end{cases} \tag{2.37}$$

上の式(2.37)の第 2 項以下は $x_2, \cdots, x_m$ に関する和になっている．したがって，この部分はもとの 2 次形式表示(2.30)より項の数が少ない 2 次形式表示として整理できるので，これで項の数に関する数学的帰納法が進行して，f が Morse の標準形のかたちの表示に直せることが証明できる． ∎

Morse の補題が証明できたので，次の 2 つの事実が曲面のときと同様にしてわかる．

系 2.18 非退化な臨界点は孤立した臨界点である． □

系 2.19 コンパクトな多様体上の Morse 関数 $f\colon M \to \mathbb{R}$ には有限個の臨界点しかない． □

(c)　Morse 関数の存在

いままで，曲面の場合の類似を追ってきたが，ここで，ひとつ新しいことを示そう．Morse 関数の存在定理がそれである．

定理 2.20（Morse 関数の存在）　M を閉じた m 次元多様体とし，$g\colon M\to\mathbb{R}$ を M 上の任意の C^∞ 級関数とすると，$g\colon M\to\mathbb{R}$ にいくらでも近い Morse 関数 $f\colon M\to\mathbb{R}$ が存在する．　□

M 上の C^∞ 級関数はいくらでも存在するから，この定理によって，Morse 関数のほうもいくらでも存在することがわかる．（例えば，M のすべての点に，ある定数 c_0 を対応させる定数関数も，M 上の C^∞ 級関数には違いないから，そのそばに，Morse 関数 $f\colon M\to\mathbb{R}$ が存在する！　もちろん，Morse 関数 f のほうは定数関数ではない．）

存在定理のなかの「g にいくらでも近い」という部分は，より正確には「C^2 の意味で g にいくらでも近い」ということなのだが，この意味は，証明のなかではっきりすると思う．

存在定理の証明のため，2 つの補題を準備する．

補題 2.21　$\mathbb{R}^m=\{(x_1,x_2,\cdots,x_m)\}$ を m 次元の Euclid 空間とし，U を $\mathbb{R}^m$ のなかの勝手な開集合，そして，$f\colon U\to\mathbb{R}$ を U 上の任意の C^∞ 級関数とする．そのとき，m 個の実数 $a_1,a_2,\cdots,a_m$ をうまく選んで，

$$f(x_1,x_2,\cdots,x_m)-(a_1x_1+a_2x_2+\cdots+a_mx_m) \tag{2.38}$$

が U 上の Morse 関数になるようにすることができる．しかも，このような実数 $a_1,a_2,\cdots,a_m$ として，絶対値がいくらでも小さなものが選べる．　□

この補題の直観的な「証明」は次のようなものである．

関数(2.38)の臨界点がすべて非退化であることを示せばよい．関数(2.38)の臨界点 $p_0=(x_1^0,x_2^0,\cdots,x_m^0)$ はどこに生じるかというと，点 p_0 上の，関数

$$y=f(x_1,x_2,\cdots,x_m)$$

のグラフの「接平面」の傾きが，ちょうど 1 次関数

$$y=a_1x_1+a_2x_2+\cdots+a_mx_m$$

の傾きと一致したとき，p_0 はこの 2 つの差の関数(2.38)の臨界点になる．

また，いつ退化した臨界点になるかというと，点 p_0 上での，関数 $y=f(x_1, x_2, \cdots, x_m)$ のグラフの接平面がグラフにピッタリ(3 次以上の接触で)接するときである．ところで，グラフにピッタリ接するような接平面はそんなにたくさんはないだろうから，たいていの $a_1, a_2, \cdots, a_m$ を選んでおけば，そういう接平面の傾きと一致しない．そのとき，差の関数の臨界点は非退化なものばかりになる．これが直観的な「証明」である．

厳密に証明するには，Sard の定理が必要である．

少し予備的な説明をしよう．いま，U を $\mathbb{R}^m$ の開集合とし，

$$h\colon U \to \mathbb{R}^m \tag{2.39}$$

を C^∞ 級写像としよう．

U の点 $(x_1, x_2, \cdots, x_m)$ を h でうつすと，$\mathbb{R}^m$ の点 $(y_1, y_2, \cdots, y_m)$ にうつる．うつった点の座標成分 y_i は $(x_1, x_2, \cdots, x_m)$ の関数として

$$y_i = h_i(x_1, x_2, \cdots, x_m), \quad i = 1, 2, \cdots, m$$

のように書ける．これが，写像 $h\colon U \to \mathbb{R}^m$ の成分表示であった．

$h\colon U \to \mathbb{R}^m$ の成分表示を縦ベクトルのように

$$h = \begin{pmatrix} h_1 \\ h_2 \\ \vdots \\ h_m \end{pmatrix} \tag{2.40}$$

と書くと便利である．

このとき，次のような $m \times m$ 行列

$$J_h(p_0) = \begin{pmatrix} \dfrac{\partial h_1}{\partial x_1}(p_0) & \cdots & \dfrac{\partial h_1}{\partial x_m}(p_0) \\ & \ddots & \\ \vdots & \dfrac{\partial h_i}{\partial x_j}(p_0) & \vdots \\ & \ddots & \\ \dfrac{\partial h_m}{\partial x_1}(p_0) & \cdots & \dfrac{\partial h_m}{\partial x_m}(p_0) \end{pmatrix} \tag{2.41}$$

を，点 $p_0\,(\in U)$ における h の **Jacobi 行列**という．言うまでもなく，座標変

換にともなう Jacobi 行列の拡張である．

定義 2.22（写像の臨界点と臨界値）　$\det J_h(p_0)=0$ であるような U の点 p_0 を，写像 $h\colon U\to\mathbb{R}^m$ の**臨界点**と呼ぶ．また，何らかの臨界点 p_0 の像 $h(p_0)$ となっているような $\mathbb{R}^m$ の点を $h\colon U\to\mathbb{R}^m$ の**臨界値**という．　□

ただし，この定義は，U と $\mathbb{R}^m$ のように同じ次元の空間の間の写像のときだけ有効である，ということを注意しておく．次元に差のある場合には，臨界点の定義も違ったものになる．

Sard の定理は次のように述べられる．

定理 2.23（Sard の定理）　C^∞ 級写像 $h\colon U\to\mathbb{R}^m$ の臨界値の集合は $\mathbb{R}^m$ のなかの測度 0 の集合である．　□

ここで，「測度 0」という概念を説明することはしないが，$m=2$ の場合なら面積が 0，また，$m=3$ の場合なら体積が 0，ということとほぼ同じである．要するに，臨界値の集合は $\mathbb{R}^m$ のなかで「そんなに多くない」，と言っているのである．とくに，$\mathbb{R}^m$ のどんな点の近傍にも，$h\colon U\to\mathbb{R}^m$ の臨界値でない点が存在する．

Sard の定理の証明は参考文献[12][13]を見てほしい．

さて，補題 2.21 を厳密に証明しよう．

［証明］　十分小さな $a_1, a_2, \cdots, a_m$ を選んで，

$$f(x_1,x_2,\cdots,x_m)-(a_1x_1+a_2x_2+\cdots+a_mx_m) \tag{2.42}$$

を U 上の Morse 関数にすることが問題だった．

まず，与えられた関数 $f\colon U\to\mathbb{R}$ を使って，次のように成分表示される写像 $h\colon U\to\mathbb{R}^m$ を考える：

$$h=\begin{pmatrix}\dfrac{\partial f}{\partial x_1}\\[2mm] \dfrac{\partial f}{\partial x_2}\\ \vdots\\ \dfrac{\partial f}{\partial x_m}\end{pmatrix}. \tag{2.43}$$

第 i 成分が関数 f の第 i 偏導関数になっているような写像である．この写像

$h\colon U\to\mathbb{R}^m$ の，点 p_0 における Jacobi 行列は

$$(2.44)\quad J_h(p_0)=\begin{pmatrix}\dfrac{\partial^2 f}{\partial x_1^2}(p_0) & & \cdots & & \dfrac{\partial^2 f}{\partial x_1\partial x_m}(p_0)\\ & \ddots & & & \\ \vdots & & \dfrac{\partial^2 f}{\partial x_i\partial x_j}(p_0) & & \vdots\\ & & & \ddots & \\ \dfrac{\partial^2 f}{\partial x_m\partial x_1}(p_0) & & \cdots & & \dfrac{\partial^2 f}{\partial x_m^2}(p_0)\end{pmatrix}$$

である．これは Hesse 行列 $H_f(p_0)$ に一致する．したがって，p_0 が写像 $h\colon U\to\mathbb{R}^m$ の臨界点であることと，$\det H_f(p_0)=0$ であることとは同値である．

$\mathbb{R}^m$ の点

$$(2.45)\qquad \begin{pmatrix}a_1\\a_2\\\vdots\\a_m\end{pmatrix}$$

を，$h\colon U\to\mathbb{R}^m$ の臨界値でないように選ぶ．Sard の定理により，このような点はいくらでもあり，また $a_1,a_2,\cdots,a_m$ の絶対値がいくらでも小さいものが選べる．この $a_1,a_2,\cdots,a_m$ が求めるものである．

実際，$\tilde{f}(x_1,\cdots,x_m)=f(x_1,\cdots,x_m)-(a_1x_1+\cdots+a_mx_m)$ が U 上の Morse 関数であることを証明しよう．

点 p_0 が関数 $\tilde{f}$ の臨界点であれば，

$$(2.46)\qquad \frac{\partial\tilde{f}}{\partial x_i}(p_0)=\frac{\partial f}{\partial x_i}(p_0)-a_i=0,\quad i=1,2,\cdots,m$$

であるから，写像 $h\colon U\to\mathbb{R}^m$ の定義によって，

$$(2.47)\qquad h(p_0)=\begin{pmatrix}a_1\\a_2\\\vdots\\a_m\end{pmatrix}.$$

しかし，選び方から

$$\begin{pmatrix} a_1 \\ a_2 \\ \vdots \\ a_m \end{pmatrix}$$

は $h\colon U \to \mathbb{R}^m$ の臨界値ではない．したがって，p_0 は $h\colon U \to \mathbb{R}^m$ の臨界点ではない．前に見たように，これは，$\det H_f(p_0) \neq 0$ と同値である．f と $\tilde{f}$ の差は1次式だから，Hesse 行列は共通である：

$$H_f(p_0) = H_{\tilde{f}}(p_0). \tag{2.48}$$

したがって，$\det H_f(p_0) \neq 0$ と $\det H_{\tilde{f}}(p_0) \neq 0$ とは同値であり，p_0 は $\tilde{f}$ の非退化な臨界点である．

これで，補題2.21が証明できた． ∎

証明すべき Morse 関数の存在定理2.20のなかにでてきた，「2つの関数が近い」ということ，正確にいうと，2つの C^∞ 級関数 $f, g\colon M \to \mathbb{R}$ が「C^2 の意味で近い」というのはどういうことかを，ここではっきりさせておこう．

ある開集合 U のなか全体に1つの局所座標系 $(x_1, x_2, \cdots, x_m)$ が定義されているとき，この開集合 U を簡単に**座標近傍**と呼ぶ．座標近傍 U にはその座標系 $(x_1, x_2, \cdots, x_m)$ を付随させておくものとする．

f と g が C^2 の意味で近いということを，まず，1つの座標近傍 U に含まれているコンパクト集合 K（例えば適当な半径の m 次元円板 D^m）の上で考える．$\varepsilon > 0$ を任意の正数とするとき，次のように定義する．

「K の上で f が g の (C^2, ε) 近似である」とは，次の3つの不等式が K のすべての点 p において成り立つことである．

$$\begin{cases} |f(p) - g(p)| < \varepsilon, & \\ \left| \dfrac{\partial f}{\partial x_i}(p) - \dfrac{\partial g}{\partial x_i}(p) \right| < \varepsilon, & i = 1, 2, \cdots, m, \\ \left| \dfrac{\partial^2 f}{\partial x_i \partial x_j}(p) - \dfrac{\partial^2 g}{\partial x_i \partial x_j}(p) \right| < \varepsilon, & i, j = 1, 2, \cdots, m. \end{cases} \tag{2.49}$$

多様体 M 全体で考えるには，M を有限個の座標近傍で覆っておく．一般には有限個の座標近傍で覆うことが不可能だが，M がコンパクトのときは可能である．それは，コンパクト性の定義による．いままで，コンパクト性の正式な定義は与えてこなかったので，ここで一応復習しておこう．

定義 2.24（コンパクト性） 空間 X が**コンパクト**(compact)であるとは，X を無限個の開集合 $U_\alpha, U_\beta, \cdots, U_\lambda, \cdots$ で被覆するとき，すなわち，

$$X = U_\alpha \cup U_\beta \cup \cdots \cup U_\lambda \cup \cdots \tag{2.50}$$

のように表すとき，これらの開集合のなかから適当に有限個の開集合 $U_\alpha, U_\beta, \cdots, U_\gamma$ を選び出して，これだけで X を被覆することができる，すなわち，

$$X = U_\alpha \cup U_\beta \cup \cdots \cup U_\gamma \tag{2.51}$$

と表せることである．ひとことで言えば，無限開被覆から有限開被覆が選び出せることである． □

微分積分で習うことになっている定理(Heine-Borel の定理)によれば，$\mathbb{R}^m$ の有界な(つまり，原点からの距離がある値以下の範囲におさまってしまう)閉集合はコンパクトである．例えば，m 次元円板 D^m や $m-1$ 次元球面 S^{m-1} はコンパクトである．

さて，どんな多様体 M も，明らかに無限個の座標近傍で被覆できる．ここで M がコンパクトであることを仮定すると，有限個の座標近傍 $U_1, U_2, \cdots, U_k$ を選び出して，それだけで M を被覆することができる：

$$M = U_1 \cup U_2 \cup \cdots \cup U_k. \tag{2.52}$$

f と g が C^2 の意味で近いということの定義にもどろう．M をこのように有限個の $U_1, U_2, \cdots, U_k$ で覆っておく．さらに，各々の U_l のなかにコンパクト集合 K_l を 1 つずつとっておき($l=1,2,\cdots,k$)，M はそれらの和集合にもなっているようにする：

$$M = K_1 \cup K_2 \cup \cdots \cup K_k. \tag{2.53}$$

注意 このようにすることが可能であることは次のように示せる．まず，M のなかのありとあらゆる座標近傍 U と，そのなかに含まれるありとあらゆる m 次元円板 D の組 (U, D) を考える．M はこのような円板たち D の内部 $\mathrm{int}(D)$ (これは開集合)で被覆されることは明らかである．M のコンパクト性を仮定すれば，有限個の $\mathrm{int}(D_1)$, $\mathrm{int}(D_2)$, $\cdots$, $\mathrm{int}(D_k)$ で M が被覆できる．そうすれば，

もちろん $D_1, D_2, \cdots, D_k$ と組になっている座標近傍 $U_1, U_2, \cdots, U_k$ で M は被覆されていて，同時に，$K_l = D_l$ とおけば，$U_1, U_2, \cdots, U_k$ に含まれるコンパクト集合 $K_1, K_2, \cdots, K_k$ によっても M は被覆されている．

以上の準備のもとに，次のように定義する．

定義 2.25　$f\colon M \to \mathbb{R}$ が $g\colon M \to \mathbb{R}$ の (C^2, ε) 近似であるとは，$l = 1, 2, \cdots, k$ につき，K_l の上で，f が g の (C^2, ε) 近似であることである．　□

(C^2, ε) 近似を論ずるときは，暗黙のうちに，有限個の座標近傍による M の被覆 $M = U_1 \cup \cdots \cup U_k$ と，U_l 内のコンパクト集合 K_l による M の被覆 $M = K_1 \cup \cdots \cup K_k$ が，固定されているものとする．この被覆は，次の補題の証明のなかでも仮定されている．

Morse 関数の存在定理 2.20 の証明のため，もうひとつ補題が必要である．

補題 2.26　C を m 次元多様体 M のなかのコンパクト集合とする．C のなかに関数 $g\colon M \to \mathbb{R}$ の退化した臨界点がなければ，$\varepsilon > 0$ を十分小さい正数として，g の (C^2, ε) 近似であるような関数 f についても同じことが言える．すなわち，C のなかに，f の退化した臨界点がない．

[証明]　座標近傍 U_l で考える．U_l の座標系 $(x_1, x_2, \cdots, x_m)$ を強調するため，この座標系で計算した g の Hesse 行列を

$$\left(\frac{\partial^2 g}{\partial x_i \partial x_j}\right)$$

と書くことにする．容易にわかるように，g の退化した臨界点が $C \cap K_l$ のなかに存在しないための必要十分条件は

$$\left|\frac{\partial g}{\partial x_1}\right| + \cdots + \left|\frac{\partial g}{\partial x_m}\right| + \left|\det\left(\frac{\partial^2 g}{\partial x_i \partial x_j}\right)\right| > 0 \tag{2.54}$$

が $C \cap K_l$ 上で成り立つことである．

十分小さく $\varepsilon > 0$ を選んでおけば，g の (C^2, ε) 近似であるような関数 f についても，同様の不等式

$$\left|\frac{\partial f}{\partial x_1}\right| + \cdots + \left|\frac{\partial f}{\partial x_m}\right| + \left|\det\left(\frac{\partial^2 f}{\partial x_i \partial x_j}\right)\right| > 0 \tag{2.55}$$

が $C \cap K_l$ 上で成り立つはずであるから，f も $C \cap K_l$ のなかに退化した臨界点をもたない．

同じ議論を $l=1,2,\cdots,k$ について行えば，f は $C\left(=\bigcup_{l=1}^{k} C \cap K_l\right)$ のなかに退化した臨界点のないことがわかる． ∎

Morse 関数の存在定理 2.20 を証明しよう．

［証明］ 関数の (C^2, ε) 近似を論ずるため，M の座標近傍 U_l $(l=1,2,\cdots,k)$ による被覆と，U_l のなかのコンパクト集合 K_l $(l=1,2,\cdots,k)$ による M の被覆が固定されていることを再確認しておく．

はじめに与えられた関数 $g\colon M \to \mathbb{R}$ を f_0 とおく：$f_0=g$．以下の証明のアイデアは，f_0 から出発し，l に関する数学的帰納法で，$l=1,2,\cdots$ と順に関数 f_l を構成していき，f_l が $K_1 \cup K_2 \cup \cdots \cup K_l$ のなかに退化した臨界点をもたないようにすることである．$l=1,2,\cdots$ と進んで，$l=k$ までできれば，($M=K_1 \cup K_2 \cup \cdots \cup K_k$ であるから) f_k が求める Morse 関数になっている．

簡単のため，$K_1 \cup K_2 \cup \cdots \cup K_l$ のことを C_l と書こう．コンパクト集合の有限和はまたコンパクトだから，C_l もコンパクトである．形式的に，$C_0=\varnothing$ とおく．

数学的帰納法の仮定として，C_{l-1} のなかに退化した臨界点のない関数 $f_{l-1}\colon M \to \mathbb{R}$ が構成されたとする．f_{l-1} を使って f_l を構成することを考えよう．

座標近傍 U_l とそのなかのコンパクト集合 K_l に着目する．U_l に付随している座標系が $(x_1, x_2, \cdots, x_m)$ であるとする．補題 2.21 により，絶対値の十分小さい実数 $a_1, a_2, \cdots, a_m$ があって，

$$f_{l-1}(x_1, x_2, \cdots, x_m) - (a_1 x_1 + \cdots + a_m x_m) \tag{2.56}$$

は U_l 上の Morse 関数になる．しかし，このままでは，$a_1 x_1 + \cdots + a_m x_m$ という式が座標近傍 U_l の外では意味をなさないので，上の式を少し修正する必要がある．

そのための便利な技法が多様体論で知られているので，もうひとつだけ補題としてその結果を引用させてもらう．証明については[11]などを参照してほしい．

補題 2.27　U を座標近傍，K を U のなかのコンパクト集合とする．そのとき，次の性質(i)(ii)(iii)をもつ U 上の C^∞ 関数 $h: U \to \mathbb{R}$ が存在する．

（i）　$0 \leqq h \leqq 1$．

（ii）　h は K のある開近傍(すなわち，K を含むある開集合)V の上で恒等的に 1 である．

（iii）　h はその V を含むあるコンパクト集合 $L(\subset U)$ の外では恒等的に 0 である．

(図 2.7 参照．$K \subset V \subset L \subset U$ となっている．)　□

このような関数 h を (U, K) に適合した**台形関数**と呼ぼう．「台形」というと何だか角があるようだが，h は C^∞ 級関数である．

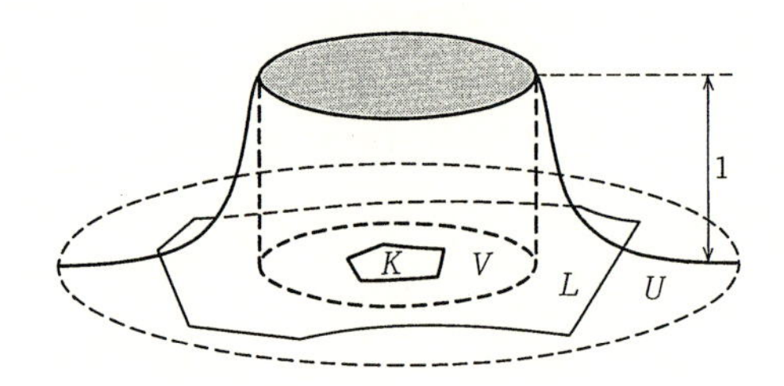

図 2.7　(U, K) に適合した台形関数 h．h は K の開近傍 V 上で 1，V を含むコンパクト集合 L の外で 0．ただし，$K \subset V \subset L \subset U$．

この補題 2.27 を，いま着目している座標近傍 U_l とそのコンパクト集合 K_l に適用すると，(U_l, K_l) に適合した台形関数 $h_l: U_l \to \mathbb{R}$ を得る．

新しい関数 f_l を次のように構成しよう．（ただし，U_l 内のコンパクト集合 L_l は，その外側で h_l が恒等的に 0 になっているようなコンパクト集合である．このコンパクト集合 L_l は，下の場合分けの 2 番目で登場している．）

(2.57)

$$f_l = \begin{cases} f_{l-1}(x_1, \cdots, x_m) - (a_1 x_1 + \cdots + a_m x_m) h_l(x_1, \cdots, x_m) & (U_l \text{ の中で}) \\ f_{l-1}(x_1, \cdots, x_m) & (L_l \text{ の外で}) \end{cases}$$

上の 2 つの定義域の共通部分(U_l の中，かつ L_l の外：これは M の開集合)

では，$h_l(x_1, \cdots, x_m)=0$ であるから，2 つの定義は一致して，f_l は全体としてつながって，M 上の C^∞ 級関数になる．

コンパクト集合 K_l のある開近傍上では $h_l(x_1, \cdots, x_m)=1$ であったから，f_l は「差の関数」(2.56)に一致し，そこでは Morse 関数になっている．したがって，f_l は K_l 上に退化した臨界点がない．

次に，f_l が f_{l-1} の (C^2, ε) 近似にとれるかどうかを見よう．

まず，座標近傍 U_l 上で計算して，

(2.58)

$$
\begin{cases}
|f_{l-1}(p)-f_l(p)| = |(a_1x_1+\cdots+a_mx_m)|h_l(p), \\
\left|\dfrac{\partial f_{l-1}}{\partial x_i}(p)-\dfrac{\partial f_l}{\partial x_i}(p)\right| = \left|a_ih_l(p)+(a_1x_1+\cdots+a_mx_m)\dfrac{\partial h_l}{\partial x_i}(p)\right|, \\
\qquad\qquad\qquad\qquad\qquad\qquad i=1,2,\cdots,m, \\
\left|\dfrac{\partial^2 f_{l-1}}{\partial x_i\partial x_j}(p)-\dfrac{\partial^2 f_l}{\partial x_i\partial x_j}(p)\right| \\
\quad = \left|a_i\dfrac{\partial h_l}{\partial x_j}(p)+a_j\dfrac{\partial h_l}{\partial x_i}(p)+(a_1x_1+\cdots+a_mx_m)\dfrac{\partial^2 h_l}{\partial x_i\partial x_j}(p)\right|, \\
\qquad\qquad\qquad\qquad\qquad\qquad i,j=1,2,\cdots,m.
\end{cases}
$$

ただし，$p=(x_1, x_2, \cdots, x_m)$ とおいた．

関数 h_l は $0 \leqq h_l \leqq 1$ であり，また，コンパクト集合 L_l の外では 0 であるから，h_l の 1 階の導関数も 2 階の導関数も，その絶対値はある一定の値を越えられない(最大値の定理)．したがって，$a_1, \cdots, a_m$ の絶対値を十分小さくとれば，3 つの式(2.58)の右辺はいくらでも小さくなる．とくに，コンパクト集合 K_l 上で f_l は f_{l-1} の (C^2, ε) 近似にとれる．

K_l 以外の K_j の上ではどうかというと，K_j を含む座標近傍 U_j とそれに付随した座標系 $(y_1, \cdots, y_m)$ を使って，上と同様に f_{l-1} と f_l の間の 1 階の導関数の差と 2 階の導関数の差を計算する．この大きさを K_j の上で評価しよう．もともと，コンパクト集合 L_l の外では $f_{l-1}=f_l$ だったので，評価しなければならないのは，共通部分 $K_j \cap L_l$ の上だけである．この共通部分は座標近傍の共通部分 $U_j \cap U_l$ に含まれている．

$U_j \cap U_l$ での計算結果は，上の式(2.58)の右辺を $(x_1, \cdots, x_m)$ と $(y_1, \cdots, y_m)$ の間の Jacobi 行列を使って適当に変換したものになるはずである．ところが，最大値の定理によって，コンパクト集合 $K_j \cap L_l$ の上では Jacobi 行列の各成分の絶対値は一定の値以上にはなれないから，結局，$a_1, a_2, \cdots, a_m$ さえ十分小さくとっておけば，右辺の計算結果は $K_j \cap L_l$ の上で，いくらでも小さくとれることになる．

L_l の外では f_{l-1} と f_l に差のないことは既に見ておいたから，結局，$a_1, a_2, \cdots, a_m$ の絶対値さえ十分小さくとっておけば，K_j の上で，f_l は f_{l-1} の (C^2, ε) 近似にとれることがわかった．

このことが，各 $j=1,2,\cdots,k$ について言えるので，定義 2.25 によって，f_l は f_{l-1} の (C^2, ε) 近似にとれる．ここで，$\varepsilon>0$ はあらかじめいくらでも小さく指定しておける．

帰納法の仮定により，f_{l-1} は $C_{l-1}=K_1 \cup \cdots \cup K_{l-1}$ のなかに退化した臨界点をもたなかった．f_l を f_{l-1} の (C^2, ε) 近似にとると，補題 2.26 により，$\varepsilon>0$ が十分小さければ，f_l も同じ C_{l-1} のなかに退化した臨界点をもたない．しかも，f_l は K_l のなかに退化した臨界点がないように構成しておいたから，f_l は $C_{l-1} \cup K_l = C_l$ のなかに退化した臨界点をもたないことになる．

これで，帰納法が進行する．$l=1,2,\cdots,k$ と進むと，最後の f_k は $C_k=M$ のなかに退化した臨界点のない関数，すなわち，M 上の Morse 関数になる．しかも帰納法の各段階の ε を十分小さくとっておけば，あらかじめ任意に指定された ε' について，f_k ははじめの関数 g の (C^2, ε') 近似になっている．

これで，Morse 関数の存在定理 2.20 が証明できた．∎

§2.3　上向きベクトル場

Morse 関数 $f\colon M \to \mathbb{R}$ があると，それに適合した「上向きベクトル場」が考えられる．このベクトル場は Morse 関数の臨界点同士の関係や多様体のハンドル分解を考察するとき重要な役割を演じる．まず，簡単に接ベクトルの復習をしておこう．

(a)　接ベクトル

多様体 M が十分次元の高い Euclid 空間 $\mathbb{R}^N$ に埋め込まれているとする．このとき，p を M の1点として，p における M の**接ベクトル**(tangent vector)とは，文字通り p において M に接するベクトルのことである(図2.8を見よ)．点 p における M の接ベクトルの全体はひとつのベクトル空間をなす．これを p における M の**接ベクトル空間**(tangent vector space)と呼ぶ．記号で

$$T_p(M)$$

と表す．接ベクトル空間は2次元の場合の接平面の一般化である．

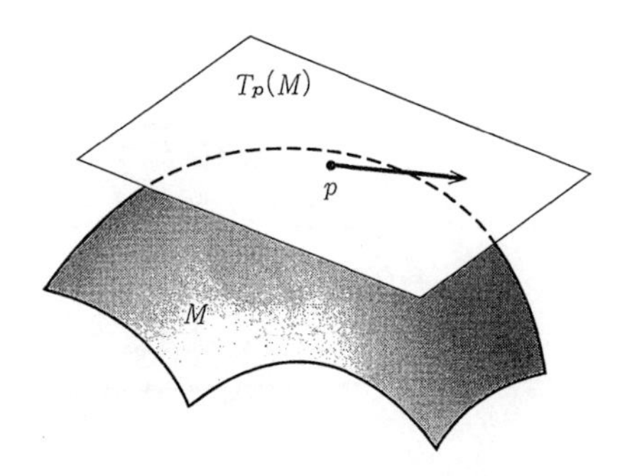

図2.8　接ベクトルと接ベクトル空間 $T_p(M)$

多様体 M が m 次元なら，接ベクトル空間 $T_p(M)$ も m 次元である．

接ベクトルの典型的な例として，曲線の速度ベクトルを考えよう．$c\colon (a,b) \to \mathbb{R}^N$ を $\mathbb{R}^N$ のなかの滑らかな曲線とする．$\mathbb{R}^N$ の座標を $(X_1, X_2, \cdots, X_N)$ とし，曲線 c のパラメータを t とすると，c は

$$c(t) = (X_1(t), X_2(t), \cdots, X_N(t)), \quad a < t < b \tag{2.59}$$

と表される．

簡単のため，パラメータの定義域 (a,b) が0を含むものとし，$t=0$ のとき，曲線がちょうど点 p を通過するものとする：$c(0)=p$．この瞬間の曲線の速度ベクトル $\boldsymbol{v}$ は

$$v = \frac{dc}{dt}(0) = \left(\frac{dX_1}{dt}(0), \frac{dX_2}{dt}(0), \cdots, \frac{dX_N}{dt}(0)\right) \tag{2.60}$$

で与えられる．そして，曲線 c が M 上の曲線である場合には，この速度ベクトル $\frac{dc}{dt}(0)$ は点 p における M の接ベクトルになる(図2.9を見よ).

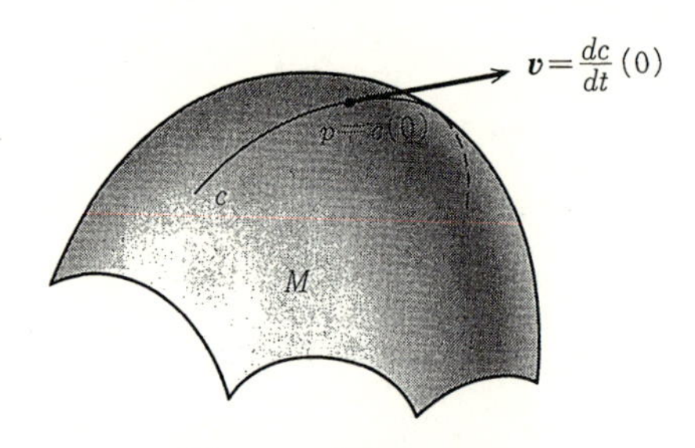

図2.9　速度ベクトル

接ベクトルがあると，その方向に関数を微分することができる．それを説明しよう．ただし，計算は当面 $\mathbb{R}^N$ の座標系 $(X_1, X_2, \cdots, X_N)$ を使う．$v=(v_1, v_2, \cdots, v_N)$ を接ベクトル $(\in T_p(M))$ とし，f を点 p の $\mathbb{R}^N$ での近傍で定義された関数とする．$t=0$ のとき p を通過する M 上の曲線 $c(t)=(X_1(t), X_2(t), \cdots, X_N(t))$ を考える．この曲線の「初速度」，すなわち，$t=0$ のときの速度ベクトルがちょうど v であったとしよう：

$$\frac{dc}{dt}(0) = v \quad \text{すなわち} \quad \frac{dX_j}{dt}(0) = v_j, \quad j = 1, 2, \cdots, N. \tag{2.61}$$

関数 f を曲線 c に制限して考えると，t を変数とする1変数関数 $f(c(t))$ になるが，これを $t=0$ で微分する．合成関数の微分の公式で

$$\begin{aligned} \left.\frac{df(c(t))}{dt}\right|_{t=0} &= \left.\frac{d}{dt} f(X_1(t), X_2(t), \cdots, X_N(t))\right|_{t=0} \\ &= \sum_{j=1}^{N} \frac{\partial f}{\partial X_j}(p) \frac{dX_j}{dt}(0) \\ &= \sum_{j=1}^{N} v_j \frac{\partial f}{\partial X_j}(p). \end{aligned} \tag{2.62}$$

この最後の結果を見るとわかるように，得られた答えは f と v で決まり，v

を「初速度」とする曲線 c の取り方には依らない．したがって，この答えの数値を

$$\boldsymbol{v}\cdot f \tag{2.63}$$

と書くことができる．これが，$\boldsymbol{v}$ による関数 f の微分である．

(2.62)からわかるように $\boldsymbol{v}\cdot f>0$ ということと，$f(c(t))$ という t の関数が $t=0$ の近傍で増加関数ということは同値だから，$\boldsymbol{v}\cdot f>0$ ということと $\boldsymbol{v}$ が f の増加する方向を向いていることとは同値である．

さて，こんどは，点 p のまわりに，多様体 M の局所座標系 $(x_1, x_2, \cdots, x_m)$ があるとしよう．点 p はこの座標系で $p=(a_1, a_2, \cdots, a_m)$ と表せているとする．$t=0$ のとき点 p を通過し，ある x_i 座標の方向に単位の速さで進む曲線 $c_i(t)$ を考えよう．M の局所座標系で書けば，

$$c_i(t) = (a_1, \cdots, a_{i-1}, a_i+t, a_{i+1}, \cdots, a_m) \tag{2.64}$$

である．この曲線 $c_i(t)$ の $t=0$ における速度ベクトル $\boldsymbol{e}_i$ は，いわば局所座標系 $(x_1, x_2, \cdots, x_m)$ に関する x_i 方向の「基本ベクトル」である．各方向についてこれらをあわせたもの

$$\boldsymbol{e}_1,\ \boldsymbol{e}_2,\ \cdots,\ \boldsymbol{e}_m \tag{2.65}$$

が接ベクトル空間 $T_p(M)$ の基底になっている(図2.10を見よ)．

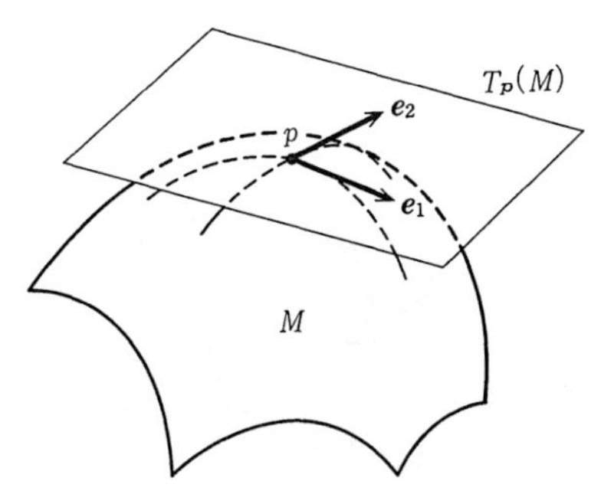

図2.10　$\boldsymbol{e}_1, \cdots, \boldsymbol{e}_m$ は $T_p(M)$ の基底

微分操作としての $\boldsymbol{e}_i$ は

$$\boldsymbol{e}_i\cdot f = \frac{d}{dt}f(c_i(t))\bigg|_{t=0} \tag{2.66}$$

$$= \frac{d}{dt} f(a_1, \cdots, a_{i-1}, a_i + t, a_{i+1}, \cdots, a_m)\Big|_{t=0}$$
$$= \frac{\partial f}{\partial x_i}(p)$$

であるから，f の x_i 方向の偏微分に一致する．このため，x_i 方向の基本ベクトル $\boldsymbol{e}_i$ のことを記号で，

(2.67)
$$\left(\frac{\partial}{\partial x_i}\right)_p$$

と書くことがある．

2つの接ベクトル $\boldsymbol{u}, \boldsymbol{v}$ が，微分操作として等しいときは，接ベクトルとしても等しい．つまり，点 p の近傍で定義された任意の関数 f について

(2.68)
$$\boldsymbol{u} \cdot f = \boldsymbol{v} \cdot f$$

が成り立てば，$\boldsymbol{u} = \boldsymbol{v}$ である．

このことを使うと，$t=0$ のとき点 p を通過する曲線 $c(t)$ を M の局所座標系 $(x_1, x_2, \cdots, x_m)$ で表したとき，$c(t)$ の $t=0$ での速度ベクトル $\boldsymbol{v}$ を基本ベクトル $\boldsymbol{e}_1, \boldsymbol{e}_2, \cdots, \boldsymbol{e}_m$ で表す公式が得られる．

(2.69)
$$c(t) = (x_1(t), x_2(t), \cdots, x_m(t))$$

であるとする．p のまわりの任意の関数 f について

(2.70)
$$\boldsymbol{v} \cdot f = \frac{d}{dt} f(c(t))\Big|_{t=0}$$
$$= \frac{d}{dt} f(x_1(t), x_2(t), \cdots, x_m(t))\Big|_{t=0}$$
$$= \sum_{i=1}^{m} \frac{\partial f}{\partial x_i}(p) \frac{dx_i}{dt}(0)$$
$$= \sum_{i=1}^{m} \frac{dx_i}{dt}(0)\, \boldsymbol{e}_i \cdot f$$

であるから，公式

(2.71)
$$\boldsymbol{v} = \sum_{i=1}^{m} \frac{dx_i}{dt}(0)\, \boldsymbol{e}_i$$

が得られる．これが速度ベクトルの公式である．なお，基本ベクトルの記号

として，$\boldsymbol{e}_i$ のかわりに $\left(\dfrac{\partial}{\partial x_i}\right)_p$ を使えば，上の公式は

$$\boldsymbol{v} = \sum_{i=1}^{m} \frac{dx_i}{dt}(0)\left(\frac{\partial}{\partial x_i}\right)_p \tag{2.72}$$

と書ける.

同様に考えて，p のまわりに 2 組の局所座標系 $(x_1, \cdots, x_m)$ と $(y_1, \cdots, y_m)$ があるとき，$(x_1, \cdots, x_m)$ に関する基本ベクトルと $(y_1, \cdots, y_m)$ に関する基本ベクトルとの間の変換公式が，偏微分の変数変換の公式から導かれる：

$$\left(\frac{\partial}{\partial x_i}\right)_p = \sum_{j=1}^{m} \frac{\partial y_j}{\partial x_i}(p)\left(\frac{\partial}{\partial y_j}\right)_p, \quad i = 1, 2, \cdots, m. \tag{2.73}$$

以上は，M が $\mathbb{R}^N$ に埋め込まれていると仮定して議論してきたが，そうでない場合でも，接ベクトル空間 $T_p(M)$ を $\left(\dfrac{\partial}{\partial x_i}\right)_p$ $(i=1, 2, \cdots, m)$ を基底とするベクトル空間として定義し，上の変換公式(2.73)を正当化することができる.

(b)　ベクトル場

多様体 M の各点 p に，その点における接ベクトル $\boldsymbol{v}$ を 1 つずつ対応させたものを，M 上の**ベクトル場**(vector field)という(図 2.11 をみよ).

U が M の座標近傍で座標系 $(x_1, x_2, \cdots, x_m)$ が付随している場合には，U 上のベクトル場 X は

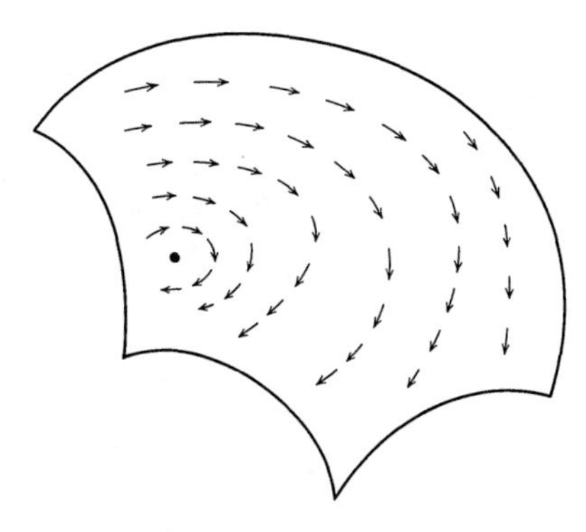

図 **2.11**　ベクトル場

$$X=\xi_1\frac{\partial}{\partial x_1}+\xi_2\frac{\partial}{\partial x_2}+\cdots+\xi_m\frac{\partial}{\partial x_m} \tag{2.74}$$

と表される．$\xi_1,\xi_2,\cdots,\xi_m$ は U 上の関数である．式(2.74)の意味は，X が，U の各点 p に，接ベクトル

$$\xi_1(p)\left(\frac{\partial}{\partial x_1}\right)_p+\xi_2(p)\left(\frac{\partial}{\partial x_2}\right)_p+\cdots+\xi_m(p)\left(\frac{\partial}{\partial x_m}\right)_p$$

を対応させるベクトル場であるという意味である．ここに出てきた関数 $\xi_1,\xi_2,\cdots,\xi_m$ がすべて C^∞ 級のとき，X は U 上の C^∞ 級ベクトル場であるという．また，M 上のベクトル場が C^∞ 級であるとは，それがすべての座標近傍上で C^∞ 級であることである．

例 2.28　f を座標近傍 U 上の関数とする．U に付随した座標系を $(x_1,x_2,\cdots,x_m)$ として，U 上のベクトル場 X_f を

$$X_f=\frac{\partial f}{\partial x_1}\frac{\partial}{\partial x_1}+\frac{\partial f}{\partial x_2}\frac{\partial}{\partial x_2}+\cdots+\frac{\partial f}{\partial x_m}\frac{\partial}{\partial x_m} \tag{2.75}$$

と定義する．ベクトル場の係数の関数 ξ_i として，$\dfrac{\partial f}{\partial x_i}$ を選んだ場合である．ベクトル場 X_f を関数 f の**勾配ベクトル場**(gradient vector field)という．□

ベクトル場は各点で「接ベクトル」という形の微分操作を与えているから，それ自身一種の微分作用素である．ここで定義した勾配ベクトル場 X_f で f を微分してみよう．

$$\begin{aligned} X_f\cdot f &= \left(\sum_{i=1}^{m}\frac{\partial f}{\partial x_i}\frac{\partial}{\partial x_i}\right)\cdot f \\ &= \sum_{i=1}^{m}\left(\frac{\partial f}{\partial x_i}\right)^2 \\ &\geqq 0. \end{aligned} \tag{2.76}$$

得られた関数 $X_f\cdot f$ の値 $(X_f\cdot f)(p)$ は，

$$\frac{\partial f}{\partial x_1}(p)=\frac{\partial f}{\partial x_2}(p)=\cdots=\frac{\partial f}{\partial x_m}(p)=0$$

でないかぎり(すなわち，p が f の臨界点でないかぎり) $X_f\cdot f>0$ である．言い換えれば，**f の勾配ベクトル場は，f の臨界点以外の点においては，f の**

増加する方向を向いているということがわかる．

f が Morse 型の標準形

$$f = -x_1^2 - \cdots - x_\lambda^2 + x_{\lambda+1}^2 + \cdots + x_m^2 \tag{2.77}$$

の場合の勾配ベクトル場が図 2.12 に示されている．式で書けば

$$-2x_1\frac{\partial}{\partial x_1} - \cdots - 2x_\lambda\frac{\partial}{\partial x_\lambda} + 2x_{\lambda+1}\frac{\partial}{\partial x_{\lambda+1}} + \cdots + 2x_m\frac{\partial}{\partial x_m}. \tag{2.78}$$

このベクトル場はあとで重要になる．

図 2.12 は $0<\lambda<m$ の場合であるが，$\lambda=0$ の場合と $\lambda=m$ の場合はそれぞれ図 2.13 の左と右に示されている．

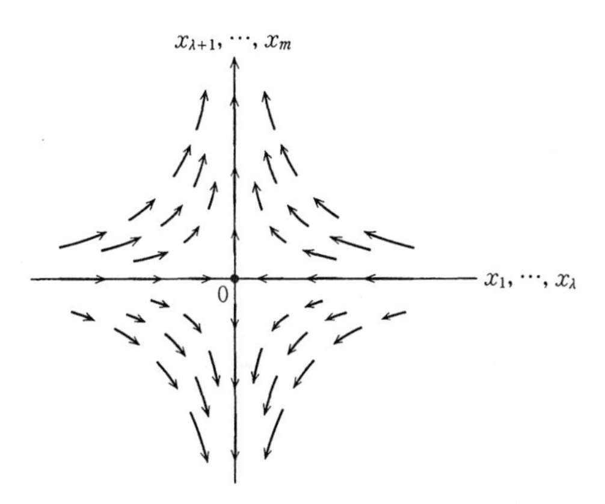

図 2.12　$f=-x_1^2-\cdots-x_\lambda^2+\cdots+x_m^2$ の勾配ベクトル場

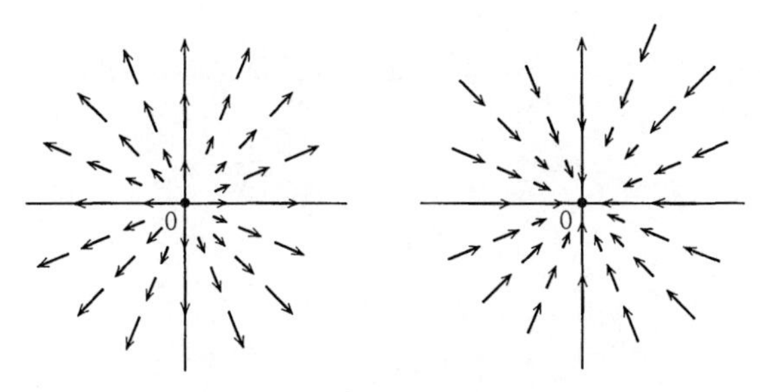

図 2.13　勾配ベクトル場：$\lambda=0$（左）と $\lambda=m$（右）

(c)　上向きベクトル場

f を，閉じた m 次元多様体 M 上の Morse 関数とする．また，X はつねに M 上の C^∞ 級ベクトル場を表すものとする．

定義 2.29 (上向きベクトル場)　X が Morse 関数 $f\colon M\to\mathbb{R}$ に適合した**上向きベクトル場**であるとは，X について次の 2 条件が成り立つことである．

(i)　f の臨界点でないところでは，$X\cdot f>0$ である．

(ii)　p_0 が f の指数 λ の臨界点であれば，p_0 の十分小さい近傍 V に適当な局所座標系 $(x_1,x_2,\cdots,x_m)$ が存在して，その座標系で，f は標準形

(2.79)
$$f=-x_1^2-\cdots-x_\lambda^2+x_{\lambda+1}^2+\cdots+x_m^2$$

に書け，かつ，X は f の勾配ベクトル場として表される：

(2.80)
$$X=-2x_1\frac{\partial}{\partial x_1}-\cdots-2x_\lambda\frac{\partial}{\partial x_\lambda}+2x_{\lambda+1}\frac{\partial}{\partial x_{\lambda+1}}+\cdots+2x_m\frac{\partial}{\partial x_m}.$$
□

はじめの条件(i)から，f の臨界点でないところでは X は f の増加する方向を向いている．f を高さ関数のように考えれば，X は「上向き」である(図 2.14 参照)．

英語では定義 2.29 で定義された X のことを gradient-like vector field と呼ぶが，これを「勾配状ベクトル場」と訳すのも硬い感じがしたので，簡単に，上向きベクトル場と呼ぶことにした．あくまでも仮の術語である．

定理 2.30　コンパクト多様体 M 上の任意の Morse 関数 $f\colon M\to\mathbb{R}$ につ

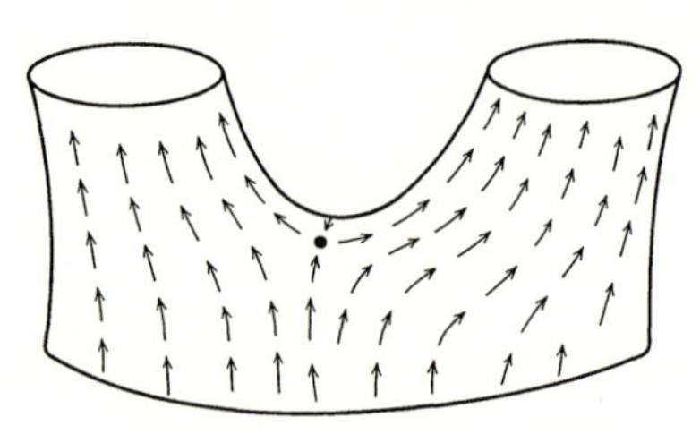

図 2.14　上向きベクトル場

いて，f に適合した上向きベクトル場 X が存在する．

［証明］ Morse 関数の存在定理 2.20 の証明でやったように，M を有限個の座標近傍 $U_1, U_2, \cdots, U_k$ で被覆しておく．また，各 U_j のなかにコンパクト集合 K_j をとっておき，M はこれらのコンパクト集合 $K_1, K_2, \cdots, K_k$ でも被覆されるようにしておく．さらに，各臨界点 p_0 のまわりで小さい近傍をとると，それはただ 1 つの U_i に含まれており，しかもこの U_i が f を標準形にする座標近傍であるとする．（まず，各臨界点についてこのような座標近傍 U_i を選んでおき，後からこれらに付け加えるかたちで被覆を構成すればよい．）

さて，各 $j=1,2,\cdots,k$ につき，U_j のなかに f の勾配ベクトル場 X_j を構成する．もちろん，U_j のなかに指定されている座標系 $(x_1, x_2, \cdots, x_m)$ を使って例 2.28 のように構成するのである．

臨界点以外のところでは $X_j \cdot f > 0$ である．すなわち X_j は上向きである．

勾配ベクトル場は座標系を使って構成されるので，f が共通でも座標系が違えば違ってしまう．したがって，異なる U_i と U_j の共通部分で X_i と X_j が一致する保証はない．ここが問題である．

このような X_j たちを張り合わせて，M 全体で定義された C^∞ 級のベクトル場 X を構成するために，補題 2.27 で述べておいた台形関数が役に立つ．

$$h_j \colon U_j \to \mathbb{R} \tag{2.81}$$

を (U_j, K_j) に適合した台形関数とする．h_j は C^∞ 級で，$0 \leqq h_j \leqq 1$ であり，K_j のある開近傍上で 1，その開近傍を含む（U_j 内の）コンパクト集合 L_j の外では 0 になっていた．h_j を U_j の外で 0 と定義して，M 全体の C^∞ 級関数に拡張することができる．拡張された関数をふたたび $h_j \colon M \to \mathbb{R}$ と書く．

U_j 内のベクトル場 X_j の h_j 倍というベクトル場

$$h_j X_j \tag{2.82}$$

を考える．すなわち，U_j の各点 p に，「ベクトル $X_j(p)$ の $h_j(p)$ 倍のベクトル $h_j(p)X_j(p)$」を対応させるベクトル場である．このベクトル場も，U_j の外の点では常にゼロベクトルを対応させることにして，M 上の C^∞ 級ベクトル場に拡張できる．これもふたたび，$h_j X_j$ と書くことにする．

$j=1,2,\cdots,k$ のすべてについてこのような $h_j X_j$ を構成し，それらを足し

合わせた和 X を考えよう：

$$X=\sum_{j=1}^{k} h_j X_j. \tag{2.83}$$

この X が求める上向きベクトル場である．

臨界点でない点 p のところで，X による f の微分が $X\cdot f>0$ であることを証明しよう．U_j が p を含めば $(X_j\cdot f)(p)>0$，含まなければ $h_jX_j(p)=\mathbf{0}$ であるから，上の和の各項による微分は $(h_jX_j\cdot f)(p)\geqq 0$ である．ところが，M はコンパクト集合 $K_1, K_2, \cdots, K_k$ により被覆されていたので，p はどれか少なくとも1つの K_j に含まれている．そこでは，$h_j=1$ であり，$(X_j\cdot f)(p)>0$ であるから，上の和(2.83)の少なくとも1つの項による f の微分は確実に >0 である．結局，$X\cdot f>0$ が証明できた．

臨界点 p_0 のところでは X はどうなっているだろうか．p_0 の十分小さい近傍 V はただ1つの U_i に含まれていた．その近傍 V では $h_i=1$ であり，しかも U_i 上では f は標準形に書かれていたので，V 上で h_iX_i は(2.80)の形のベクトル場である．その他の h_jX_j は V では $\mathbf{0}$ なのだから，結局，X は定義2.29の条件(ii)も満たしている．

これで，上向きベクトル場の存在が証明された．∎

多様体 M 上のベクトル場 X の**積分曲線**を説明しておこう．曲線 $c(t)$ がベクトル場 X の積分曲線であるというのは，その曲線の定義域に属する任意の t について，

$$\frac{dc}{dt}(t)=X_{c(t)} \tag{2.84}$$

が成り立つことである．ここに，$\dfrac{dc}{dt}(t)$ はパラメータの値が t のときの曲線 c の速度ベクトルである．それが，その位置 $c(t)$ においてベクトル場 X の指定するベクトル $X_{c(t)}$ に等しいというのである．要するに，ある粒子がベクトル場 X を速度ベクトルとして流れてゆくときの流線が積分曲線である．M が境界のないコンパクトな多様体なら，どんなベクトル場 X についても，またどんな点 p についても，$t=0$ で p を通る X の積分曲線 $c_p(t)$ が $-\infty<t<\infty$ の範囲で存在することが知られている(参考文献[11]参照)．

X が Morse 関数 $f\colon M\to\mathbb{R}$ の上向きベクトル場のときには，任意の点 p から出発した積分曲線 $c_p(t)$ は $t\to\infty$ のときも，$t\to-\infty$ のときも，それぞれどこかの臨界点に近づいてゆく．臨界点に近づくにつれて，ベクトル場のベクトルはどんどん小さくなってゆき，それにつれて，曲線のスピードもどんどん遅くなっていって，決して，その臨界点には到達しない．（逆に，臨界点から出発すると，積分曲線はそこから出られず，積分曲線はその臨界点1点だけになる．）

さて，$f\colon M\to\mathbb{R}$ を Morse 関数，$[a,b]$ を実数の区間とするとき，

$$M_{[a,b]}=\{p\in M\mid a\leqq f(p)\leqq b\} \tag{2.85}$$

とおく．上向きベクトル場の応用として，次を示そう．

定理 2.31 区間 $[a,b]$ のなかに f の臨界点がなければ，$M_{[a,b]}$ は直積

$$f^{-1}(a)\times[0,1] \tag{2.86}$$

に微分同相である（図 2.15 参照）．

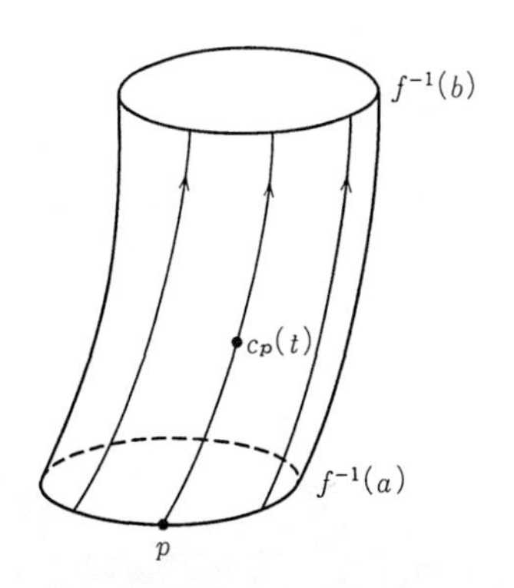

図 2.15 臨界点がなければ $M_{[a,b]}$ は直積 $f^{-1}(a)\times[0,1]$ に微分同相である．

［証明］ X を Morse 関数 f に適合した上向きベクトル場とする．臨界点でないところでは $X\cdot f>0$ が成り立つから，M から臨界点を除いた開集合上で新しいベクトル場 Y を

$$Y=\frac{1}{X\cdot f}X$$

と定義しよう．仮定により，$M_{[a,b]}$ には f の臨界点がないから，その上にはいま定義したベクトル場 Y が載っている．$f^{-1}(a)$ の点 p から出発する Y の積分曲線 $c_p(t)$ を考える．速度ベクトルの定義により

$$\begin{aligned}\frac{d}{dt}f(c_p(t)) &= \frac{dc}{dt}(t)\cdot f\\ &= Y_{c(t)}\cdot f\\ &= \frac{1}{X\cdot f}X\cdot f\\ &= 1.\end{aligned}$$

したがって，この積分曲線 $c_p(t)$ は，f の「高さ」でみると一定の速さ1で上昇を続ける．$t=0$ のとき $f=a$ のレベルから出発したから，$t=b-a$ のときレベル $f=b$ に達する．写像 $h\colon f^{-1}(a)\times[0,b-a]\to M_{[a,b]}$ を

$$h(p,t)=c_p(t)$$

と定義する．$c_p(t)$ が p にも t にも C^∞ 級に依存すること，および積分曲線の一意性(2本の積分曲線は交わらない)を使うと，h が微分同相写像であることが示せる(参考文献[11]参照)．これで，$M_{[a,b]}\cong f^{-1}(a)\times[0,b-a]$ が証明されたが，$f^{-1}(a)\times[0,b-a]\cong f^{-1}(a)\times[0,1]$ は明らかだから，定理が証明できたことになる．∎

$f\colon M\to\mathbb{R}$ が必ずしも Morse 関数でなくとも，定理 2.30 や定理 2.31 の証明の手法が使える場合がある．次の両側カラー近傍の存在定理がそれである．

$f\colon M\to\mathbb{R}$ を(必ずしも Morse 関数でない) C^∞ 級関数とし，0 は f の臨界値ではないものとする．陰関数の定理 2.3 により，$f^{-1}(0)$ は M の部分多様体になるが，これを K とおく．M が m 次元なら K は $m-1$ 次元である．

このとき，次の定理が成り立つ．

定理 2.32 (両側カラー近傍の存在)　K がコンパクトであることを仮定する．すると，十分小さい正数 $\varepsilon>0$ に対して，次の性質(i)(ii)をもつような K の開近傍 $U\,(\subset M)$ と微分同相写像 $h\colon K\times(-\varepsilon,\varepsilon)\to U$ が存在する．

(i)　$h(K,0)=K$ (つまり，本来の K は $K\times 0$ に対応する)．

(ii)　$f(h(K,t))=t,\quad -\varepsilon<t<\varepsilon$ (つまり，$f=t$ の「等高面」は $K\times t$ に

対応する). □

U のように，積構造 $K\times(-\varepsilon,\varepsilon)$ をもつ K の開近傍を K の**両側カラー近傍**(bicollar neighborhood)という．ここでも，カラーとは「えり」の意味である．

定理 2.32 を証明しよう．

［証明］ $K=f^{-1}(0)$ のコンパクト性を使うと，十分小さい正数 ε について，$[-\varepsilon,\varepsilon]$ は $f\colon M\to\mathbb{R}$ の臨界値を含んでいないことがわかる．すると，$f\colon M\to\mathbb{R}$ による開区間 $(-\varepsilon,\varepsilon)$ の逆像 $f^{-1}(-\varepsilon,\varepsilon)$ を U として，U に f を制限したものは，U 上の Morse 関数と考えられる(臨界点のない Morse 関数である)．X を f に適合した U 上の上向きベクトル場とし，前のように，$Y=\dfrac{1}{X\cdot f}X$ とおく．そして，K の各点 p から出発する Y の積分曲線 $c_p(t)$ を使って，微分同相写像

$$h\colon K\times(-\varepsilon,\varepsilon)\to U$$

を，$h(p,t)=c_p(t)$ と定義すればよい． ■

上の定理の系として，境界のある多様体の場合に，境界のカラー近傍の存在が言える．

系 2.33（カラー近傍の存在） N を境界のある多様体とする．境界 ∂N がコンパクトであれば，境界 ∂N の近傍 V と微分同相写像 $h\colon \partial N\times[0,1)\to V$ が存在する．ここに，$[0,1)$ は半開区間である．また，$h(\partial N,0)=\partial N$ である．(つまり，境界 ∂N は $\partial N\times 0$ に対応する.) □

境界の近傍であって，V のような積構造をもつものを，境界の**カラー近傍**(collar neighborhood)と呼ぶ．図 2.16 を見よ．系 2.33 では，カラー近傍は N のなかの開集合と考えられているが，本によっては，a を 0 と 1 の間の任意の実数として，h による $\partial N\times[0,a]$ の像 $h(\partial N\times[0,a])$ のことを ∂N のカラー近傍と呼ぶこともある．この場合にはカラー近傍は N の閉集合である．

系 2.33 を簡単に証明しよう．

［証明］ 境界のある多様体 N は $M_{f\geqq 0}$ の形をしているとしてよい．ここに，M は境界のない多様体，$f\colon M\to\mathbb{R}$ は M 上の滑らかな関数で 0 が臨界値ではないものである．N の境界 ∂N は $f^{-1}(0)$ に対応し，仮定によって，

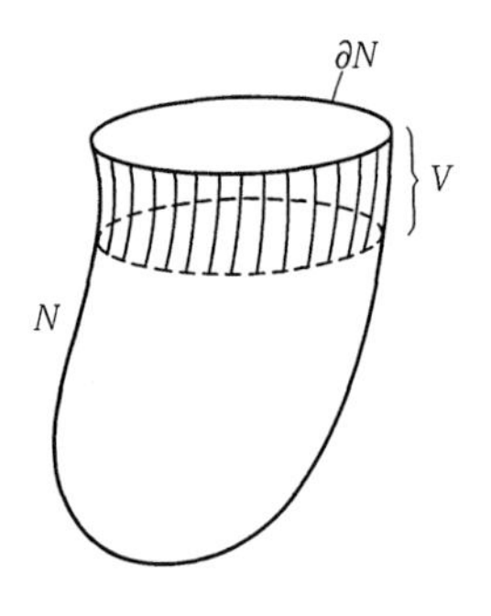

図 2.16　カラー近傍

それはコンパクトである．定理 2.32 により，M のなかの $f^{-1}(0)$ の両側カラー近傍 U と，U の積構造を与える微分同相写像 $h\colon f^{-1}(0)\times(-\varepsilon,\varepsilon)\to U$ が存在する．このとき，U の半分 $h(f^{-1}(0)\times[0,\varepsilon))$ が系 2.33 のカラー近傍 V に他ならない．そして，微分同相写像の合成

$$\partial N\times[0,1)\xrightarrow{\cong} f^{-1}(0)\times[0,\varepsilon)\xrightarrow{h|f^{-1}(0)\times[0,\varepsilon)} V$$

が系 2.33 のいう h である．■

§2.4　臨界点の上げ下げ

この節で，一番簡単な臨界点の上げ下げについて論じておく．もっとダイナミックな上げ下げは次の第 3 章で議論する．

定理 2.34　$f\colon M\to\mathbb{R}$ を M 上の Morse 関数，$p_1,p_2,\cdots,p_r$ をその臨界点の集合とする．このとき，f と同じ臨界点の集合 $p_1,p_2,\cdots,p_r$ をもち，かつ，次の性質をもつ Morse 関数 f' が存在する：

$$p_i\neq p_j \text{ なら } f'(p_i)\neq f'(p_j)\,,\quad i,j=1,2,\cdots,r.$$

また，このような f' は (C^2,ε) の意味で f にいくらでも近くとれる．

［証明］　いま，f の 2 つの臨界点 p_1 と p_2 で f が同じ関数値 c をとると仮定して，この f を少し修正することを考えよう．定理 2.16 により，p_1 のまわりでうまい局所座標系 $(x_1,x_2,\cdots,x_m)$ をとって，f を標準形に書いて

おく:

$$f = -x_1^2 - \cdots - x_\lambda^2 + x_{\lambda+1}^2 + \cdots + x_m^2 + c.$$

X_f をこの座標系に関する f の勾配ベクトル場として，$X_f \cdot f$ を計算すると，

$$\begin{aligned} X_f \cdot f &= \left(\frac{\partial f}{\partial x_1}\right)^2 + \cdots + \left(\frac{\partial f}{\partial x_\lambda}\right)^2 + \cdots + \left(\frac{\partial f}{\partial x_m}\right)^2 \\ &= 4(x_1^2 + \cdots + x_\lambda^2 + \cdots + x_m^2) \end{aligned}$$

となる．正数 $\varepsilon > 0$ を十分小さくとり，p_1 を中心として半径 ε の m 次元円板 D_ε と半径 2ε の m 次元円板 $D_{2\varepsilon}$ を考える．この間の部分 $D_{2\varepsilon} - \mathrm{int}\, D_\varepsilon$ では，上の式から明らかに，$4\varepsilon^2 \leqq X_f \cdot f \leqq 4(2\varepsilon)^2$ が成り立つ．

そこで，コンパクト集合 K として D_ε をとり，それを含む開集合 U として $D_{2\varepsilon}$ の内部 $\mathrm{int}(D_{2\varepsilon})$ をとって，(U, K) に付随した台形関数 $h\colon U \to \mathbb{R}$ を考えよう(補題 2.27 参照)．U の外では 0 と定義して h を M 全体の C^∞ 級関数に拡張する．それをまた h と書く．a を十分小さい 0 でない実数とし，M 上の新しい関数 $\tilde{f}$ を

$$\tilde{f} = f + ah$$

とおいて定義する．$\tilde{f}$ の臨界点がどこにあるかを調べよう．U の外では，$f = \tilde{f}$ なので，f と $\tilde{f}$ の臨界点の位置は同じである．また半径 ε の円板の内部では，$h = 1$ なので，$\tilde{f}$ の臨界点は f と同じく，p_1 しかない．

したがって，$\tilde{f}$ に f と異なる臨界点の生じる可能性があるのは，D_ε と $D_{2\varepsilon}$ の間の部分である．ここで，1 階偏導関数の差を計算すると

$$\left| \frac{\partial f}{\partial x_i} - \frac{\partial \tilde{f}}{\partial x_i} \right| = \left| a \frac{\partial h}{\partial x_i} \right|, \quad i = 1, 2, \cdots, m$$

となる．したがって，a の絶対値さえ十分小さく選んでおけば，$\sum_{i=1}^{m} \left(\frac{\partial f}{\partial x_i}\right)^2$ と $\sum_{i=1}^{n} \left(\frac{\partial \tilde{f}}{\partial x_i}\right)^2$ の差はいくらでも小さくできる．はじめに見ておいたように，$\sum_{i=1}^{m} \left(\frac{\partial f}{\partial x_i}\right)^2$ $(= X_f \cdot f)$ は，$D_{2\varepsilon}$ と D_ε の間で，最小値 $4\varepsilon^2 > 0$ をとるから，a が十分小さければ，$\sum_{i=1}^{m} \left(\frac{\partial \tilde{f}}{\partial x_i}\right)^2$ もそこで 0 でない最小値をもつ．したがって，円板 D_ε と $D_{2\varepsilon}$ の間の部分で $\tilde{f}$ に臨界点が生じることはない．こうして，f と $\tilde{f}$ とがまったく同じ臨界点の集合をもつことがわかった．これらの臨界

点は，$\tilde{f}$ の臨界点としても非退化であるから，$\tilde{f}$ は Morse 関数である．また，

$$\tilde{f}(p_1) = f(p_1)+a, \quad \tilde{f}(p_2) = f(p_2)$$

であるから，$f(p_1)=f(p_2)$ であったとしても，$\tilde{f}$ のほうでは $\tilde{f}(p_1)\neq\tilde{f}(p_2)$ になっている．

この議論を続けていけば，すべての臨界点での関数値が異なるようにできることがわかる．

$\tilde{f}$ が (C^2,ε) の意味で f に近いことの証明も，Morse 関数の存在定理 2.20 の証明のなかでやった議論と同様である．　■

《要約》

2.1　m 次元の場合も，Hesse 行列を使って関数の非退化な臨界点と退化した臨界点が定義できる．

2.2　非退化な臨界点の近傍では関数が標準形で表せる．

2.3　非退化な臨界点しかもたない関数を Morse 関数という．

2.4　任意のコンパクトな多様体 M 上には Morse 関数が存在する．

2.5　コンパクトな多様体上では，与えられた Morse 関数に適合した上向きベクトル場が存在する．

2.6　コンパクトな多様体上では，与えられた Morse 関数を修正して，異なる臨界点では異なる値をとらせるようにできる．

——演習問題——

2.1　点 p_0 が関数 $f\colon M\to\mathbb{R}$ の臨界点であることは，p_0 のまわりの局所座標系の取り方に無関係であることを示せ．

2.2　$S^{m-1}=\{(x_1,\cdots,x_m)\,|\,x_1^2+\cdots+x_m^2=1\}$ を $m-1$ 次元球面とし，$f\colon S^{m-1}\to\mathbb{R}$ を $f(x_1,\cdots,x_m)=x_m$ で定義される「高さ関数」とすれば，f は S^{m-1} の上の Morse 関数である．これを証明し，かつ，臨界点とその指数を求めよ．（座標 $(x_1,\cdots,x_m)$ は S^{m-1} の局所座標系ではない！　また，$m\geqq 2$ としてよい．）

2.3 $f: M \to \mathbb{R}$ と $g: N \to \mathbb{R}$ を閉じた多様体上の Morse 関数とする．十分大きな正数 A, B をとり，

$$F = (A+f)(B+g)$$

とおけば，$F: M \times N \to \mathbb{R}$ は直積 $M \times N$ 上の Morse 関数であることを証明せよ．また，その臨界点の位置と指数を求めよ(f と g の臨界点と指数の言葉で)．

2.4 $\boldsymbol{m}$ **次元トーラス** T^m とは m 個の円周の直積である：$T^m = S^1 \times S^1 \times \cdots \times S^1$．$T^m$ の点を各円周上の点の角度をならべて，$(\theta_1, \theta_2, \cdots, \theta_m)$ と表すことにして，関数 $f: T^m \to \mathbb{R}$ を

$$f(\theta_1, \theta_2, \cdots, \theta_m) = (R + \cos\theta_1)(R + \cos\theta_2)\cdots(R + \cos\theta_m)$$

と定義する．ただし，$R > 1$ である．このとき，関数 f は Morse 関数であることを証明し，臨界点とその指数を求めよ．

3 ハンドル体

第1章で閉曲面を $0,1,2$ の指数をもつハンドルの和として表した．この章では，第2章で準備した一般の多様体上の Morse 関数の理論を使って，コンパクト多様体のハンドル分解を考察する．第1節がハンドル分解の一般論である．第2節で具体例を与える．第3節と第4節ではハンドルを「滑らせ」たり「消去」したりして，ハンドル分解を整形することを考える．

§3.1 多様体のハンドル分解

M を閉じた多様体とし，$f\colon M\to\mathbb{R}$ をその上の Morse 関数とする．関数値 t について

(3.1) $$M_t = \{p\in M \mid f(p)\leqq t\}$$

とおく．閉曲面のときのように，パラメータ t が変化するにしたがって，M_t の形がどのように変わっていくかを調べる．

定理 3.1 実数の区間 $[a,b]$ のなかに f の臨界値がなければ，M_a と M_b は微分同相である：$M_a\cong M_b$． □

この定理の証明は，定理 2.31 を使えば，閉曲面のときの結果(補題 1.23)とまったく同様にできる．幾何学的な内容としては，f に適合した上向きベクトル場 X(に関数 $\dfrac{1}{X\cdot f}$ を掛けて流れの速さを調節したもの)に沿って，多様体 M_a を「流して」いけば，一定時間後に M_a は M_b にピッタリと重なる

というのである．詳しい証明は読者にまかせよう．

したがって，問題はパラメータ t が臨界値を通過する前後の M_t の形の変化である．第2章の定理2.34によると，f は異なる臨界点では異なる値をとると考えてよい．また，f の臨界点は有限個しかないから($n+1$ 個としよう)，それらすべてを f の値が小さい順に並べて

(3.2)　$$p_0,\ p_1,\ \cdots,\ p_n$$

とする．この章では臨界点の番号を1からではなく0から始めることにするが，それはあとの都合による．

$c_i = f(p_i)$ とおくと

(3.3)　$$c_0 < c_1 < \cdots < c_n$$

である．

ここで，c_0 は f の最小値，c_n は f の最大値になっている．

すぐにわかることとして，$f(p) < c_0$ であるような M の点 p は存在しないから，$t < c_0$ なら $M_t = \varnothing$ である．また，M のすべての点 p について $f(p) \leqq c_n$ が成り立つから，$c_n \leqq t$ なら $M_t = M$ である．

最小値と最大値の前後での M_t の変化はどうなるだろうか．これを追ってみよう．

まず最小値のところであるが，いまの場合最小値を与える点は p_0 しかない．ここで f を標準形で表す．

(3.4)　$$f = x_1^2 + x_2^2 + \cdots + x_m^2 + c_0.$$

c_0 は最小値なので，f の関数値が c_0 より小さくなることはあり得ない．したがって，標準形(3.4)の2次式のところにマイナスの符号は現れない．つまり p_0 の指数は必ず0である．

$\varepsilon > 0$ を十分小さい正数としよう．上でみたように，$M_{c_0-\varepsilon} = \varnothing$ であるが，$M_{c_0+\varepsilon}$ のほうは，標準形(3.4)を使って

(3.5)　$$M_{c_0+\varepsilon} = \{(x_1, \cdots, x_m) \mid x_1^2 + \cdots + x_m^2 \leqq \varepsilon\}$$

と書ける．すなわち $M_{c_0+\varepsilon}$ は m 次元円板 D^m に微分同相である．f の標準形(3.4)をみればわかるように，関数 f の値は $(x_1, \cdots, x_m) = (0, \cdots, 0)$ のところ(円板の中心)で最小値 c_0 をとり，円板の境界に近づくにつれて増えていっ

て，円板の境界で $c_0+\varepsilon$ という値をとる．したがって，本来ならこの m 次元円板は「上向き」のお椀のように図示したい．第1章でやったように，$m=2$ の場合なら本当に上を向いたお椀を描くことができるが，あいにく現実の空間は3次元しかないので，一般の m 次元の場合に上向きのお椀を描くのは困難である．図3.1は $m=3$ の場合の $M_{c_0+\varepsilon}$（$=3$ 次元円板＝中身のつまった普通のボール D^3）の絵であるが，読者はなんとか工夫して，この3次元円板がもう1つの次元の方に「上向き」に湾曲したところを想像してほしい．

いまは最小値のところだったが，最小値に限らず，t が指数0の臨界値 c_i を通過するたびに，このような「上向きの」m 次元円板が生じて，$M_{c_i+\varepsilon}$ は $M_{c_i-\varepsilon}\sqcup D^m$（非交和）に微分同相になる．このように，指数0の臨界点に対応して現れる（上向きの）m 次元円板を，**0-ハンドル**という．正確には，m 次元の0-ハンドルである．

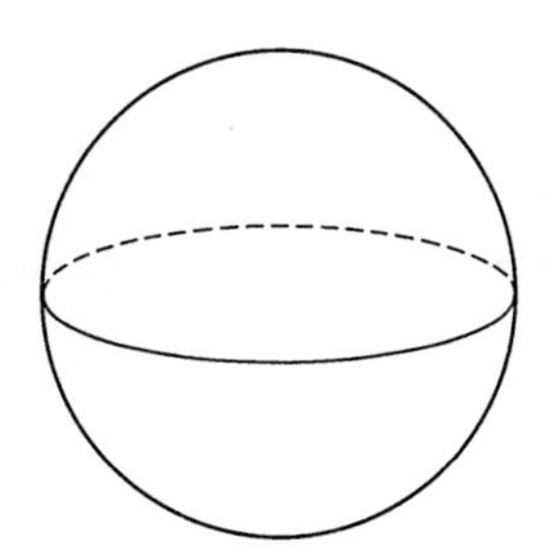

図3.1　m 次元の0-ハンドル．ここでは $m=3$．

次に最大値 c_n のところを考える．我々の仮定のもとでは，最大値を与える p_n はただ1つである．p_n のまわりで f を標準形で表すと

$$f=-x_1^2-x_2^2-\cdots-x_m^2+c_n \tag{3.6}$$

となる．c_n は最大値なので，f の値はそれ以上大きくなれないから，標準形(3.6)の2次式のなかにプラスの符号は現れることができないのである．したがって，p_n の指数は必ず m である．

t が $c_n\leqq t$ であれば，$M_t=M$ であるが，t の値が c_n に達するほんの少し前の $M_{c_n-\varepsilon}$ は，標準形(3.6)の右辺を $\leqq c_n-\varepsilon$ とおいて，

(3.7) $$x_1^2+x_2^2+\cdots+x_m^2 \geqq \varepsilon$$

と表せる．これは半径 $\sqrt{\varepsilon}$ の m 次元円板 D^m の外側の部分である．$M_{c_n-\varepsilon}$ の境界 $\partial M_{c_n-\varepsilon}$ はこの半径 $\sqrt{\varepsilon}$ の m 次元円板の境界 S^{m-1} になっている．

t が $c_n-\varepsilon$ から増えていき，c_n を通過した瞬間に $M_{c_n-\varepsilon}$ の境界はこの m 次元円板でふたをされて，境界のないコンパクト m 次元多様体 M が完成する．f の値は円板の中心で最大値をとり，円板の境界に近づくにつれ減少して行くのだから，ここで張りつく m 次元円板は「下向き」の m 次元円板である．この m 次元円板のことを，**m-ハンドル**(m-handle)，正確には，m 次元の m-ハンドルという．一般に，t が指数 m の臨界値 c_i を通過するたびに，その直前の $M_{c_i-\varepsilon}$ の境界の連結成分になっている $m-1$ 次元球面 S^{m-1} が，m-ハンドルでふたをされる．

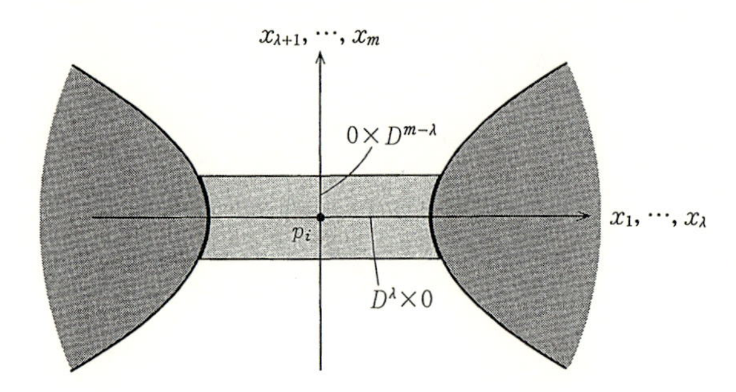

図 3.2　λ-ハンドル

以上で，指数 0 と m の臨界点のまわりの様子がわかった．つぎに，一般の指数 $\lambda\,(0<\lambda<m)$ をもつ臨界点 p_i について，対応する臨界値 c_i の前後の M_t の変化を考えてみよう．

指数 λ の臨界点 p_i のまわりの適当な局所座標系によって，f を標準形で表しておく：

(3.8) $$f=-x_1^2-\cdots-x_\lambda^2+x_{\lambda+1}^2+\cdots+x_m^2+c_i.$$

図 3.2 は p_i のまわりの様子であるが，ここで，標準形(3.8)の右辺を $\leqq c_i-\varepsilon$ とおいて $M_{c_i-\varepsilon}$ を求めると，

(3.9) $$x_1^2+\cdots+x_\lambda^2-x_{\lambda+1}^2-\cdots-x_m^2 \geqq \varepsilon$$

で表される部分，すなわち図3.2の濃い影をつけた部分である．同じ図のなかで，うすく影をつけた部分は，式で書けば，

$$(3.10)\qquad \begin{cases} x_1^2+\cdots+x_\lambda^2-x_{\lambda+1}^2-\cdots-x_m^2 \leqq \varepsilon\,, & \text{かつ} \\ x_{\lambda+1}^2+\cdots+x_m^2 \leqq \delta \end{cases}$$

であるが(ただし，δ は ε に較べてずっと小さい正数)，この部分が λ 次元円板と $(m-\lambda)$ 次元円板の直積

$$D^\lambda \times D^{m-\lambda}$$

に同相であることを読者自ら確かめてほしい．この直積のことを次元が m で指数が λ のハンドル，あるいは簡単に m 次元の **λ-ハンドル**(λ-handle)と呼ぶ．直積のなかの λ 次元円板

$$(3.11)\qquad D^\lambda \times \mathbf{0} = \{(x_1,\cdots,x_\lambda,0,\cdots,0) \mid x_1^2+\cdots+x_m^2 \leqq \varepsilon\}$$

を λ-ハンドルの**心棒**(core)といい，それに直角に交わる $(m-\lambda)$ 次元円板

$$(3.12)\qquad \mathbf{0} \times D^{m-\lambda} = \{(0,\cdots,0,x_{\lambda+1},\cdots,x_m) \mid x_{\lambda+1}^2+\cdots+x_m^2 \leqq \delta\}$$

を英語では **co-core** という．双対的な心棒という意味であるが，適当な訳語がないので，仮に**ハンドルの太さを表す $(m-\lambda)$ 次元円板**と呼んでおこう．心棒 $D^\lambda \times \mathbf{0}$ と太さを表す円板 $\mathbf{0} \times D^{m-\lambda}$ の交点は原点 $(0,0)$ である．これは臨界点 p_i そのものである．

図3.2のように，λ-ハンドル $D^\lambda \times D^{m-\lambda}$ を $M_{c_i-\varepsilon}$ に接着したもの

$$(3.13)\qquad M_{c_i-\varepsilon} \cup D^\lambda \times D^{m-\lambda}$$

を考える．パラメータ t が指数 λ の臨界値 c_i を通過するときの，M_t の変化は次の定理で記述される．

定理 3.2　$M_{c_i+\varepsilon}$ は $M_{c_i-\varepsilon}$ に λ-ハンドルを接着して得られた多様体に微分同相である：

$$(3.14)\qquad M_{c_i+\varepsilon} \cong M_{c_i-\varepsilon} \cup D^\lambda \times D^{m-\lambda}. \qquad \square$$

$M_{c_i-\varepsilon}$ に λ-ハンドルを接着した空間は，ハンドルの「四隅」のところで境界に折れ曲がりがある．図3.3には，ここを滑らかにして(「平滑化」を施して)得られた C^∞ 級多様体 M' が示されている．定理3.2の正確な意味は，

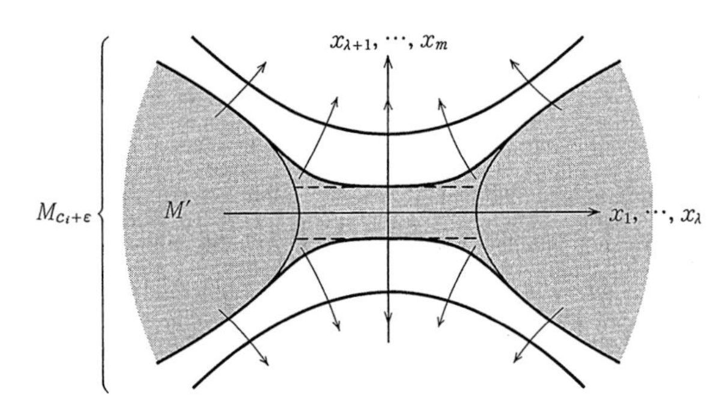

図 3.3 $M_{c_i-\varepsilon}$ に λ-ハンドルをつけたあと平滑化を施した多様体 M'

$M_{c_i+\varepsilon}$ は，$M_{c_i-\varepsilon}$ に λ-ハンドルをつけ，そのあと平滑化を施して得られる境界のある多様体 M' に微分同相である，という意味である．

図 3.3 では，$M_{c_i+\varepsilon}$ は

(3.15) $$x_1^2+\cdots+x_\lambda^2-x_{\lambda+1}^2-\cdots-x_m^2 \geqq -\varepsilon$$

で表される部分になっている．定理 3.2 の証明も，ほぼ定理 3.1 と同様である．

そのアイデアを述べると，ここでも f に適合した上向きベクトル場 X を利用する．図 3.3 で示されているように，ベクトル場 X は M' の境界 $\partial M'$ を出たあと上昇を続け，やがて $M_{c_i+\varepsilon}$ の境界 $\partial M_{c_i+\varepsilon}$ に達する．ベクトル場に適当な関数を掛けて到達時間を調整し，調整したベクトル場に沿って流してやれば，M' は一定時間後に $M_{c_i+\varepsilon}$ にピッタリ重なる．したがって，M' と $M_{c_i+\varepsilon}$ は微分同相である，というわけである．これが定理 3.2 の証明のアイデアである．

以後 $M_{c_i-\varepsilon}\cup D^\lambda\times D^{m-\lambda}$ の境界の折れ曲がりはあまり気にせず，これを，すでに平滑化を施した多様体 M' であるかのように考えて議論を進めることにする．

f の標準形(3.8)を参照しながら，λ-ハンドルの心棒 D^λ の上で f の関数値の変化を追ってみると，中心では臨界値 c_i をとり，円板の境界に近づくにつれ，減っていく．境界では，$c_i-\varepsilon$ という値をとる．したがって，心棒 D^λ

は「下向き」の λ 次元円板である．また，太さを表す円板 $D^{m-\lambda}$ 上では，中心で臨界値 c_i をとり，円板の境界に近づくにつれ増えていって，境界では，$c_i+\delta$ という値をとる．したがって，この円板は「上向き」である：心棒は下向き，太さの方向は上向きである．

0-ハンドルの場合は，心棒は 0 次元で，m 次元全部が太さの方向である．したがって，0-ハンドルでは下に下がる方向はなく，すべての方向が「上向き」である．また，m-ハンドルの場合は，m 次元全部が心棒であり，太さを表す円板は 0 次元というわけである．したがって，m-ハンドルはすべて「下向き」である．

λ-ハンドル $D^\lambda \times D^{m-\lambda}$ は，$M_{c_i-\varepsilon}$ の境界 $\partial M_{c_i-\varepsilon}$ のところで $M_{c_i-\varepsilon}$ に接着しているが，その接着しているハンドルの部分は $\partial D^\lambda \times D^{m-\lambda}$ という部分である(図 3.2 参照)．ハンドルの接着を正確に表現するには，$\partial D^\lambda \times D^{m-\lambda}$ の個々の点を境界 $\partial M_{c_i-\varepsilon}$ のどの点に接着するかを記述する写像

$$\varphi\colon \partial D^\lambda \times D^{m-\lambda} \to \partial M_{c_i-\varepsilon} \tag{3.16}$$

を指定しなければならない．接着に際して，個々の点 $p \in \partial D^\lambda \times D^{m-\lambda}$ を点 $\varphi(p) \in \partial M_{c_i-\varepsilon}$ に同一視するわけである．

φ は滑らかな「埋め込み」の写像であり，λ-ハンドルの**接着写像**(attaching map)と呼ばれる．心棒の λ 次元円板の境界 ∂D^λ は $\lambda-1$ 次元球面 $S^{\lambda-1}$ である．この球面を**接着球面**(attaching sphere)と呼ぶ．接着写像は，接着球面 $S^{\lambda-1}$ に $(m-\lambda)$ 次元の厚みをつけたもの $S^{\lambda-1} \times D^{m-\lambda}$ から，境界 $\partial M_{c_i-\varepsilon}$ への埋め込み写像

$$\varphi\colon S^{\lambda-1} \times D^{m-\lambda} \to \partial M_{c_i-\varepsilon} \tag{3.17}$$

である．

図 3.4 と図 3.5 には 3 次元の 1-ハンドルと 2-ハンドルが示されている．1-ハンドルの図を見ると，いかにもハンドル(把手＝とって)と呼ぶのにふさわしい．2-ハンドルは厚みのついた下向きのお椀として表されている．

定義 3.3(ハンドル体)　D^m にいろいろな指数のハンドルを次々に接着して得られる(一般には境界のある)多様体

$$D^m \cup D^{\lambda_1} \times D^{m-\lambda_1} \cup \cdots \cup D^{\lambda_n} \times D^{m-\lambda_n} \tag{3.18}$$

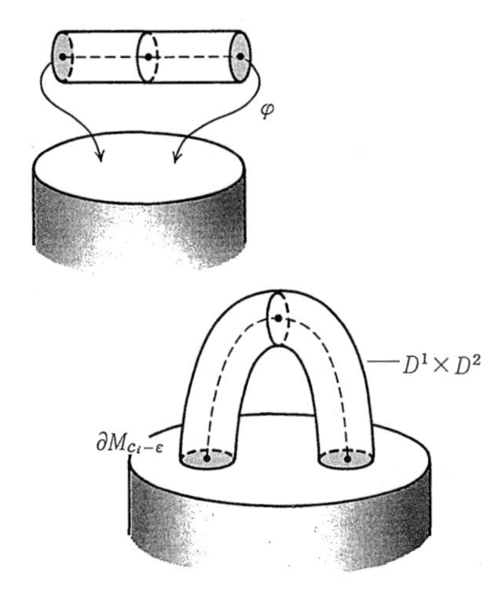

図 **3.4**　1-ハンドル

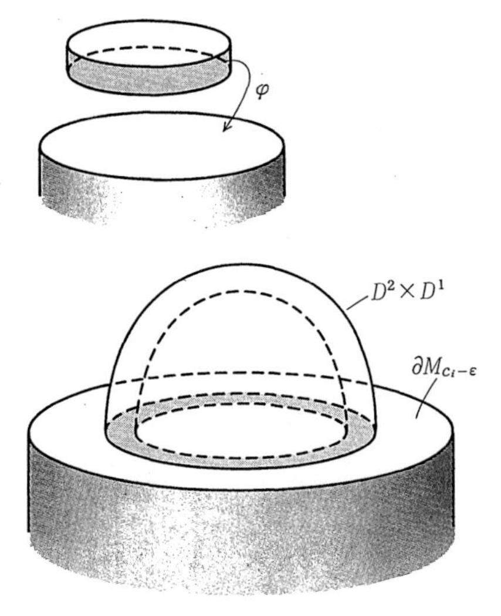

図 **3.5**　2-ハンドル

を m 次元の**ハンドル体**(handlebody)という.

正確には，次のように三段階で定義するのがよい.

(i) D^m は m 次元のハンドル体である.

(ii) D^m に C^∞ 級の接着写像 $\varphi_1\colon \partial D^{\lambda_1}\times D^{m-\lambda_1}\to\partial D^m$ で λ_1-ハンドルを張り付けたもの

$$D^m\cup_{\varphi_1}D^{\lambda_1}\times D^{m-\lambda_1}$$

は m 次元のハンドル体である. これを記号で

$$\mathcal{H}(D^m;\varphi_1)$$

と表すことにする.

(iii) $N=\mathcal{H}(D^m;\varphi_1,\cdots,\varphi_{i-1})$ が m 次元のハンドル体なら，C^∞ 級の接着写像 $\varphi_i\colon \partial D^{\lambda_i}\times D^{m-\lambda_i}\to\partial N$ によって N に λ_i-ハンドル $D^{\lambda_i}\times D^{m-\lambda_i}$ を張り付けたもの

$$N\cup_{\varphi_i}D^{\lambda_i}\times D^{m-\lambda_i}$$

は m 次元のハンドル体である. これを記号で

$$\mathcal{H}(D^m;\varphi_1,\cdots,\varphi_{i-1},\varphi_i)$$

と表す. □

なお，各ハンドルを張り付けるごとに平滑化を施すことにし，ハンドル体は常に C^∞ 多様体と考えることにする.

0-ハンドルの接着は非交和をとるに過ぎないので，指数 $\lambda_i=0$ の場合は接着写像 φ_i を考える必要はない. したがって，$\lambda_i=0$ の場合，上の定義の記号 $\mathcal{H}(D^m;\varphi_1,\cdots,\varphi_{i-1},\varphi_i)$ のなかの接着写像 φ_i には意味がないのであるが，一応形式的に，φ_i と書いておく. また，上の定義において，(i)と(iii)があれば論理的には十分であるが，ハンドル体のイメージを具体的にするため(ii)を付け加えておいた.

定理 3.4 (多様体のハンドル分解) 閉じた m 次元多様体上に，Morse 関数 $f\colon M\to\mathbb{R}$ が与えられると，f を使って，M に m 次元のハンドル体の構造を入れることができる. このハンドル体のハンドルは，f の臨界点に対応しており，ハンドルの指数は対応する臨界点の指数に等しい. □

要するに，M をあるハンドル体として表すことができるのである. 多様

体をハンドル体として表すことを，多様体の**ハンドル分解**という．

［証明］ 与えられた Morse 関数 $f\colon M \to \mathbb{R}$ の臨界点はすべて異なる臨界値をもつとし，それらを臨界値の小さい順にならべて，

$$p_0,\ p_1,\ \cdots,\ p_n$$

を得たとする．臨界点 p_i の指数は λ_i であるとする．f に適合した M 上の上向きベクトル場 X を決めておく．

定理 3.4 を臨界点 p_i の番号 i に関する帰納法で証明しよう．p_i での f の値を c_i とし，任意の i（ただし $0 \leqq i \leqq n$）について，$M_{c_i+\varepsilon}$ がハンドル体であることを示すのである．

まず $i=0$ のとき，臨界点 p_0 は f の最小値 c_0 を与えるから，その指数は 0 であり，$M_{c_0+\varepsilon}$ は m 次元円板 D^m に微分同相である．ハンドル体の三段階定義の(i)により，D^m は確かに m 次元のハンドル体であるから，$i=0$ については帰納法の主張は正しい．この場合には $M_{c_0+\varepsilon}$ は 0-ハンドルそのものである．

次に $M_{c_{i-1}+\varepsilon}$ がハンドル体 $\mathcal{H}(D^m; \varphi_1, \cdots, \varphi_{i-1})$ であると仮定して，$M_{c_i+\varepsilon}$ がハンドル体 $\mathcal{H}(D^m; \varphi_1, \cdots, \varphi_{i-1}, \varphi_i)$ であることを証明しよう．

$M_{c_i+\varepsilon}$ は $M_{c_i-\varepsilon}$ に λ_i-ハンドルを接着したものに微分同相である（定理 3.2）．そのハンドルの接着写像

$$\varphi\colon \partial D^{\lambda_i} \times D^{m-\lambda_i} \to \partial M_{c_i-\varepsilon} \tag{3.19}$$

は，図 3.2 のように，曖昧さがなく自然に決まっている．区間 $[c_{i-1}+\varepsilon, c_i-\varepsilon]$ には臨界値がないから，$M_{c_{i-1}+\varepsilon}$ は $M_{c_i-\varepsilon}$ に微分同相である（定理 3.1）．この微分同相は，上向きベクトル場 X に沿って $M_{c_{i-1}+\varepsilon}$ を $M_{c_i-\varepsilon}$ まで流すことによって与えられる．こうして与えられる微分同相写像を

$$\Phi\colon M_{c_{i-1}+\varepsilon} \to M_{c_i-\varepsilon} \tag{3.20}$$

としよう．

さて，$M_{c_{i-1}+\varepsilon}$ はハンドル体 $\mathcal{H}(D^m; \varphi_1, \cdots, \varphi_{i-1})$ であることが帰納法で仮定されているから，$M_{c_i-\varepsilon}$ も同じハンドル体に微分同相である．したがって，$M_{c_i-\varepsilon}$ に λ_i-ハンドルを接着して得られる $M_{c_i+\varepsilon}$ もハンドル体に微分同相である（三段階定義の(iii)）．

これで，一応定理 3.4 の証明ができた．しかし，新しく付け加える λ_i-ハンドルの接着写像について，もう少し詳しく考えてみよう．帰納法の仮定により $M_{c_{i-1}+\varepsilon}$ はハンドル体

$$\mathcal{H}(D^m;\varphi_1,\cdots,\varphi_{i-1})$$

であるから，上の微分同相写像 Φ はハンドル体 $\mathcal{H}(D^m;\varphi_1,\cdots,\varphi_{i-1})$ から $M_{c_i-\varepsilon}$ への微分同相写像であると考えられる．さて，厳密にいえば λ_i-ハンドルはハンドル体 $\mathcal{H}(D^m;\varphi_1,\cdots,\varphi_{i-1})$ に直接ついているのではなく，$M_{c_i-\varepsilon}$ についており，その接着写像は自然に決まっている．すなわち，(3.19)の φ である．したがって，(3.20)の微分同相写像 Φ によって $M_{c_i-\varepsilon}$ をハンドル体 $\mathcal{H}(D^m;\varphi_1,\cdots,\varphi_{i-1})$ に同一視した場合には，λ_i-ハンドルはハンドル体 $\mathcal{H}(D^m;\varphi_1,\cdots,\varphi_{i-1})$ に，φ と Φ の逆写像 Φ^{-1} を合成した写像

$$\Phi^{-1}\circ\varphi\colon \partial D^{\lambda_i}\times D^{m-\lambda_i}\to\partial\{\mathcal{H}(D^m;\varphi_1,\cdots,\varphi_{i-1})\}$$

を接着写像として付いていると考えられる．この接着写像 $\Phi^{-1}\circ\varphi$ のことを φ_i と書けば，$M_{c_i+\varepsilon}$ はハンドル体

$$\mathcal{H}(D^m;\varphi_1,\cdots,\varphi_{i-1})\cup_{\varphi_i}D^{\lambda_i}\times D^{m-\lambda_i}=\mathcal{H}(D^m;\varphi_1,\cdots,\varphi_{i-1},\varphi_i)$$

である．これで定理 3.4 が証明された． ∎

注意　上の証明から次のことが明らかになった．それは，Morse 関数 $f\colon M\to\mathbb{R}$ によって多様体 M をハンドル分解するとき，

(i)　ハンドルの現れる順序とその指数は，f の臨界点によって決まり，

(ii)　そのハンドルの接着写像 $\varphi_i\,(=\Phi^{-1}\circ\varphi)$ は，f に適合する上向きベクトル場 X によって決まる(なぜなら Φ が X により決まるから)

ということである．したがって，f が同じでもそれに適合する上向きベクトル場 X の選び方を変えれば(接着写像が変わるので)ハンドル分解の構造が変わる．この認識は§3.3で重要になる．

§3.2　いろいろな例

いくつかの多様体の上の Morse 関数を考えてみよう．

例 3.5 (m 次元球面)

(3.21)　$$S^m = \{(x_1, \cdots, x_m, x_{m+1}) \mid x_1^2 + \cdots + x_m^2 + x_{m+1}^2 = 1\}$$

を m 次元球面とし，関数 $f\colon S^m \to \mathbb{R}$ を

(3.22)　$$f(x_1, \cdots, x_m, x_{m+1}) = x_{m+1}$$

と定義する．f は $m+1$ 番目の「高さ関数」である．容易にわかるように，f は Morse 関数である．f の臨界点は $(0, \cdots, 0, -1)$ と $(0, \cdots, 0, 1)$ の 2 つしかなく，指数はそれぞれ 0 と m である(演習問題 2.2)．したがって，定理 3.4 により S^m は 0-ハンドル 1 つと m-ハンドル 1 つからなるハンドル分解をもつ:

(3.23)　$$S^m = D^m \cup D^m.$$

この分解は球面を南半球と北半球に分解することに相当している．　□

逆に，次の定理が成り立つ．

定理 3.6　m 次元コンパクト多様体 M 上に臨界点が 2 つだけの Morse 関数 $f\colon M \to \mathbb{R}$ があれば，M は m 次元球面 S^m に同相である．さらに，$m \leqq 6$ ならば，M は S^m に微分同相である．　□

定理 1.16 は上の定理の 2 次元の場合である．そのときは，臨界点が 2 個の Morse 関数が存在するという条件のもとに，閉曲面 M が 2 次元球面 S^2 に微分同相であることが結論された．次元が 6 以下の場合には同様の結論が成り立つが，7 次元以上の一般の m 次元では，上の定理のように M が S^m に同相であることまでしか言えず，微分同相であることは結論できない．すなわち，7 次元以上のほとんどの次元 m において m 次元球面 S^m に同相であるが微分同相でないような滑らかな m 次元多様体 M が存在するのである．このような多様体を**エキゾチック球面**(exotic sphere)という．エキゾチック球面は 1956 年に J. Milnor により，7 次元で初めて発見された([5])．

定理 3.6 の証明は第 1 章の定理 1.16 の証明と同様である．その証明を追って行くとわかるように，一般次元で，M と S^m が微分同相であることを証明しようとして，うまくいかなくなるのは，$m-1$ 次元球面の間の微分同相写像

(3.24)　$$h\colon S^{m-1} \to S^{m-1}$$

を，m 次元円板の間の微分同相写像

$$(3.25) \qquad \tilde{h}\colon D^m \to D^m$$

に拡張するところである．$m \leqq 6$ なら，このような拡張が可能であるが，$m \geqq 7$ では拡張できる保証がない．(例えば，$m=3$ については[6]による．)

ただし，$\tilde{h}$ の微分可能性を要求しなければ，次元にかかわらず，どんな同相写像 $h\colon S^{m-1} \to S^{m-1}$ でも必ずある同相写像 $\tilde{h}\colon D^m \to D^m$ に拡張できる(演習問題 3.1)．これが，微分同相のかわりに単に同相であることを主張する定理 3.6 が(次元にかかわらず)成り立つ理由である．

例 3.7 (球面の直積 $S^m \times S^n$)　$f_m\colon S^m \to \mathbb{R}$ と $f_n\colon S^n \to \mathbb{R}$ を例 3.5 の高さ関数とする．A と B を $1<A<B$ を満たす実数とすれば，

$$(3.26) \qquad f = (A+f_m)(B+f_n)\colon S^m \times S^n \to \mathbb{R}$$

は直積 $S^m \times S^n$ 上の Morse 関数である．f の臨界点は 4 つあり，その指数は，$0, n, m, m+n$ である(演習問題 2.3 参照)．臨界値はこの順に，$(A-1)(B-1)$，$(A-1)(B+1)$，$(A+1)(B-1)$，$(A+1)(B+1)$ である．(これは大きさの順でもある．)

したがって，$S^m \times S^n$ は，D^{m+n} に，次元が $(m+n)$ の n-ハンドル，m-ハンドル，$m+n$-ハンドルをつぎつぎに接着していけば得られる：

$$(3.27) \qquad S^m \times S^n = D^{m+n} \cup D^n \times D^m \cup D^m \times D^n \cup D^{m+n}. \qquad \square$$

例 3.8 (射影空間 P^m)　$m+1$ 次元 Euclid 空間 $\mathbb{R}^{m+1}$ の原点 $\mathbf{0}$ を通る直線の全体からなる集合を考え，その集合に m 次元多様体の構造を入れたものが **m 次元射影空間**(projective space) P^m である．$(x_1, \cdots, x_m, x_{m+1})$ を $\mathbf{0}$ でない $\mathbb{R}^{m+1}$ の点とすると，$(x_1, \cdots, x_m, x_{m+1})$ と $\mathbf{0}$ を通る直線がただ 1 つ決まる．この直線は P^m の「点」であるから，$(x_1, \cdots, x_m, x_{m+1})$ は P^m の 1 点を決めると考えられる．この P^m の点を $[x_1, \cdots, x_m, x_{m+1}]$ で表す．

$\mathbb{R}^{m+1}$ の中で，点 $(y_1, \cdots, y_m, y_{m+1})$ と原点 $\mathbf{0}$ を通る直線と，点 $(x_1, \cdots, x_m, x_{m+1})$ と原点 $\mathbf{0}$ を通る直線とが一致するための必要十分条件は，0 でないある実数 α があって，

$$(3.28) \qquad (y_1, \cdots, y_m, y_{m+1}) = (\alpha x_1, \cdots, \alpha x_m, \alpha x_{m+1})$$

が成り立つことである．したがって，この条件(3.28)は，P^m のなかで対応する 2 つの点が一致すること，すなわち

$$[y_1, \cdots, y_m, y_{m+1}] = [x_1, \cdots, x_m, x_{m+1}]$$

であるための必要十分条件である．

この条件を使うと，P^m がコンパクトであることが次のように証明できる．P^m の任意の点 $[x_1, \cdots, x_m, x_{m+1}]$ が与えられたとき，式(3.28)において，α を適当に選べば，$(y_1, \cdots, y_m, y_{m+1})$ が

$$y_1^2 + \cdots + y_m^2 + y_{m+1}^2 = 1 \tag{3.29}$$

を満たすようにできる．こうすると，$(y_1, \cdots, y_m, y_{m+1})$ は $\mathbb{R}^{m+1}$ の単位球面 S^m 上の点となり，しかも P^m のなかでは $[y_1, \cdots, y_m, y_{m+1}]$ とはじめの $[x_1, \cdots, x_m, x_{m+1}]$ とは同じ点を表している．したがって，$(y_1, \cdots, y_m, y_{m+1})$ に $[y_1, \cdots, y_m, y_{m+1}]$ を対応させる写像

$$S^m \to P^m$$

は単位球面上の点 $(y_1, \cdots, y_m, y_{m+1})$ を，はじめに任意に与えられた P^m の点 $[x_1, \cdots, x_m, x_{m+1}]$ に写すので，この写像 $S^m \to P^m$ が「上へ」の連続写像であることがわかる．S^m は $\mathbb{R}^{m+1}$ の有界閉集合でコンパクトだから，その連続像になっている P^m もコンパクトである．これで，P^m のコンパクト性の証明ができた．(コンパクト集合の連続像はコンパクトである．[10]を見よ．)

上の写像 $S^m \to P^m$ は**射影**と呼ばれる．この射影は S^m 上の2点 $(y_1, \cdots, y_m, y_{m+1})$ と $(-y_1, \cdots, -y_m, -y_{m+1})$ を P^m の同じ点に写す 2：1 の写像になっている．

関数 $f: P^m \to \mathbb{R}$ を

$$f([x_1, \cdots, x_m, x_{m+1}]) = \frac{a_1 x_1^2 + \cdots + a_m x_m^2 + a_{m+1} x_{m+1}^2}{x_1^2 + \cdots + x_m^2 + x_{m+1}^2} \tag{3.30}$$

と定義する．ただし，$a_1, \cdots, a_m, a_{m+1}$ は任意に固定した実数の定数で，$a_1 < \cdots < a_m < a_{m+1}$ を満たすものとする．右辺の x_i をいっせいに α 倍しても，関数値は変わらないから，確かにこの関数は P^m 上の関数として定義されている．

1つの添え字 i を止めて，$x_i \neq 0$ であるような P^m の点 $[x_1, \cdots, x_m, x_{m+1}]$ 全体の集合 U_i を考えると，それは P^m の開集合である．U_i の上には，次のように定義される m 次元の局所座標系 $(X_1, \cdots, X_m)$ がある．

(3.31)　$X_1 = \dfrac{x_1}{x_i},\ \cdots,\ X_{i-1} = \dfrac{x_{i-1}}{x_i},\ X_i = \dfrac{x_{i+1}}{x_i},\ \cdots,\ X_m = \dfrac{x_{m+1}}{x_i}.$

i 番目のところで X と x の添え字がずれていることに気をつけてほしい.

f の定義式(3.30)の右辺の分母分子を x_i^2 で割ると，局所座標系 $(X_1, \cdots, X_m)$ に関して f を表す式が得られる:

(3.32)

$$f(X_1, \cdots, X_m) = \frac{a_1 X_1^2 + \cdots + a_{i-1} X_{i-1}^2 + a_i + a_{i+1} X_i^2 + \cdots + a_{m+1} X_m^2}{X_1^2 + \cdots + X_{i-1}^2 + 1 + X_i^2 + \cdots + X_m^2}.$$

臨界値を求めるため，まず X_m で微分して，

(3.33)

$$\frac{\partial f}{\partial X_m} = \frac{2X_m\{(a_{m+1} - a_1)X_1^2 + \cdots + (a_{m+1} - a_m)X_{m-1}^2 + (a_{m+1} - a_i)\}}{(X_1^2 + \cdots + X_m^2 + 1)^2}.$$

a_{m+1} は他の a_j $(j = 1, \cdots, m)$ より大きいから，上の式の右辺は $X_m = 0$ のとき，かつそのときに限って 0 になる.

次に，f を $X_m = 0$ に制限した $f|_{X_m=0}$ を考える.

(3.34)

$$f|_{X_m=0}(X_1, \cdots, X_{m-1}) = \frac{a_1 X_1^2 + \cdots + a_{i-1} X_{i-1}^2 + a_i + a_{i+1} X_i^2 + \cdots + a_m X_{m-1}^2}{X_1^2 + \cdots + X_{i-1}^2 + 1 + X_i^2 + \cdots + X_{m-1}^2}.$$

$f|_{X_m=0}$ を X_{m-1} で微分すると，上と同じ理由で，この微分は $X_{m-1} = 0$ のとき，かつそのときに限って 0 になる．以下同様に進むと，座標近傍 U_i 上にある f の臨界点は

$$X_i = \cdots = X_{m-1} = X_m = 0$$

を満たさなければならないことがわかる．次に(3.32)を X_1 で微分して，a_1 が $a_2, \cdots, a_{m+1}$ より小さいことを使うと，$\dfrac{\partial f}{\partial X_1}$ は $X_1 = 0$ のとき，かつ，そのときに限って 0 になる．次に $f|_{X_1=0}$ を X_2 で微分する．同様の理由で，この微分は $X_2 = 0$ のとき，かつそのときに限って 0 になる．以下同様に進むと，U_i 上の f の臨界点は

$$X_1 = X_2 = \cdots = X_{i-1} = 0$$

も満たさなければならない．まとめると，U_i 上の f の臨界点は局所座標系

$(X_1, \cdots, X_m)$ の原点 $(0, \cdots, 0)$ だけである．$[x_1, \cdots, x_m, x_{m+1}]$ の表記法で書けば，$[0, \cdots, 0, 1, 0, \cdots, 0]$ が U_i 内の唯一の臨界点である．ただし，1 は左から i 番目にある．

この臨界点での f の Hesse 行列 $\left(\dfrac{\partial^2 f}{\partial X_j \partial X_k}\right)$ が

$$
\begin{pmatrix}
2(a_1-a_i) & & & & & \\
& \ddots & & & & \\
& & 2(a_{i-1}-a_i) & & & \\
& & & 2(a_{i+1}-a_i) & & \\
& & & & \ddots & \\
& & & & & 2(a_{m+1}-a_i)
\end{pmatrix} \tag{3.35}
$$

であることを確かめてほしい．対角線以外の行列要素は 0 である．$a_1 < \cdots < a_i < \cdots < a_{m+1}$ であるから，Hesse 行列の行列式は 0 でなく，対角成分は $i-1$ 行目までがマイナス，その後がプラスである．したがって U_i の原点にある臨界点は非退化で，指数は $i-1$ である．また，このときの関数の値は a_i である．

P^m は $m+1$ 個の座標近傍 U_i $(i=1, \cdots, m+1)$ で覆われるので，次のことが証明できたことになる：ここで構成した Morse 関数 $f\colon P^m \to \mathbb{R}$ は $m+1$ 個の臨界点をもち，その指数は臨界値の小さいほうから

$$0,\ 1,\ \cdots,\ m$$

である．したがって P^m のハンドル分解は

$$P^m = D^m \cup D^1 \times D^{m-1} \cup D^2 \times D^{m-2} \cup \cdots \cup D^{m-1} \times D^1 \cup D^m \tag{3.36}$$

のようになる． □

とくに，1 次元の射影空間 $P^1 = D^1 \cup D^1$ は円周 S^1 に微分同相である．

例 3.9（射影平面 P^2 のハンドル分解）　2 次元の射影空間 P^2 を**射影平面** (projective plane) という．射影平面のハンドル分解を少し詳しく考えよう．例 3.8 によれば，P^2 は 2 次元の閉多様体で，そのハンドル分解は 0-ハンドル，1-ハンドル，2-ハンドルをこの順に 1 つずつ接着したものである．

0-ハンドル(円板)に 1-ハンドルをつけるやり方には 2 種類の方法が考えられる．図 3.6 の左と右がそれである．もし左図のようにつけると，アニュラスができてしまい，これをたった 1 つの 2-ハンドルでふたをして閉曲面にす

ることは不可能である．したがって，射影平面では1-ハンドルは右図のようについていなければならない．右図において，0-ハンドルと1-ハンドルを合わせたものはメビウスの帯に同相であり，その境界は1つの円周であるから，これに2-ハンドルでふたをすることができる．(もちろん，我々の3次元空間内では不可能で，「抽象的に」考えてのことである．)

結局，射影平面 P^2 のハンドル分解は，円板に図3.6の右のように1-ハンドルをつけ，それに2-ハンドルをつけたものである．メビウスの帯と円板を境界で張り合わせたものと言ってもよい．

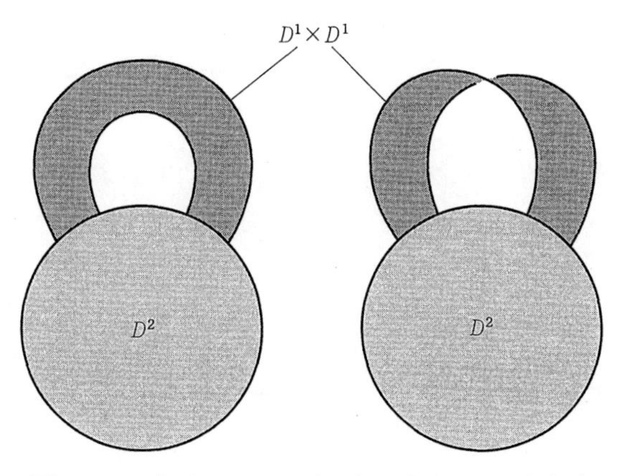

図3.6 2次元の1-ハンドルをつける2つのやり方

□

なお，0-ハンドルに1-ハンドルをつけるやり方には，図3.6の他にも，例えば次の図3.7のようなやり方もあるのではないか，と思う読者もいるかもしれないが，図3.7のつけ方は図3.6の左とまったく同じであり，できあがった図形はどちらもアニュラスに同相である．図3.6と図3.7の違いは3次元空間 $\mathbb{R}^3$ へのアニュラスの埋め込み方の違いだけである．

3次元の射影空間 P^3 のハンドル分解については，第5章でもう一度論じることにする．

例3.10（m 次元複素射影空間 $\mathbb{C}P_m$） $m+1$ 個の複素数を並べたもの

$$(z_1, \cdots, z_m, z_{m+1})$$

の全体を $\mathbb{C}^{m+1}$ で表して，$m+1$ 次元複素空間と呼ぶ．この空間の原点 $\mathbf{0}$ を通

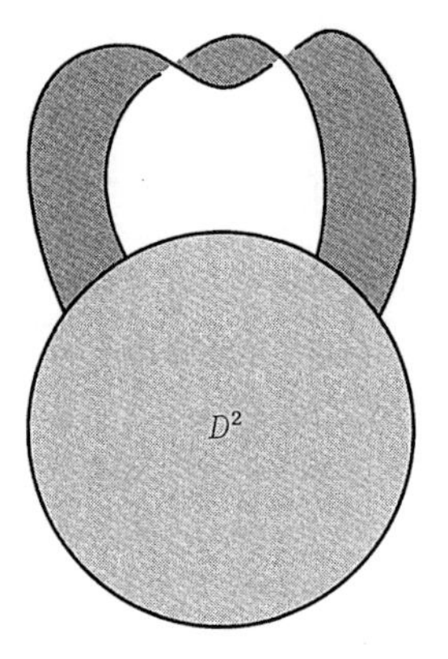

図 3.7　このハンドルのつけ方は図 3.6 の左と同じ

る「複素数の意味の直線」の全体の集合を考え，それに複素 m 次元の複素多様体の構造を入れたものが **m 次元複素射影空間**(complex projective space)である．記号で $\mathbb{C}P_m$ と表す．ここで m を下に書いたのは $\mathbb{C}P_m$ の複素次元が m であることを表すためで，通常の意味では $\mathbb{C}P_m$ は $2m$ 次元である．この多様体もコンパクトであることが知られている．例 3.8 の P^m を，$\mathbb{C}P_m$ と区別して，**実射影空間**(real projective space)と呼ぶことがある．

$\mathbb{C}^{m+1}$ の原点以外の点 $(z_1, \cdots, z_m, z_{m+1})$ は $\mathbb{C}P_m$ の 1 点を決める．この点を $[z_1, \cdots, z_m, z_{m+1}]$ と表す．$[z_1, \cdots, z_m, z_{m+1}] = [w_1, \cdots, w_m, w_{m+1}]$ であるための必要十分条件は，ある 0 でない複素数 α が存在して，

$$(3.37)\qquad (z_1, \cdots, z_m, z_{m+1}) = (\alpha w_1, \cdots, \alpha w_m, \alpha w_{m+1})$$

が成り立つことである．

$a_1 < \cdots < a_m < a_{m+1}$ を実数として，関数 $f\colon \mathbb{C}P_m \to \mathbb{R}$ を

$$(3.38)\qquad f(z_1, \cdots, z_m, z_{m+1}) = \frac{a_1|z_1|^2 + \cdots + a_m|z_m|^2 + a_{m+1}|z_{m+1}|^2}{|z_1|^2 + \cdots + |z_m|^2 + |z_{m+1}|^2}$$

と定義する．

実射影空間の場合と同様に，ある添え字 i を止めた上で，$z_i \neq 0$ であるような $[z_1, \cdots, z_m, z_{m+1}]$ の全体からなる集合 U_i を考えると，U_i は $\mathbb{C}P_m$ の開集合になる．この上には，

$$(3.39)\quad Z_1=\frac{z_1}{z_i},\ \cdots,\ Z_{i-1}=\frac{z_{i-1}}{z_i},\ Z_i=\frac{z_{i+1}}{z_i},\ \cdots,\ Z_m=\frac{z_{m+1}}{z_i}$$

のように定義される m 次元の複素局所座標系がある．$(Z_1,\cdots,Z_m)$ を使って f を表してみると，

$$(3.40)\quad f=\frac{a_1|Z_1|^2+\cdots+a_{i-1}|Z_{i-1}|^2+a_i+a_{i+1}|Z_i|^2+\cdots+a_{m+1}|Z_m|^2}{|Z_1|^2+\cdots+|Z_{i-1}|^2+1+|Z_i|^2+\cdots+|Z_m|^2}$$

となる．ここで，$Z_j=X_j+\sqrt{-1}Y_j\ (j=1,\cdots,m)$ とおけば，

$$(3.41)\quad |Z_j|^2=X_j^2+Y_j^2$$

である．

f を $(X_1,Y_1,\cdots,X_m,Y_m)$ に関する $2m$ 変数関数とみなし，P^m の場合と同様に議論すれば，U_i 上では f の臨界点は原点 $(0,\cdots,0)$ だけで，それは非退化であり，その指数が $2(i-1)$ であることがわかる(臨界値は a_i)．

$\mathbb{C}P_m$ は $m+1$ 個の複素座標近傍 $U_i\ (i=1,\cdots,m,m+1)$ で覆えるので，次のことが示されたことになる：Morse 関数 $f\colon \mathbb{C}P_m\to\mathbb{R}$ は $m+1$ 個の臨界点をもち，その指数は，臨界値の小さい順に，

$$0,\ 2,\ \cdots,\ 2m$$

である．したがって，$\mathbb{C}P_m$ のハンドル分解は次のようになる．

$$(3.42)\quad \mathbb{C}P_m=D^{2m}\cup D^2\times D^{2m-2}\cup\cdots\cup D^{2m-2}\times D^2\cup D^{2m}.$$ □

とくに複素1次元の射影空間 $\mathbb{C}P_1$ を**複素射影直線**(complex projective line)という．$\mathbb{C}P_1$ は2次元のコンパクト多様体で，その上には臨界点を2つだけもつ Morse 関数が存在する．したがって，定理3.6により $\mathbb{C}P_1$ は2次元球面 S^2 に微分同相である．

また，複素2次元の複素射影空間 $\mathbb{C}P_2$ を**複素射影平面**(complex projective plane)という．複素射影平面は典型的な4次元多様体であり，第5章でもう少し詳しく考える．

例3.11(回転群 $SO(m)$)　まず**直交行列**(orthogonal matrix)について復習しておこう．$m\times m$ 行列 $A=(a_{ij})$ が次の2つの性質をもつとき，直交行列というのだった．

(i) A の第 i 行 $\boldsymbol{a}_i$ を行ベクトルと考えると，その長さは1である．すな

わち，各 $i=1,\cdots,m$ について，

(3.43) $$|\boldsymbol{a}_i|^2 = a_{i1}^2 + a_{i2}^2 + \cdots + a_{im}^2 = 1$$

が成り立つ．

（ii） $i \neq k$ とすると $\boldsymbol{a}_i$ と $\boldsymbol{a}_k$ は直交する．すなわち，$i,k=1,\cdots,m$，$i\neq k$ について，$\boldsymbol{a}_i$ と $\boldsymbol{a}_k$ の内積 $\boldsymbol{a}_i\cdot\boldsymbol{a}_k$ は0である：

(3.44) $$\boldsymbol{a}_i \cdot \boldsymbol{a}_k = a_{i1}a_{k1} + a_{i2}a_{k2} + \cdots + a_{im}a_{km} = 0.$$

この2性質は，$A^tA=E$ に同値である．ここに，${}^tA$ は A の転置行列で，E は m 行 m 列の単位行列である．行列式を考えて，$\det A = \pm 1$ を得る．

$\det A=1$ であるような直交行列を**回転行列**といい，m 行 m 列の回転行列全体を $SO(m)$ という記号で表して，**m 次回転群**(rotation group)という．行列の積に関して $SO(m)$ は群をなす．しかも，$SO(m)$ は C^∞ 級の多様体であり，群の積は多様体の構造に関して C^∞ 級である．このような群を **Lie 群**という．$SO(m)$ は典型的な Lie 群の例である．

$SO(1)$ は自明群なので，以下，$m\geqq 2$ と仮定して，$SO(m)$ の多様体としての構造を考えよう．直交行列の定義により，$SO(m)$ は長さ1の行ベクトルを m 本並べたものの全体($\cong S^{m-1}\times\cdots\times S^{m-1}$)の閉部分集合なので，$SO(m)$ はコンパクトである．

次元を考えてみよう．1番目の行ベクトル $\boldsymbol{a}_1$ としては，$\mathbb{R}^m$ のなかの長さ1の任意のベクトルが選べるから，これが $(m-1)$ 次元分だけある．1つの $\boldsymbol{a}_1$ を固定すると，2番目の $\boldsymbol{a}_2$ は，$\boldsymbol{a}_1$ に直交する $m-1$ 次元 Euclid 空間に入っており，$\boldsymbol{a}_2$ としてそのなかの長さ1の任意のベクトルが選べるので，この分が $(m-2)$ 次元ある．以下同様に進むと，$SO(m)$ の次元は

$$(m-1)+(m-2)+\cdots+2+1 = \frac{m(m-1)}{2}$$

であることがわかる．

$1<c_1<c_2<\cdots<c_m$ を任意に固定した実数として，関数 $f\colon SO(m)\to\mathbb{R}$ を次のように定義しよう．

(3.45) $$f(A) = c_1x_{11} + c_2x_{22} + \cdots + c_mx_{mm}.$$

ただし，

$$A=\begin{pmatrix} x_{11} & x_{12} & \cdots & x_{1m} \\ x_{21} & x_{22} & \cdots & x_{2m} \\ & \cdots & \cdots & \\ x_{m1} & \cdots & \cdots & x_{mm} \end{pmatrix} \tag{3.46}$$

である．(行列 A は，多様体 $SO(m)$ の「点」と考えられる．)

補題 3.12 式(3.45)で与えられる関数 $f\colon SO(m)\to\mathbb{R}$ の「臨界点」は

$$\begin{pmatrix} \pm1 & 0 & \cdots & 0 \\ 0 & \pm1 & \cdots & 0 \\ & & \ddots & \\ 0 & 0 & \cdots & \pm1 \end{pmatrix} \tag{3.47}$$

である．(対角線上の符号は，$\det=1$ である限り任意の組み合わせを選んでよい．)

[証明] 特別な回転行列 B_θ を導入しよう．B_θ は

$$B_\theta=\begin{pmatrix} \cos\theta & -\sin\theta & 0 & \cdots & 0 \\ \sin\theta & \cos\theta & 0 & \cdots & 0 \\ 0 & 0 & 1 & \cdots & 0 \\ & & & \ddots & \\ 0 & 0 & 0 & \cdots & 1 \end{pmatrix} \tag{3.48}$$

で定義される行列である．すなわち，B_θ は $\mathbb{R}^m$ の 1 番目と 2 番目の座標軸で張られる平面のなかの角度 θ の回転である．

式(3.46)で与えられる一般の回転行列 A と，いま定義した B_θ の積 AB_θ は，$SO(m)$ のなかで θ をパラメータとする「曲線」になる．しかもこの曲線は，$\theta=0$ のとき「点」A を通過する．実際に行列の積を計算し，関数 f の定義式(3.45)に代入すると，

$$\begin{aligned} f(AB_\theta) &= c_1(x_{11}\cos\theta+x_{12}\sin\theta)+c_2(-x_{21}\sin\theta+x_{22}\cos\theta) \\ &\quad +c_3x_{33}+\cdots+c_mx_{mm}. \end{aligned} \tag{3.49}$$

これを θ で微分して，$\theta=0$ とおくと(すなわち，「点」A において，関数 f を曲線 AB_θ の速度ベクトル $\left.\dfrac{d}{d\theta}AB_\theta\right|_{\theta=0}$ の方向に微分すると)，

$$\left.\frac{d}{d\theta}f(AB_\theta)\right|_{\theta=0}=c_1x_{12}-c_2x_{21} \tag{3.50}$$

を得る．同様の曲線 $B_\theta A$ についても，微分を計算してみると，

$$\frac{d}{d\theta}f(B_\theta A)\Big|_{\theta=0} = -c_1x_{21}+c_2x_{12} \tag{3.51}$$

を得る．さて，もしも点 A が関数 $f\colon SO(m)\to\mathbb{R}$ の臨界点だとすると，A における微分の結果(3.50)と(3.51)は両方とも 0 でなくてはならない．ところが，$1<c_1<c_2$ と仮定してあるから，両式の右辺が 0 になるとしたら

$$x_{12} = x_{21} = 0 \tag{3.52}$$

でなければならない．

以上は，$\mathbb{R}^m$ の 1 番目の軸と 2 番目の軸で張られる平面のなかの回転行列 B_θ を使って得られた結論であるが，i 番目の軸と k 番目の軸$(1\leqq i<k\leqq m)$で張られる平面のなかの回転行列を使って議論すれば，A が臨界点である限り，

$$x_{ik} = x_{ki} = 0, \quad 1\leqq \forall i < \forall k \leqq m \tag{3.53}$$

でなければならないことがわかる．すなわち，A は対角行列(対角線上にだけ 0 でない成分がある行列)である．しかも A は回転行列だから，A は補題 3.12 の主張する形でなくてはならない．

逆に，補題 3.12 の主張する形の対角行列が実際に $f\colon SO(m)\to\mathbb{R}$ の臨界点であることを示すため，すべての $m\times m$ 行列のなす空間を m^2 次元の Euclid 空間 $\mathbb{R}^{m^2}$ とみなして，$SO(m)$ はそのなかに埋め込まれていると考えよう．A を補題の主張する形の行列，すなわち対角線上に $\varepsilon_1,\varepsilon_2,\cdots,\varepsilon_m$ $(\varepsilon_j=\pm1)$ が並び，他の行列要素が 0 であるような行列とする．そして，$\theta=0$ のときの(「点」A における)曲線 AB_θ の速度ベクトルを計算すると，単純な計算で

$$\frac{d}{d\theta}AB_\theta\Big|_{\theta=0} = A\frac{d}{d\theta}B_\theta\Big|_{\theta=0} = \begin{pmatrix} 0 & -\varepsilon_1 & 0 & \cdots & 0 \\ \varepsilon_2 & 0 & 0 & \cdots & 0 \\ 0 & 0 & 0 & & 0 \\ & & & \ddots & \\ 0 & 0 & 0 & \cdots & 0 \end{pmatrix} \tag{3.54}$$

を得る．右辺の行列を V_{12} とおく．少し考えにくいかもしれないが，ここでは行列 V_{12} を m^2 次元の Euclid 空間 $\mathbb{R}^{m^2}$ 内の「ベクトル」と考えている．

いまは，$\mathbb{R}^m$ の 1 番目と 2 番目の軸で張られる平面内の回転行列 B_θ を使って定義された曲線 AB_θ の速度ベクトルであったが，i 番目と k 番目の軸で張られる平面内の回転行列を使って，同様に定義される曲線の A における速度ベクトル V_{ik} を求めると，i 行 k 列のところに $-\varepsilon_i$，k 行 i 列のところに ε_k，他はみな 0 であるような行列になる．i と k を $1 \leqq i < k \leqq m$ の範囲で動かしたとき，これらのベクトル V_{ik} は $\mathbb{R}^{m^2}$ のなかで 1 次独立であり，全部で $i<k$ を満たす (i,k) の選び方の個数だけ，つまり ${}_m\mathrm{C}_2 = \dfrac{m(m-1)}{2}$ 個だけある．これは $SO(m)$ の次元に等しいから，V_{ik} $(1 \leqq i < k \leqq m)$ が点 A における $SO(m)$ の接ベクトル空間 $T_A(SO(m))$ の基底になっていることがわかる．

もし A が補題 3.12 の主張する形の行列であれば，A において関数 f をどの V_{ik} の方向に微分しても，0 であることが計算(3.50)と同様にして示せるから，これで A が f の臨界点であることが証明できた．■

A が補題 3.12 の主張する形の行列(対角線上に $\varepsilon_1, \varepsilon_2, \cdots, \varepsilon_m$，他は 0)であるとして，$A$ における f の Hesse 行列 H_f を求めよう．そのためには，A のまわりで $SO(m)$ の局所座標系を決めておかなければならない．

$\mathbb{R}^m$ の i 番目の座標軸と k 番目の座標軸で張られる平面内の回転行列を $B_\theta^{(ik)}$ と表すことにする．i と k $(i<k)$ のすべての選び方にわたってこのような行列を考えれば，それらは全部で $\dfrac{m(m-1)}{2}$ 個だけある．これらすべてを行列 A の右から掛けたもの

$$A \cdot B_\theta^{(ik)} B_\varphi^{(jl)} B_\psi^{(hr)} \cdots \tag{3.55}$$

によって，$\dfrac{m(m-1)}{2}$ 次元の局所座標系 $(\theta, \varphi, \psi, \cdots)$ が入る．これで Hesse 行列 H_f が計算できる．実際に A における微分を計算して，

(3.56)
$$\begin{aligned}\frac{\partial^2 f}{\partial\theta\partial\varphi}(A\cdot B_\theta^{(ik)} B_\varphi^{(jl)})\Big|_{(\theta,\varphi)=(0,0)} &= f\left(A\cdot \frac{d}{d\theta}B_\theta^{(ik)}\Big|_{\theta=0}\cdot\frac{d}{d\varphi}B_\varphi^{(jl)}\Big|_{\varphi=0}\right)\\ &= \begin{cases} 0 & (i,k)\neq(j,l)\\ -c_i\varepsilon_i - c_k\varepsilon_k & (i,k)=(j,l)\end{cases}\end{aligned}$$

ここで微分を f のなかに入れてよいのは，$f(A)$ が A の要素の 1 次式になっ

ていて，しかも定数項がないからである．また $\left.\dfrac{d}{d\theta}B_\theta^{(ik)}\right|_{\theta=0}$ などの計算はやさしい．

このHesse行列は $\dfrac{m(m-1)}{2}$ 行 $\dfrac{m(m-1)}{2}$ 列の行列で，(3.56)からわかるように，「対角型」である．「対角線」上の要素は0でない．したがって，A は非退化な臨界点であることがわかる．

「第(i,k)番目」の対角線上の要素は $-c_i\varepsilon_i-c_k\varepsilon_k$ である．このHesse行列の対角線上に何個のマイナスの数があるか考えてほしい(演習問題3.4)．答えは，次のようになる：

A の対角線上の ε_i，$1\leqq i\leqq m$，のうちで，$\varepsilon_i=1$ であるような番号 i を小さいほうから並べて，

$$i_1,\ i_2,\ \cdots,\ i_n$$

を得たとする．このとき A におけるHesse行列の指数(対角線上のマイナスの数の個数)は

$$(i_1-1)+(i_2-1)+\cdots+(i_n-1) \tag{3.57}$$

である．(すべての ε_i が -1 ならば，この指数は0である．) また，その臨界点の臨界値は

$$2(c_{i_1}+c_{i_2}+\cdots+c_{i_n})-\sum_{i=0}^{m}c_i \tag{3.58}$$

である．容易にわかるように，

$$2c_i<c_{i+1},\quad i=1,\cdots,m-1 \tag{3.59}$$

であれば，異なる臨界点の臨界値が一致することはない．なお，$\det A=1$ を考慮すると，臨界点は全部で(2^m 個でなく) 2^{m-1} 個ある． □

特別な場合として，$SO(3)$ を考えると，Morse関数 $f\colon SO(3)\to\mathbb{R}$ は4つの臨界点をもつ．c_i の間に条件(3.59)を仮定すると，それらの指数は臨界値の小さいほうから順に，

$$0,\ 1,\ 2,\ 3$$

である．

注意　$SO(3)$ は3次元射影空間 P^3 と同じだけの臨界点をもつが，実は，$SO(3)$

と P^3 は微分同相である．このことは，系 3.16 により 2 次の特殊ユニタリ群 $SU(2)$ が S^3 に微分同相であることと，「随伴表現 $SU(2)\to SO(3)$」が 2 重被覆であることから証明できる．

念のため，随伴表現を座標で書いておこう．2 行 2 列の特殊ユニタリ行列は

$$\begin{pmatrix} z_1 & z_2 \\ -\overline{z_2} & \overline{z_1} \end{pmatrix} \qquad \text{ここに } z_1 = x_1+\sqrt{-1}\,y_1,\ z_2 = x_2+\sqrt{-1}\,y_2$$

と書ける．ただし，$|z_1|^2+|z_2|^2 = x_1^2+y_1^2+x_2^2+y_2^2 = 1$ である．（このことからも，$SU(2)\cong S^3$ がわかる．）

この特殊ユニタリ行列に，随伴表現で対応する 3 次の回転行列は

$$\begin{pmatrix} x_1^2+y_1^2-x_2^2-y_2^2 & 2(-x_1y_2+y_1x_2) & 2(x_1x_2+y_1y_2) \\ 2(x_1y_2+y_1x_2) & x_1^2-y_1^2+x_2^2-y_2^2 & 2(-x_1y_1+x_2y_2) \\ 2(-x_1x_2+y_1y_2) & 2(x_1y_1+x_2y_2) & x_1^2-y_1^2-x_2^2+y_2^2 \end{pmatrix}$$

である．

例 3.13（ユニタリ群 $U(m)$）　複素 $m\times m$ 行列 $U=(z_{ij})$ について，$U^* = (\overline{z_{ji}})$ とおく．すなわち，U の各要素の複素共役をとり，同時に転置行列にしたものである．

$$(3.60)\qquad UU^* = E$$

を満たす複素 $m\times m$ 行列を m 次の**ユニタリ行列**(unitary matrix)という．この定義から，ユニタリ行列 U の行列式は絶対値 1 の複素数である：$|\det U| = 1$．m 次のユニタリ行列の全体 $U(m)$ は行列の積について Lie 群をなす．$U(m)$ を m 次の**ユニタリ群**(unitary group)という．

行ベクトルの間の **Hermite 内積**を

$$(3.61)\qquad \boldsymbol{a}_i\cdot\overline{\boldsymbol{a}_j} = z_{i1}\overline{z_{j1}}+z_{i2}\overline{z_{j2}}+\cdots+z_{im}\overline{z_{jm}}$$

と定義すれば，ユニタリ行列の条件は，$\boldsymbol{a}_i\cdot\overline{\boldsymbol{a}_i}=1\ (i=1,\cdots,m)$，$\boldsymbol{a}_i\cdot\overline{\boldsymbol{a}_j}=0\ (i\neq j)$ と書き表すことができる．

第 1 行 $\boldsymbol{a}_1$ としては $\mathbb{C}^m$ のなかの長さ 1 のベクトルを任意に選べる．$\mathbb{C}^m$ は実数の意味では $2m$ 次元であるから，そのなかの単位球面の次元は $2m-1$ であり，$\boldsymbol{a}_1$ の選択の自由度は $2m-1$ 次元である．$\boldsymbol{a}_1$ を決めると，$\boldsymbol{a}_2$ は $\boldsymbol{a}_1$ に Hermite 内積の意味で直交する複素 $(m-1)$ 次元空間の長さ 1 のベクトル

が任意に選べ，この分が $2(m-1)-1$ 次元だけある．以下同様にすすむと，$U(m)$ の多様体としての次元は

$$\{2m-1\}+\{2(m-1)-1\}+\cdots+3+1=m^2 \tag{3.62}$$

に等しいことがわかる．

$SO(m)$ のときと同様に，実数 $1<c_1<c_2<\cdots<c_m$ を選び，関数 $f\colon U(m)\to\mathbb{R}$ を

$$f(U)=\Re(c_1z_{11}+c_2z_{22}+\cdots+c_mz_{mm}) \tag{3.63}$$

と定義する．ここに，$\Re$ は実数部分をとる記号で，また，

$$U=\begin{pmatrix} z_{11} & z_{12} & \cdots & z_{1m} \\ z_{21} & z_{22} & \cdots & z_{2m} \\ & & \ddots & \\ z_{m1} & z_{m2} & \cdots & z_{mm} \end{pmatrix} \tag{3.64}$$

である．

以下の議論は $SO(m)$ とほとんど同じであるが，$SO(m)$ の場合に使った回転行列 $B_\theta^{(ik)}$ $(1\leqq i<k\leqq m)$ のほかに，次のような行列 $C_\theta^{(ik)}$ $(1\leqq i<k\leqq m)$ と行列 $A_\theta^{(i)}$ $(1\leqq i\leqq m)$ を使う．行列 $C_\theta^{(ik)}$ を成分 z_{pq} を用いて定義すれば，

$$z_{pq}=\begin{cases} \cos\theta & (p,q)=(i,i)\ \text{または}\ (k,k), \\ \sqrt{-1}\sin\theta & (p,q)=(i,k)\ \text{または}\ (k,i), \\ 1 & (p,q)=(j,j)\ \text{ただし}\ j\neq i,k, \\ 0 & \text{その他}. \end{cases} \tag{3.65}$$

例えば，

$$C_\theta^{(12)}=\begin{pmatrix} \cos\theta & \sqrt{-1}\sin\theta & \cdots & 0 \\ \sqrt{-1}\sin\theta & \cos\theta & \cdots & 0 \\ & & \ddots & \\ \vdots & \vdots & 1 & \\ & & & \ddots \\ 0 & 0 & \cdots & 1 \end{pmatrix}$$

である．

また，行列 $A_\theta^{(i)}$ の定義は

$$A_\theta^{(i)} = \begin{pmatrix} 1 & 0 & & \cdots & & 0 \\ 0 & 1 & & \cdots & & 0 \\ & & \ddots & & & \\ & & & \exp\sqrt{-1}\theta & & \\ & & & & \ddots & \\ 0 & 0 & & \cdots & & 1 \end{pmatrix} \tag{3.66}$$

である．（対角線上は第 i 番目を除いて 1，第 i 番目に $\exp\sqrt{-1}\theta$，対角線以外の所はすべて 0.）

このような行列 $A_\theta^{(i)}$ は m 個ある．行列 $B_\theta^{(ik)}$ と行列 $C_\theta^{(ik)}$ は合わせて

$$\frac{m(m-1)}{2} + \frac{m(m-1)}{2} = m(m-1)$$

個あるから，A, B, C 3 種の行列を合わせて $m+m(m-1)=m^2$ 個ある．これは $U(m)$ の次元に等しい．これら A, B, C の行列の回転の方向によって，$U(m)$ の接ベクトル空間が張られて，$SO(m)$ のときと同様の議論ができるわけである．

結果は，$f\colon U(m)\to\mathbb{R}$ の臨界点は補題 3.12 の主張する形と同様に，対角線上に，± 1 が並ぶ対角型のユニタリ行列である．ただし，回転群のときと違い，$\det=1$ である必要はない．

対角線上に，$\varepsilon_1, \varepsilon_2, \cdots, \varepsilon_m$ $(\varepsilon_i = \pm 1)$ が並び，他は 0 であるようなユニタリ行列 U における $f\colon U(m)\to\mathbb{R}$ の Hesse 行列は，対角型でかつ非退化であって，その指数は次のようにして求められる．$\varepsilon_i=1$ であるような番号 i を小さいほうから並べたものが，

$$i_1,\ i_2,\ \cdots,\ i_n$$

であったとすると，指数は

$$(2i_1-1)+(2i_2-1)+\cdots+(2i_n-1)$$

である．すべての ε_i が -1 に等しい場合は，指数は 0 である．　□

例 3.14（特殊ユニタリ群 $SU(m)$）　ユニタリ行列の行列式は絶対値が 1 の複素数 $\exp(\sqrt{-1}\theta)$ であるが，とくに行列式が 1 であるようなユニタリ行列を特殊ユニタリ行列という．m 行 m 列の特殊ユニタリ行列全体のなす Lie

群を m 次の**特殊ユニタリ群**(special unitary group)と呼び，$SU(m)$ という記号で表す．$\det=1$ の条件によって $U(m)$ より1次元だけ次元が減るので，$\dim SU(m)=\dim U(m)-1=m^2-1$ である．$m=1$ のとき，$SU(1)$ は1点(自明群)である．以後，$m\geqq 2$ と仮定しよう． □

補題 3.15　$f=\Re(c_1z_{11}+c_2z_{22}+\cdots+c_mz_{mm})$ を例3.13で構成した Morse 関数 $f:U(m)\to\mathbb{R}$ とする(ただし，$1<c_1<c_2<\cdots<c_m$)．もし，c_1 に較べて c_i $(i=2,\cdots,m)$ が十分大であれば，f を部分群 $SU(m)$ に制限した関数 $f\,|\,SU(m)\colon SU(m)\to\mathbb{R}$ は $SU(m)$ 上の Morse 関数になる．その臨界点は，対角線上に ± 1 が並び行列式が1の対角行列である．

［証明］　ユニタリ群を考えるときに使った行列 $B_\theta^{(ik)}$, $C_\theta^{(ik)}$, $A_\theta^{(i)}$ のうち，$B_\theta^{(ik)}$ と $C_\theta^{(ik)}$ は特殊ユニタリ行列である．$A_\theta^{(i)}$ はそうではないが，

$$D_\theta^{(i)}=A_\theta^{(i)}\cdot\{A_\theta^{(1)}\}^{-1},\quad i=2,\cdots,m$$

とおくと，$D_\theta^{(i)}$ は特殊ユニタリ行列になる．行列 $B_\theta^{(ik)}$, $C_\theta^{(ik)}$, $D_\theta^{(i)}$ は全部で

$$\frac{m(m-1)}{2}+\frac{m(m-1)}{2}+(m-1)=m^2-1$$

だけ($SU(m)$ の次元分だけ)ある．

行列 $B_\theta^{(ik)}$ と $C_\theta^{(ik)}$ を使って補題3.12のときと同様に議論すれば，関数 $f\,|\,SU(m)\colon SU(m)\to\mathbb{R}$ の臨界点 A は対角行列であることがわかる．さらにこの対角行列 A は特殊ユニタリ行列であるから，その対角成分 z_{ii} は絶対値1の複素数 $\exp(\sqrt{-1}\,\theta_i)$ であって，それらの積は1である：

$$\begin{aligned}(3.67)\qquad &\exp(\sqrt{-1}\,\theta_1)\exp(\sqrt{-1}\,\theta_2)\cdots\exp(\sqrt{-1}\,\theta_m)\\ &=\exp(\sqrt{-1}\,(\theta_1+\theta_2+\cdots+\theta_m))=1.\end{aligned}$$

この行列 A が $f\,|\,SU(m)$ の臨界点であるための条件がもう1つある．それは

$$\begin{aligned}\frac{d}{d\theta}f(A\cdot D_\theta^{(i)})\Big|_{\theta=0}&=\Re(-c_1\sqrt{-1}\exp(\sqrt{-1}\,\theta_1)+c_i\sqrt{-1}\exp(\sqrt{-1}\,\theta_i))\\ &=0,\quad i=2,\cdots,m\end{aligned}$$

である．この条件は

$$(3.68)\qquad c_1\sin\theta_1=c_i\sin\theta_i,\quad i=2,\cdots,m$$

に同値である．c_1 に較べて c_i $(i=2,\cdots,m)$ が十分大きいという条件のもと

に，上の 2 つの条件(3.67)と(3.68)をあわせると

$$\sin\theta_1 = \sin\theta_2 = \cdots = \sin\theta_m = 0 \tag{3.69}$$

が導ける．

このことを示そう．もし $\sin\theta_1 \neq 0$ であれば，式(3.68)により $\sin\theta_i \neq 0$ であるが，c_1 に較べて c_i が十分大きいと(例えば，$100mc_1 < c_i$ を仮定すると)，$\sin\theta_i$ の絶対値は $\sin\theta_1$ の絶対値に較べ十分小さくなる．(例えば $|\sin\theta_i| < \dfrac{1}{100m}|\sin\theta_1|$ になる．) 以下の議論には sin の絶対値しか必要がなく，また角度 θ_i に π の整数倍を加えても絶対値 $|\sin\theta_i|$ は変わらないので，π の整数倍で調節することによって，

$$-\frac{\pi}{2} \leqq \theta_i \leqq \frac{\pi}{2}$$

と仮定してよい．すると，$|\sin\theta_i| < \dfrac{1}{100m}|\sin\theta_1|$ から，粗く見積もっても

$$|\theta_i| < \frac{1}{10m}|\theta_1|, \quad i = 2, \cdots, m$$

という評価が得られる．しかしこれでは，$\sin(\theta_1+\theta_2+\cdots+\theta_m) = 0$ が成立するはずがない．こうして式(3.67)に矛盾する結論が得られたので，背理法により式(3.69)が示せたことになる．

関数 $f\,|\,SU(m)$ の臨界点 A は対角線上に $\exp\sqrt{-1}\,\theta_i$ の並んだ対角行列であることは既に述べたが，式(3.69)によれば，その対角成分は実は ± 1 に等しい．これらを $\varepsilon_1, \varepsilon_2, \cdots, \varepsilon_m$ ($\varepsilon_i = \pm 1$) とおこう．

行列 A の右からすべての $B_\theta^{(ik)}, \cdots, C_\varphi^{(jl)}, \cdots, D_\psi^{(h)}, \cdots$ を掛けて，

$$A \cdot B_\theta^{(ik)} \cdots C_\varphi^{(jl)} \cdots D_\psi^{(h)} \cdots \tag{3.70}$$

を考えると，A のまわりに $SU(m)$ の局所座標系 $(\theta, \cdots, \varphi, \cdots, \psi, \cdots)$ が構成される．A における $f\,|\,SU(m)$ の Hesse 行列 $H_{f\,|\,SU(m)}(A)$ をこの局所座標系を使って計算すると，ユニタリ群のときと違い，$\{D_\theta^{(i)}\}_{i=2,\cdots,m}$ の接ベクトル方向に対応して，対角型でない $(m-1)\times(m-1)$ 行列が含まれている．

2 次微分 $\left\{ \dfrac{\partial^2}{\partial\theta\partial\varphi} f(A \cdot D_\theta^{(i)} D_\varphi^{(j)}) \Big|_{(\theta,\varphi)=(0,0)} \right\}_{i,j=2,\cdots,m}$ を計算してみると，この対角型でない部分の行列の形は

$$
(3.71)\qquad \begin{pmatrix} -c_2\varepsilon_2-c_1\varepsilon_1 & -c_1\varepsilon_1 & \cdots & -c_1\varepsilon_1 \\ -c_1\varepsilon_1 & -c_3\varepsilon_3-c_1\varepsilon_1 & \cdots & -c_1\varepsilon_1 \\ & & \ddots & \\ -c_1\varepsilon_1 & -c_1\varepsilon_1 & \cdots & -c_m\varepsilon_m-c_1\varepsilon_1 \end{pmatrix}
$$

である．c_i $(i=2,\cdots,m)$ が c_1 に較べて十分大きいと仮定すれば(例えば，$c_i > m!c_1$ を仮定すれば)，行列(3.71)の対角成分以外の行列成分が対角成分に較べて十分小さくなるので，その性質は対角線上に

$$
-c_2\varepsilon_2,\ \ -c_3\varepsilon_3,\ \ \cdots,\ \ -c_m\varepsilon_m
$$

の並んだ対角行列の性質に近くなる．とくに行列式は0でなく，また対角化したときの対角線上のマイナスの数の個数も，$-c_2\varepsilon_2, -c_3\varepsilon_3, \cdots, -c_m\varepsilon_m$ のなかのマイナスの数の個数と同じである．

Hesse 行列 $H_{f|SU(m)}(A)$ において，上の行列(3.71)以外の部分($B_\theta^{(ik)}$ と $C_\varphi^{(jl)}$ の接ベクトルが入ってくる部分)は $f\colon U(m)\to\mathbb{R}$ の場合と同じ成分をもつ対角行列なので，$\det H_{f|SU(m)}(A)\neq 0$ が示せる．したがって A は非退化な臨界点で，$f|SU(m)\colon SU(m)\to\mathbb{R}$ は Morse 関数である．これで補題 3.15 が証明できた． ∎

補題 3.15 により，$f\colon U(m)\to\mathbb{R}$ の臨界点のちょうど半分が $f|SU(m)\colon SU(m)\to\mathbb{R}$ の臨界点であることがわかる．すなわち対角線上に $\varepsilon_1,\varepsilon_2,\cdots,\varepsilon_m$ $(\varepsilon_i=\pm 1)$ が並び，かつ $\det A=\varepsilon_1\varepsilon_2\cdots\varepsilon_m=1$ であるような対角行列 A が，$f|SU(m)\colon SU(m)\to\mathbb{R}$ の臨界点である．

補題 3.15 の証明の最後のほうで述べた事実により，Hesse 行列 $H_{f|SU(m)}(A)$ を対角化したもの $\mathcal{H}_{f|SU(m)}(A)$ は，$f\colon U(m)\to\mathbb{R}$ の Hesse 行列 $H_f(A)$(それはもともと対角型)から対角成分 $-c_1\varepsilon_1$ を除いてサイズを1だけ小さくしたものと本質的に同じである．したがって，対角線上のマイナスの数の個数は $-c_1\varepsilon_1>0$ なら $\mathcal{H}_{f|SU(m)}(A)$ と $H_f(A)$ に差はなく，$-c_1\varepsilon_1<0$ なら，これを対角成分に含まない分だけ $\mathcal{H}_{f|SU(m)}(A)$ のほうが $H_f(A)$ よりも1つ少ない．

このことと $U(m)$ のときの結果を合わせると，$SU(m)$ の場合の臨界点の指数が計算できる．すなわち A の対角成分を順に見てゆき，$\varepsilon_i=1$ であるような番号 i を小さい方から並べて

$$i_1,\ i_2,\ \cdots,\ i_k$$

を得たとすると，Morse 関数 $f\,|\,SU(m)$ の臨界点 A の指数は次のように与えられる．

$\varepsilon_1=-1$ のときは

$$\{2i_1-1\}+\{2i_2-1\}+\cdots+\{2i_k-1\}, \tag{3.72}$$

$\varepsilon_1=1$ のときは

$$\{2i_1-1\}+\{2i_2-1\}+\cdots+\{2i_k-1\}-1. \tag{3.73}$$

注意 $\varepsilon_1=1$ なら $i_1=1$ であるから，式(3.73)は

$$\{2i_2-1\}+\cdots+\{2i_k-1\} \tag{3.74}$$

に等しい．

系 3.16 $SU(2)$ は 3 次元球面 S^3 に微分同相である．

［証明］ $SU(2)$ はコンパクトな 3 次元多様体である．補題 3.15 により，$f\,|\,SU(2)$ の臨界点は

$$\begin{pmatrix}1&0\\0&1\end{pmatrix},\qquad \begin{pmatrix}-1&0\\0&-1\end{pmatrix} \tag{3.75}$$

の 2 つだけであるから，定理 3.6 により，$SU(2)\cong S^3$ がわかる． ∎

注意 $SU(2)$ は単位 4 元数全体のなす Lie 群に同型であり，このことからも系 3.16 が証明できる．

系 3.17 $SU(m)$ は単連結である．(「単連結」の意味については§5.1 を見よ．)

［証明］ 補題 3.15 の Morse 関数 $f\,|\,SU(m)$ の臨界点について，最小の指数はもちろん 0 であるが，2 番目に小さい指数をもつ臨界点は，

m が奇数のときは

$$\begin{pmatrix}-1&0&\cdots&0\\0&1&\cdots&0\\&&-1&\\&&&\ddots\\0&0&\cdots&-1\end{pmatrix},$$

m が偶数のときは

$$\begin{pmatrix} 1 & 0 & \cdots & 0 \\ 0 & 1 & \cdots & 0 \\ & & -1 & \\ & & & \ddots \\ 0 & 0 & \cdots & -1 \end{pmatrix}$$

である．これらの臨界点の指数はどちらも3であるから，$f\,|\,SU(m)$ に伴う $SU(m)$ のハンドル分解には1-ハンドルがない．(実は2-ハンドルもない．) 第5章の系5.9により，$SU(m)$ は単連結である． ∎

2つの群 $U(m)$ と $SU(m)$ の関係について，次の命題を示そう．

命題 3.18

(i) C^∞ 級多様体としては，$U(m)$ は直積 $SU(m)\times S^1$ に微分同相である．

(ii) $m \geqq 2$ を仮定するとき，Lie 群としての $U(m)$ の構造は，群の直積 $SU(m)\times S^1$ に同型ではない．

[証明] C^∞ 級写像 $h\colon U(m)\to SU(m)\times S^1$ を次のように構成する．任意の m 次ユニタリ行列 U について

$$h(U) = (U\cdot\{A_\theta^{(1)}\}^{-1}, \det U).$$

U がユニタリ行列であれば，$\det U$ は絶対値1の複素数 $\exp(\sqrt{-1}\,\theta)$ である．$A_\theta^{(1)}$ の θ はこの exp のなかの θ である．上の h の定義式では絶対値1の複素数全体を円周 S^1 と同一視している．また $A_\theta^{(1)}$ は，例3.13(ユニタリ群 $U(m)$)のなかに出てきた $A_\theta^{(i)}$ という m 次対角行列の i を $i=1$ とおいたものである．

逆の C^∞ 級写像 $k\colon SU(m)\times S^1\to U(m)$ は，任意の m 次特殊ユニタリ行列 U' と任意の $\exp(\sqrt{-1}\,\theta)$ について

$$k(U', \exp(\sqrt{-1}\,\theta)) = U'\cdot A_\theta^{(1)}$$

と定義する．容易にわかるように，h と k は互いに他の逆写像なので，h は微分同相写像である．これで(i)が示せた．

(ii)を示すため，次の補題を用意する．

補題 3.19　対角線上に同じ複素数 ξ の並んだ m 次対角行列 $\Delta(\xi)$ はすべ

ての m 次特殊ユニタリ行列と可換である．逆に，すべての m 次特殊ユニタリ行列と可換な m 次行列は対角行列 $\Delta(\xi)$ に限る．　□

この補題の前半は当たり前だから，後半の証明を考えよう．簡単のため $m=2$ の場合についてだけ考える．ある2次の行列 $X=\begin{pmatrix} a & b \\ c & d \end{pmatrix}$ が，特別な2次特殊ユニタリ行列 $U_1=\begin{pmatrix} 0 & -1 \\ 1 & 0 \end{pmatrix}$ と $U_2=\begin{pmatrix} 0 & \sqrt{-1} \\ \sqrt{-1} & 0 \end{pmatrix}$ の両方に可換であると仮定して，$XU_1=U_1X$ と $XU_2=U_2X$ を実際に成分で書いてみると，$a=d$, $b=c=0$ を得る．したがって，$X=\Delta(a)$ である．一般の m についても，同様の議論で証明できる．

さて，命題の(ii)を証明しよう．一般に，群 G とその部分群 H が与えられたとき，G の元 g であって，H のすべての元と可換であるような g 全体は G の部分群になる．それを G のなかの H の**中心化群**(centralizer)という．とくに G の中の G 自身の中心化群を G の**中心**(center)という．上の補題により，$U(m)$ の中の $SU(m)$ の中心化群の構造がわかる．すなわちそれは $\{\Delta(\exp(\sqrt{-1}\,\theta))\}$ という形の部分群で，円周 S^1 に同相である．この群と $SU(m)$ の共通部分は $SU(m)$ の中心で $\{\Delta(\exp(2\pi\sqrt{-1}\,k/m)\}_{k=0,1,\cdots,m-1}$ という位数 m の巡回群である．この群を C_m という記号で表そう．

一方，群の直積 $SU(m)\times S^1$ の群構造は

(3.76)
$$(U_1, \exp(\sqrt{-1}\,\theta_1))\cdot(U_2, \exp(\sqrt{-1}\,\theta_2)) = (U_1U_2, \exp(\sqrt{-1}\,(\theta_1+\theta_2)))$$

で与えられる．すぐ後で示すように，$SU(m)$ に同型な $SU(m)\times S^1$ の部分群は $SU(m)\times\{1\}$ しかないので，両者を同一視する．すると，$SU(m)\times S^1$ の中の $SU(m)$ の中心化群は $C_m\times S^1$ であることがわかる．これは m 個の円周の非交和に同相である．

こうして，$SU(m)$ の中心化群の構造が異なるので，$U(m)$ と $SU(m)\times S^1$ は Lie 群として同型でない．

最後に，H を $SU(m)$ に同型な $SU(m)\times S^1$ の部分群とすれば，
$$H = SU(m)\times\{1\}$$

であることを証明しよう．射影$p\colon SU(m)\times S^1\to S^1$による$H$の像が$\{1\}$であることを示せばよい．系3.17により，$H$は単連結である．したがって，$i\colon H\to SU(m)\times S^1$を包含写像とすると，合成$p\circ i\colon H\to S^1$は準同型$j\colon H\to\mathbb{R}$に持ち上がる([10]の系17.11.1)．すなわち，$e\colon\mathbb{R}\to S^1$を$e(\theta)=\exp(\sqrt{-1}\theta)$で定義される写像とすると，$p\circ i$は$e\circ j$と書ける．$\mathbb{R}$のコンパクトな部分群は$\{1\}$しかないので，$j(H)=\{1\}$，したがって，$p(H)=\{1\}$が示された． ∎

以上のように，Morse関数を使っていろいろな多様体をハンドル分解できる．その際，臨界点の個数と指数は比較的容易に求められるが，ハンドルの接着写像を求めることは一般には難しい．

§3.3　ハンドルを滑らせる

この節の目標は「ハンドルを滑らせる」(handle sliding)という技法を説明することである．この技法により，ハンドル体の微分同相類を変えずに，ハンドルの接着写像を変えることができる．

Mをm次元の閉じた多様体とし，$f\colon M\to\mathbb{R}$を与えられたMorse関数とする．あらかじめ定理2.34によりfを変形しておき，異なる臨界点は異なる臨界値をもつようにしておく．臨界点の個数は全部で$n+1$個あるとしよう．それらを臨界値の小さいほうから順に並べたものが

$$p_0,\ p_1,\ \cdots,\ p_n$$

であるとする．そしてfに適合する上向きベクトル場Xを1つ選び固定しておく．

定理3.4により，Mはハンドル体

$$M=D^m\cup_{\varphi_1}D^{\lambda_1}\times D^{m-\lambda_1}\cup_{\varphi_2}\cdots\cup_{\varphi_i}D^{\lambda_i}\times D^{m-\lambda_i}\cup_{\varphi_{i+1}}\cdots\cup_{\varphi_n}D^m \tag{3.77}$$

に分解される．ここに，λ_iは臨界点p_iの指数である．

さて上のハンドル分解においてi番目のハンドル$D^{\lambda_i}\times D^{m-\lambda_i}$に着目しよう．以下記号を簡単にするため，0番目からj番目までのハンドルを合わせて得られる「部分ハンドル体」$\mathcal{H}(D^m;\varphi_1,\cdots,\varphi_j)$を

$$N_j$$

という記号で表すことにすると，i 番目のハンドルは接着写像

(3.78)
$$\varphi_i\colon \partial D^{\lambda_i}\times D^{m-\lambda_i}\to \partial N_{i-1}$$

によって N_{i-1} に付いている.「ハンドル $D^{\lambda_i}\times D^{m-\lambda_i}$ を滑らせる」とは，∂N_{i-1} の「アイソトピー」によって接着写像 φ_i を変形することである. まずアイソトピーを定義しよう.

定義 3.20（アイソトピー）　K を k 次元多様体とする. ある開区間 J のなかの実数 t の１つ１つに K の微分同相写像 $h_t\colon K\to K$ が１つずつ対応しているとき，$\{h_t\}_{t\in J}$ を K の微分同相写像の族という. 族 $\{h_t\}_{t\in J}$ が K のアイソトピー(isotopy)であるとは，次の２つの条件が成り立つことである.

（i）　開区間 J は閉区間 $[0,1]$ を含み，パラメータ t が $t\leqq 0$ のとき h_t は t によらず一定で K の恒等写像である：$h_t=h_0=\mathrm{id}_K$. また，$t\geqq 1$ のときも h_t は t によらずに一定で h_1 に等しく，それは K のある微分同相写像 h である：$h_t=h_1=h$.

（ii）　$H(x,t)=(h_t(x),t)$ により定義される写像 $H\colon K\times J\to K\times J$ は微分同相写像である. この意味で h_t はパラメータ t に滑らかに依存する. □

Morse 関数 $f\colon M\to\mathbb{R}$ とそれに適合した上向きベクトル場 X が与えられている状況に戻ろう. (3.77)は f と X から決まるハンドル分解であるとする.

定理 3.21（ハンドルを滑らせる）　臨界点の番号 i をひとつ固定する $(0\leqq i\leqq n)$. 部分ハンドル体 N_{i-1} の境界 ∂N_{i-1} のアイソトピー $\{h_t\}_{t\in J}$ が与えられると，N_{i-1} に付くハンドル $D^{\lambda_i}\times D^{m-\lambda_i}$ の接着写像を φ_i から $h\circ\varphi_i$ に変えることができる. ここに h はアイソトピー $\{h_t\}_{t\in J}$ の $t=1$ に対応する微分同相写像 h_1 である. また i 番目のハンドルの接着写像を，このように変えても，ハンドル分解(3.77)の中の各々の部分ハンドル体 N_j $(0\leqq j\leqq n)$ の微分同相類は変わらない. □

図 3.8 がハンドルを滑らせるというイメージを表している.

定理 3.21 をもう少し正確に述べると次のようになる：

ハンドル分解(3.77)は Morse 関数 f とそれに適合する上向きベクトル場

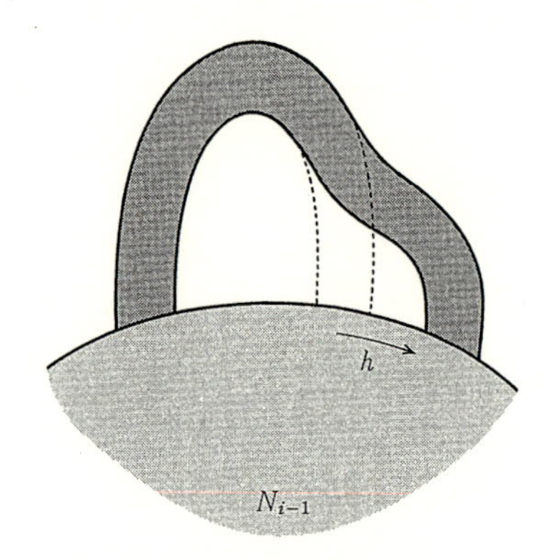

図 3.8　ハンドルを滑らせる.

X で決まったことを思い出そう. ∂N_{i-1} のアイソトピー $\{h_t\}_{t\in J}$ が与えられたとき, Morse 関数 f は変えずに, 上向きベクトル場 X を別の上向きベクトル場 Y に変形し, 新しく f と Y から決まる M のハンドル分解

$$M = D^m \cup_{\psi_1} D^{\lambda_1} \times D^{m-\lambda_1} \cup_{\psi_2} \cdots \cup_{\psi_i} D^{\lambda_i} \times D^{m-\lambda_i} \cup_{\psi_{i+1}} \cdots \cup_{\psi_n} D^m \tag{3.79}$$

が次の性質(i), (ii), (iii)をもつようにできる, というのである.

（i） $i-1$ 番目のハンドルまでは, 接着写像まで込めてハンドル分解の構造は変わらない. すなわち, 新しいハンドル分解(3.79)において, 0 番目から j 番目までのハンドルを合わせた部分ハンドル体を N'_j とおくとき, j が $i-1$ 以下ならば, $N'_j = N_j$ であり, かつ

$$\psi_j = \varphi_j \tag{3.80}$$

である.

（ii） i 番目のハンドルの接着写像 φ_i は次の ψ_i に変わる.

$$\psi_i = h \circ \varphi_i \tag{3.81}$$

ここに, $h\colon \partial N_{i-1} \to \partial N_{i-1}$ ははじめに与えられたアイソトピー $\{h_t\}_{t\in J}$ の $t=1$ に対応する微分同相写像である.

（iii） j $(0 \leqq j \leqq n)$ が何であっても, N'_j の微分同相類は N_j のそれと変わらない. すなわち

$$N'_j \cong N_j. \tag{3.82}$$

定理 3.21 を証明しよう.

［証明］　臨界点 p_j における f の値を c_j とする．ハンドル体(3.77)から出発する．定理3.4の証明により，各 j $(0 \leqq j \leqq n)$ につき，$M_{c_j+\varepsilon}$ を部分ハンドル体 $N_j = \mathcal{H}(D^m : \varphi_1, \cdots, \varphi_j)$ と同一視することができる．ただし ε は十分小さい正の数である．ここで i 番目のハンドルに注目する．

i 番目のハンドルが $M_{c_i-\varepsilon}$ に張り付くときの自然に決まっている接着写像(3.19)を

(3.83) $$\varphi : \partial D^{\lambda_i} \times D^{m-\lambda_i} \to \partial M_{c_i-\varepsilon}$$

と書く．また定理3.4の証明で与えた微分同相写像

(3.84) $$\Phi : M_{c_{i-1}+\varepsilon} \to M_{c_i-\varepsilon}$$

を考える．すると N_{i-1} と $M_{c_{i-1}+\varepsilon}$ を同一視した上で，i 番目のハンドルが N_{i-1} に張り付くときの接着写像 φ_i は

(3.85) $$\varphi_i = \Phi^{-1} \circ \varphi : \partial D^{\lambda_i} \times D^{m-\lambda_i} \to \partial N_{i-1}$$

である(定理3.4参照)．

微分同相写像 Φ のことを少し詳しく考えてみる．$c_{i-1}+\varepsilon$ と $c_i-\varepsilon$ の間には f の臨界値が存在しないので，前の章の定理2.31により，$f^{-1}([c_{i-1}+\varepsilon, c_i-\varepsilon])$ は $\partial M_{c_{i-1}+\varepsilon} \times [0,1]$ に微分同相である：

(3.86) $$f^{-1}([c_{i-1}+\varepsilon, c_i-\varepsilon]) \cong \partial M_{c_{i-1}+\varepsilon} \times [0,1].$$

そしてこの微分同相写像により両者を同一視すると，$\partial M_{c_{i-1}+\varepsilon}$ の各点 p につき，(3.86)の右辺の $\{p\} \times [0,1]$ は，左辺では上向きベクトル場 X の p を通る積分曲線に対応している．

実は(3.86)の微分同相写像をもう少し広い範囲で定義することができる．それは，$[c_{i-1}+\varepsilon, c_i-\varepsilon]$ より少し広い範囲，例えば $[c_{i-1}+\varepsilon/2, c_i-\varepsilon/2]$，にも f の臨界値がないからで，δ を十分小さい正数としたとき，微分同相写像(3.86)は次の微分同相写像

(3.87) $$f^{-1}([c_{i-1}+\varepsilon/2, c_i-\varepsilon/2]) \cong \partial M_{c_{i-1}+\varepsilon} \times [-\delta, 1+\delta]$$

に拡張される．この両辺を同一視すると，やはり右辺の $\{p\} \times [-\delta, 1+\delta]$ は左辺では X の積分曲線に対応している．

問題にしている微分同相写像 Φ を右辺の言葉で言うと，Φ は $\partial M_{c_{i-1}+\varepsilon} \times [-\delta, 0]$ を $\partial M_{c_{i-1}+\varepsilon} \times [-\delta, 1]$ に引き伸ばす微分同相写像である．すなわち，

$$(3.88)\quad \Phi\colon (p,t) \mapsto \left(p,\ \frac{1+\delta}{\delta}t+1\right),\quad \forall (p,t) \in \partial M_{c_{i-1}+\varepsilon} \times [-\delta, 0]$$

である．境界$\partial M_{c_{i-1}+\varepsilon}$に制限してみると，((3.87)の右辺の言葉では)Φは$(p,0)$を$(p,1)$に対応させる写像になっている．

N_{i-1}と$M_{c_{i-1}+\varepsilon}$を同一視し，$\partial M_{c_{i-1}+\varepsilon}$のアイソトピー$\{h_t\}_{t\in J}$が与えられていると考えよう．アイソトピーの定義により，

$$H(x,t) = (h_t(x), t)$$

で定義される写像$H\colon \partial M_{c_{i-1}+\varepsilon} \times J \to \partial M_{c_{i-1}+\varepsilon} \times J$は微分同相写像である．アイソトピーの条件(i)から，Hは$t \leqq 0$と$t \geqq 1$の範囲ではtによらず「一定」である．あとの都合で，Hの上下をひっくり返した

$$\tilde{H}(x,t) = (h_{1-t}(x), t)$$

を考える．$\tilde{H}\colon \partial M_{c_{i-1}+\varepsilon} \times J \to \partial M_{c_{i-1}+\varepsilon} \times J$も微分同相写像であり，$t \leqq 0$と$t \geqq 1$の範囲で一定である．$J$は$[0,1]$を含む開区間であるから，適当に長さを調節して$J$を(3.87)の右辺に現れる$[-\delta, 1+\delta]$の内部の開区間$(-\delta, 1+\delta)$に同一視できる．

(3.87)の両辺を同一視すると，そこに含まれる開集合$M_{c_{i-1}+\varepsilon} \times (-\delta, 1+\delta)$には上向きベクトル場$X$が載っているが，この積分曲線が$\{p\} \times (-\delta, 1+\delta)$であるから，この開集合上では$X$はベクトル場

$$\frac{\partial}{\partial t}$$

であると考えられる．微分同相写像$\tilde{H}\colon \partial M_{c_{i-1}+\varepsilon} \times (-\delta, 1+\delta) \to \partial M_{c_{i-1}+\varepsilon} \times (-\delta, 1+\delta)$により$X$を写した$\tilde{H}_*(X)$を考えると，$\tilde{H}$が$t \leqq 0$と$t \geqq 1$の範囲で一定であることから，その範囲で$\tilde{H}_*(X)$は$\dfrac{\partial}{\partial t}$ $(=X)$のままである．すなわち，開集合$\partial M_{c_{i-1}+\varepsilon} \times (-\delta, 1+\delta)$の上でベクトル場$X$を$\tilde{H}_*(X)$に変えても，つなぎ目($t \leqq 0$と$t \geqq 1$の範囲)のところでもとの$X$のままなので，開集合$\partial M_{c_{i-1}+\varepsilon} \times (-\delta, 1+\delta)$の外ではもとの$X$に滑らかにつながる．こうした変形によって得られた$M$上の新しいベクトル場を$Y$とすると，開集合$\partial M_{c_{i-1}+\varepsilon} \times (-\delta, 1+\delta)$上での$Y$の積分曲線は，図3.9に示されたようになっている．

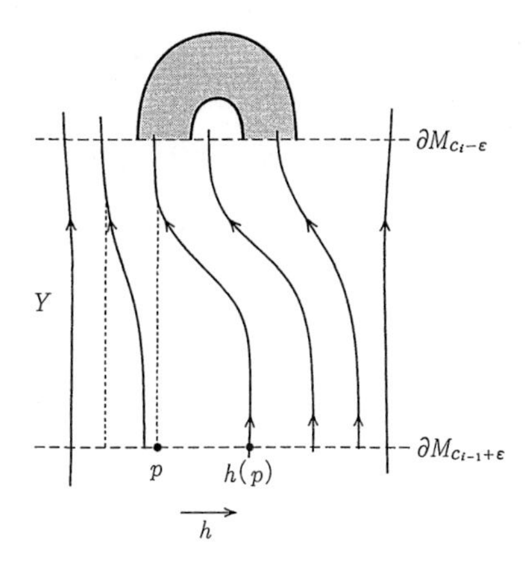

図 3.9 Y の積分曲線

ベクトル場 X の積分曲線に沿って「流す」写像として微分同相写像 $\Phi\colon M_{c_{i-1}+\varepsilon} \to M_{c_i-\varepsilon}$ が決まったように，ベクトル場 Y の積分曲線に沿って流すことにより微分同相写像

$$\Psi\colon M_{c_{i-1}+\varepsilon} \to M_{c_i-\varepsilon} \tag{3.89}$$

が決まる．Ψ を境界 $\partial M_{c_{i-1}+\varepsilon}$ に制限すると，図 3.9 からわかるように，Ψ は((3.87)の右辺の記号で)点 $(h(p),0)$ を点 $(p,1)$ に写すものになっている．ここに p は $\partial M_{c_{i-1}+\varepsilon}$ の任意の点である．

したがって f と Y によって決まるハンドル分解においては，i 番目のハンドルは $N_{i-1}=M_{c_{i-1}+\varepsilon}$ に，接着写像

$$\Psi^{-1}\circ\varphi = h\circ\varphi_i \tag{3.90}$$

で張り付く．

$i-1$ 番目以下のハンドル体の上では X と Y は同じであるので，$i-1$ 番目以下のハンドル体の構造は不変である．またどの番号 j についても $N_j=M_{c_j+\varepsilon}$ の微分同相類が変わらないことは，$M_{c_j+\varepsilon}$ の定義($M_{c_j+\varepsilon}=\{p\in M \mid f(p)\leqq c_j+\varepsilon\}$)が上向きベクトル場に無関係であることから明らかである．

これで定理 3.21(ハンドルを滑らせる)が証明された． ∎

定理 3.21 の応用として次の定理を示そう．

定理 3.22(臨界点の整列) M を m 次元の閉じた多様体，$f\colon M\to\mathbb{R}$ を

その上の Morse 関数とする．このとき f を変形して，変形後の f が次の条件(∗)を満たすようにすることができる．

(∗)　f の任意の臨界点 p_i と p_j について，$f(p_i)<f(p_j)$ ならば $\mathrm{index}(p_i) \leqq \mathrm{index}(p_j)$ である．ここに index は臨界点の指数を表す．□

臨界値が大きくなっていくに従って，指数のほうもしだいに(広義単調増加の意味で)大きくなるようにすることができるというのである．

この定理は関数の変形について述べているが，証明は，与えられた $f\colon M \to \mathbb{R}$ に伴うハンドル分解を利用するもので，幾何的である．いくつかの補題を準備してから証明しよう．

補題 3.23（一般の位置）　k 次元多様体 K のなかに，次元がそれぞれ s_1, s_2 であるようなコンパクト部分多様体 S_1 と S_2 があるとする．もし

$$s_1+s_2<k \tag{3.91}$$

であれば，$h_0=\mathrm{id}_K$ かつ

$$h_1(S_1)\cap S_2=\varnothing \tag{3.92}$$

であるような K のアイソトピー $\{h_t\}_{t\in J}$ が存在する．□

すなわち，条件(3.91)が満たされれば，S_1 を K のアイソトピー $\{h_t\}_{t\in J}$ で動かして S_2 から引き離すことができるというのである．別の言葉で言えば，K の次元に較べて S_1 と S_2 の次元が(不等式(3.91)が成り立つくらい)低いとき，S_1 と S_2 の位置関係としては，「交わらない」という位置関係が最も一般的な位置関係だというのである．

［証明］　簡単のため「S_1 は $S_1\times\mathrm{int}(D^{k-s_1})$ に微分同相な開近傍 U をもっている」と仮定しよう．$\mathrm{int}(D^{k-s_1})$ は $k-s_1$ 次元円板 D^{k-s_1} の内部である．また，部分多様体 S_1 自身は直積 $S_1\times\mathrm{int}(D^{k-s_1})$ のなかで $S_1\times\{\mathbf{0}\}$ に対応しているものとする．ただし $\mathbf{0}$ は D^{k-s_1} の中心である．この本ではこの「 」の条件が成り立つときにしか補題 3.23 を使わないので，このように仮定しても差し支えない．

U を直積 $S_1\times\mathrm{int}(D^{k-s_1})$ と同一視し，

$$\pi\colon U \to \mathrm{int}(D^{k-s_1}) \tag{3.93}$$

を直積の第2因子 $\mathrm{int}(D^{k-s_1})$ への射影とする．この π で $S_2\cap U$ を $\mathrm{int}(D^{k-s_1})$

のなかへうつすと，仮定(3.91)により

$$\dim(S_2 \cap U) = s_2 < k - s_1 = \dim(D^{k-s_1}) \tag{3.94}$$

であるから，像 $\pi(S_2 \cap U)$ は $\mathrm{int}(D^{k-s_1})$ のなかの次元の低い集合であり，したがって「疎な集合(nowhere dense subset)」になっている．すなわち，$\mathrm{int}(D^{k-s_1})$ のどの点 p のどんな近くにも $\pi(S_2 \cap U)$ に含まれない点が存在する．(厳密にいえば，この事実は次元差のある場合の Sard の定理の特別な場合である．文献[13]参照.) $\mathrm{int}(D^{k-s_1})$ の中心 $\mathbf{0}$ の十分近くの点であって，$\pi(S_2 \cap U)$ に含まれないもの p_0 をとっておく．

円板の内部 $\mathrm{int}(D^{k-s_1})$ のアイソトピー $\{j_t\}_{t\in J}$ で次の性質(i),(ii)をもつものが存在する(演習問題 3.2)．

(i) $j_0 = \mathrm{id}$ かつ $j_1(\mathbf{0}) = p_0$,

(ii) 任意の t について，j_t は D^{k-s_1} の半分の半径の同心円板 $\dfrac{1}{2}D^{k-s_1}$ の外では常に恒等写像である．

このアイソトピー $\{j_t\}_{t\in J}$ を用いて，$U = S_1 \times \mathrm{int}(D^{k-s_1})$ のアイソトピー $\{h_t\}_{t\in J}$ を

$$h_t(p, \boldsymbol{x}) = (p, j_t(\boldsymbol{x})), \quad \forall (p, \boldsymbol{x}) \in S_1 \times \mathrm{int}(D^{k-s_1}), \quad \forall t \in J \tag{3.95}$$

のように構成する．アイソトピー $\{j_t\}_{t\in J}$ の条件(ii)により，いま構成したアイソトピー $\{h_t\}_{t\in J}$ は太さが半分の直積 $S_1 \times \dfrac{1}{2}D^{k-s_1}$ の外では恒等写像であるから，U の外では恒等写像と定義することによって K 全体のアイソトピーに拡張できる．拡張したアイソトピーを再び $\{h_t\}_{t\in J}$ と書く．このアイソトピーで S_1 を動かすと，構成(3.95)からわかるように，$h_1(S_1)$ は U のなかの $S_1 \times \{p_0\}$ になるはずである．すると p_0 の選び方から，$S_1 \times \{p_0\}$ は $S_2 \cap U$ に交わらない．したがって

$$h_1(S_1) \cap S_2 = \emptyset$$

が成り立つ．これで補題 3.23 が証明された． ∎

先に進むために，次の定義をする．Morse 関数 $f\colon M \to \mathbb{R}$ とそれに適合した上向きベクトル場 X が与えられている状況を考える．臨界点 p_i の臨界値は c_i，指数は λ_i であるとする．

定義 3.24（下向き円板と上向き円板）

$$M_{[c_{i-1}+\varepsilon,\, c_i+\varepsilon]} = \{p \in M \mid c_{i-1}+\varepsilon \leqq f(p) \leqq c_i+\varepsilon\}$$

の範囲にある点 p であって，それを X の積分曲線に沿って動かしていくと，パラメータ t が $t \to +\infty$ のとき臨界点 p_i に向かって収束してゆくようなもの全体からなる集合を**臨界点 p_i に付随する下向き円板**(left-hand disk)と呼ぶ．ただし，下向き円板には臨界点 p_i 自身も含まれているものとする．また，同じ範囲 $M_{[c_{i-1}+\varepsilon,\, c_i+\varepsilon]}$ にある点 p であって，X の積分曲線上を X とは逆方向に動かして行くと，$t \to -\infty$ のとき臨界点 p_i に収束してゆくようなもの全体からなる集合を**臨界点 p_i に付随する上向き円板**(right-hand disk)と呼ぶ．ただし，上向き円板には臨界点 p_i 自身も含まれているものとする(図3.10)．

p_i に付随する下向き円板，上向き円板を記号でそれぞれ

$$D_l(p_i), \quad D_u(p_i)$$

と表す．添え字の l と u はそれぞれ lower と upper からの連想による．　□

注意　下向き円板と上向き円板に対応する英語表現が left-hand disk と right-hand disk であるのは奇異に感じられるかも知れないが，left-hand disk と right-hand disk は Milnor の本[4]の術語であり，下向き円板，上向き円板の方は筆者による仮の術語である．Milnor の術語では「上向きベクトル場」の気分にそぐわないので，ここでは下向き，上向きという言葉を使うことにした．

上向きベクトル場 X が p_i の近傍では f の勾配ベクトル場になっていることと，下向き円板 $D_l(p_i)$ の定義および臨界点 p_i のまわりの f の標準形(3.8)

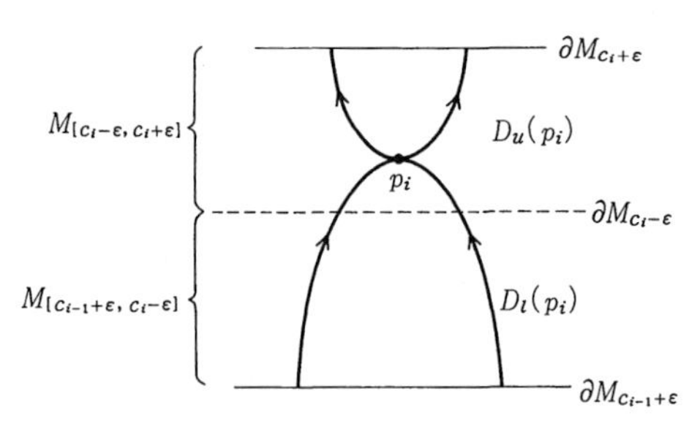

図 3.10　上向き円板と下向き円板

から

(3.96)

$$D_l(p_i) \cap M_{[c_i-\varepsilon,\, c_i+\varepsilon]} = \{(x_1, \cdots, x_m) \mid x_1^2 + \cdots + x_{\lambda_i}^2 \leqq \varepsilon,\ x_{\lambda_i+1} = \cdots = x_m = 0\}$$

がわかる．この共通部分は λ_i 次元円板である．また

(3.97)

$$D_l(p_i) \cap M_{[c_{i-1}+\varepsilon,\, c_i-\varepsilon]} \cong \text{上の } \lambda_i \text{ 次元円板の境界} \times [c_{i-1}+\varepsilon, c_i-\varepsilon]$$

である．

$D_l(p_i)$ は(3.96)と(3.97)の和集合であるから，それ自身 λ_i 次元円板に微分同相である．

同様に $D_u(p_i)$ は $m-\lambda_i$ 次元円板に微分同相である．

$M_{c_i+\varepsilon}$ を $M_{c_{i-1}+\varepsilon}$ に λ_i-ハンドルを張り付けたものと考えたとき，下向き円板 $D_l(p_i)$ は λ_i-ハンドルの心棒に相当し，上向き円板 $D_u(p_i)$ は太さを表す円板に相当している．

下向き円板 $D_l(p_i)$ の境界 $\partial D_l(p_i)$ は λ_i-ハンドルの接着写像 φ_i によって $\partial M_{c_{i-1}+\varepsilon}$ に埋め込まれている．また，1 つ前の臨界点 p_{i-1} の上向き円板 $D_u(p_{i-1})$ の境界 $\partial D_u(p_{i-1})$ も同じ $\partial M_{c_{i-1}+\varepsilon}$ に埋め込まれた球面になっていることに注意しよう．

このとき次の補題が成り立つ．

補題 3.25 (ハンドルの引き離し)　臨界点の番号 i を 1 つ固定する．もし $\mathrm{index}(p_{i-1}) \geqq \mathrm{index}(p_i)$ であれば，Morse 関数 $f\colon M \to \mathbb{R}$ はそのままで，上向きベクトル場 X を別の上向きベクトル場 Y に変形し，それによって接着写像 φ_i を ψ_i に変えて

(3.98)
$$\psi_i(\partial D_l(p_i)) \cap \partial D_u(p_{i-1}) = \varnothing$$

となるようにすることができる．この変形は 0 番目から $i-1$ 番目までのハンドルの様子を変えない．

［証明］　臨界点 p_{i-1} と p_i の指数をそれぞれ λ_{i-1} と λ_i とする．仮定により

$$\lambda_{i-1} \geqq \lambda_i \tag{3.99}$$

である．また，$D_u(p_{i-1})$ と $D_l(p_i)$ の次元は

$$\dim(D_u(p_{i-1})) = m - \lambda_{i-1}, \quad \dim(D_l(p_i)) = \lambda_i$$

である．これらの円板の境界になっている球面の次元を考え，不等式(3.99)を使うと

(3.100)

$$\begin{aligned}\dim(\partial D_u(p_{i-1})) + \dim(\partial D_l(p_i)) &= (m - \lambda_{i-1} - 1) + (\lambda_i - 1) \\ &= m - 2 + (\lambda_i - \lambda_{i-1}) < m - 1\end{aligned}$$

が得られる．$\dim(\partial M_{c_{i-1}+\varepsilon}) = m-1$ であるから，補題3.23(一般の位置)によって，像 $\varphi_i(\partial D_l(p_i))$ を $\partial D_u(p_{i-1})$ から引き離す $\partial M_{c_{i-1}+\varepsilon}$ のアイソトピー $\{h_t\}_{t\in J}$ が存在する．(補題3.23の証明のなかで仮定された「直積の形の近傍が存在する」という条件は，ハンドルの接着球面 $\varphi_i(\partial D_l(p_i))$ については満たされている．) このアイソトピーは

$$h_1(\varphi_i(\partial D_l(p_i))) \cap \partial D_u(p_{i-1}) = \varnothing \tag{3.101}$$

という条件を満たしている．

ここに定理3.21(ハンドルを滑らせる)を使うと，i 番目のハンドルの接着写像 φ_i を $h_1 \circ \varphi_i$ に変えることができる．新しい接着写像を ψ_i と書けば，式(3.101)から明らかに $\psi_i(\partial D_l(p_i)) \cap \partial D_u(p_{i-1}) = \varnothing$ が成り立つ．

$i-1$ 番目以下のハンドル体に変化のないのは定理3.21から明らかである．これで補題3.25が証明できた． ∎

次の補題でも，Morse 関数 $f: M \to \mathbb{R}$ とそれに適合する上向きベクトル場 X が固定されているとする．

補題 3.26 (臨界値の上げ下げ)　Morse 関数 f の引き続く2つの臨界点 p_{i-1}, p_i を含む範囲

$$M_{[c_{i-2}+\varepsilon, c_i+\varepsilon]} \tag{3.102}$$

を考える．この範囲(3.102)にある点 p であって，それを X の積分曲線に沿って動かしていくとパラメータ t が $t \to +\infty$ または $t \to -\infty$ のとき臨界点 p_{i-1} に収束していくような点 p の全体の集合を $K(p_{i-1})$ とする．$K(p_{i-1})$ に

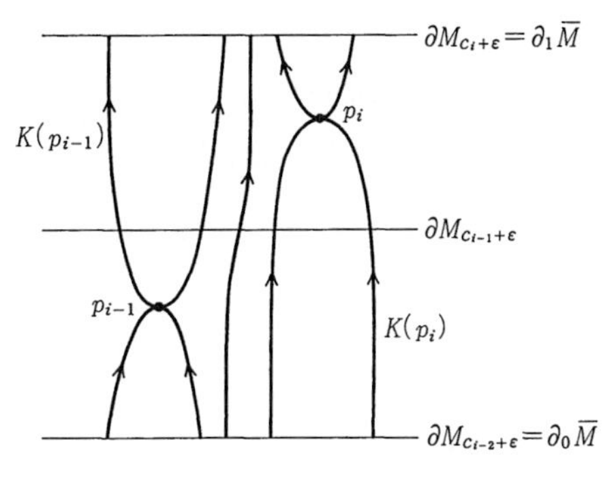

図 3.11　$K(p_{i-1})$ と $K(p_i)$

は p_{i-1} 自身も含まれるものとする．臨界点 p_i に対応する同様の集合を $K(p_i)$ とする(図 3.11 参照)．

このとき，もし

(3.103)
$$K(p_{i-1}) \cap K(p_i) = \varnothing$$

であれば，Morse 関数 $f: M \to \mathbb{R}$ を別の Morse 関数 $g: M \to \mathbb{R}$ に変えて，g が次の性質をもつようにすることができる．ただし，条件(iii)のなかの a, b は予め任意に与えられた実数で，$c_{i-2}+\varepsilon$ より大きく $c_i+\varepsilon$ より小さいものである．

(i)　g は(3.102)の領域の外では f に一致する．

(ii)　g と f について，臨界点の集合とそれらの指数は一致する．

(iii)　$g(p_{i-1})=a$ かつ $g(p_i)=b$ である．　□

2 つの集合 $K(p_{i-1})$ と $K(p_i)$ に共通部分がなければ，臨界点 p_{i-1} と p_i における関数値を自由に上げ下げして，それぞれ予め指定された実数 a と b になるようにすることができるというのである．

[証明]　記号を簡単にするため

(3.104)
$$\overline{M} = M_{[c_{i-2}+\varepsilon,\, c_i+\varepsilon]}, \quad \partial_0\overline{M} = f^{-1}(c_{i-2}+\varepsilon), \quad \partial_1\overline{M} = f^{-1}(c_i+\varepsilon)$$

とおく．$\overline{M}$ は境界のある多様体で，その境界は $\partial_0\overline{M}$ と $\partial_1\overline{M}$ の非交和であ

る:

$$\partial\overline{M} = \partial_0\overline{M} \sqcup \partial_1\overline{M}\,.$$

$\overline{M}-K(p_{i-1})\cup K(p_i)$ の点 p を通る X の積分曲線は $\partial_0\overline{M}$ から入り $\partial_1\overline{M}$ に抜ける(図3.11参照).

$\partial_0\overline{M}$ 上の C^∞ 級関数

(3.105)
$$h\colon \partial_0\overline{M} \to \mathbb{R}$$

で次の2条件(A),(B)を満たすものを選ぶ．このような関数 h の存在は多様体論で知られている([11] §14，例2参照).

(A)　$0 \leqq h \leqq 1$,

(B)　h は $K(p_{i-1})\cap\partial_0\overline{M}$ のある開近傍上で0になり，$K(p_i)\cap\partial_0\overline{M}$ のある開近傍上で1になる.

関数 h を使って，$\overline{M}$ 上の C^∞ 級関数

(3.106)
$$\overline{h}\colon \overline{M} \to \mathbb{R}$$

を次のように構成する: $\overline{M}-K(p_{i-1})\cup K(p_i)$ の点 p については，p を通る X の積分曲線が $\partial_0\overline{M}$ と交わる点 q が唯1つ確定するから,

$$\overline{h}(p) = h(q)$$

とおく．また $K(p_{i-1})$ 上での $\overline{h}$ の値は0，$K(p_i)$ 上での値は1と定める．h の条件(B)により，$\overline{h}$ は多様体 $\overline{M}$ 上の C^∞ 級関数になる．また X の各々の積分曲線(または $K(p_{i-1})$ や $K(p_i)$)上で $\overline{h}$ の値は一定である.

以下，補題3.26の証明が終わるまで，言葉の節約のために「積分曲線」を少し拡張された意味に使う．すなわち，ここで積分曲線と言えば，X の通常の積分曲線か，または $K(p_{i-1})$ または $K(p_i)$ を指すことにする.

補題3.26の証明のアイデアは，まず区間 $[0,1]$ 内を動くパラメータ s があるとして，区間 $[c_{i-2}+\varepsilon, c_i+\varepsilon]$ 上の C^∞ 級の狭義単調増加関数の族 $\{g_s\}_{s\in[0,1]}$ を，それがパラメータ s $(0\leqq s\leqq 1)$ に C^∞ 級に依存するように構成する．上に述べたように各積分曲線上で $\overline{h}$ の値は一定である．1つの積分曲線に注目し，その上で $\overline{h}$ の一定値が s だとすると，新しい関数 g をその積分曲線上で，$g(p)=g_s(f(p))$ とおいて定義するのである．各 $g_s(x)$ が x に関して狭義単調増加であり，各積分曲線上で点が $\partial_0\overline{M}$ から $\partial_1\overline{M}$ まで動いて行くと，f

は $c_{i-2}+\varepsilon$ から $c_i+\varepsilon$ まで単調に増加するので，$g_s(f(p))$ も積分曲線上で単調に増加する．また $s=0$ のときは $g_0(f(p_{i-1}))=a$，$s=1$ のときは $g_1(f(p_i))=b$，となるように g_s を決めておけば，g に関する条件(iii)も満たされることになる．これが証明のアイデアである．

正確には次のようにして構成する．

(3.107) $$G\colon [c_{i-2}+\varepsilon, c_i+\varepsilon]\times[0,1] \to [c_{i-2}+\varepsilon, c_i+\varepsilon]$$

を次の 3 条件(a), (b), (c)を満たす C^∞ 級関数とする．

(a) s を 1 つ止めるごとに，$G(x,s)$ は x の関数として狭義単調増加であり，x が $c_{i-2}+\varepsilon$ から $c_i+\varepsilon$ まで増加すると $G(x,s)$ も $c_{i-2}+\varepsilon$ から $c_i+\varepsilon$ まで増加する．(証明のアイデアのところで述べた関数 $g_s(x)$ は $G(x,s)$ に相当している．)

(b) $G(f(p_{i-1}),0)=a$,　$G(f(p_i),1)=b$.

(c) 任意の s につき，x が $c_{i-2}+\varepsilon$ または $c_i+\varepsilon$ の十分小さい近傍に入っていれば $G(x,s)=x$ が成り立つ．また臨界値 $f(p_{i-1})$ の近傍の x について

$$\frac{\partial}{\partial x}G(x,0)=1,$$

臨界値 $f(p_i)$ の近傍の x について

$$\frac{\partial}{\partial x}G(x,1)=1$$

が成り立つ．

このような関数 $G(x,s)$ が存在することの証明は演習問題としよう(演習問題 3.3 参照)．

求める新しい Morse 関数 $g\colon M\to\mathbb{R}$ は

$$g(p)=G(f(p),\overline{h}(p))$$

と定義すればよい．g が条件(i), (ii), (iii)を満たすことは容易に確かめられる．

これで補題 3.26(臨界値の上げ下げ)が証明された．∎

以上の準備をもとに，臨界点を整列させる定理 3.22 を証明しよう．$f\colon M\to$

$\mathbb{R}$ を与えられた Morse 関数とし，X をそれに適合した上向きベクトル場とする．臨界点は $n+1$ 個あるとし，すべて異なる臨界値をもつと仮定する．それらを臨界値の小さい順に並べたものが

$$p_0,\ p_1,\ \cdots,\ p_n$$

であったとしよう．p_i の臨界値を c_i と書くと

$$c_0 < c_1 < \cdots < c_n$$

である．

p_i の指数 $\mathrm{index}(p_i)$ も小さい順に並んでいればよいが，ある番号 i のところで

$$\mathrm{index}(p_{i-1}) > \mathrm{index}(p_i)$$

のように，指数の逆転が起こっているとする．補題 3.25(ハンドルの引き離し)により，$f: M \to \mathbb{R}$ に適合したベクトル場 X を Y に変えて，p_i に付随する下向き円板 $D_l(p_i)$ の境界 $\partial D_l(p_i)$ と p_{i-1} に付随する上向き円板 $D_u(p_{i-1})$ の境界 $\partial D_u(p_{i-1})$ が $f^{-1}(c_{i-1}+\varepsilon)\,(=\partial M_{c_{i-1}+\varepsilon})$ のなかで交わらないようにすることができる．すると $\partial D_l(p_i)$ を Y を遡って下の方向に($M_{[c_{i-2}+\varepsilon,\ c_{i-1}+\varepsilon]}$ の中に)流していっても p_{i-1} に向かって収束していくことはなく，また $\partial D_u(p_{i-1})$ を Y に沿って上の方向に($M_{[c_{i-1}+\varepsilon,\ c_i+\varepsilon]}$ の中に)流していっても p_i に向かって収束していくことはない(図 3.11 参照)．

したがって，$M_{[c_{i-2}+\varepsilon,\ c_i+\varepsilon]}$ の中で，$K(p_{i-1})$ と $K(p_i)$ は交わらないので，補題 3.26(臨界値の上げ下げ)が使える．この補題における a と b を $a>b$ であるように選んでおけば，$f: M \to \mathbb{R}$ を $M_{[c_{i-2}+\varepsilon,\ c_i+\varepsilon]}$ の中で変えて $g: M \to \mathbb{R}$ とし，g については

$$g(p_{i-1}) = a > b = g(p_i)$$

が成り立つようにできる．p_{i-1} と p_i 以外の臨界点での g の値は f と変わらない．要するに，p_{i-1} は p_i より関数値が低いのに指数が大きかったのだが，その p_{i-1} の関数値を引き上げて，p_i よりも高い位置にもってきたのである．

こうして，p_{i-1} のほうが指数，臨界値ともに p_i より大きくなったので，p_{i-1} と p_i の名前をつけかえて，p_{i-1} を p_i，p_i を p_{i-1} と呼ぶことにし，あらためて a を c_i，b を c_{i-1} と考えれば，

$$g(p_{i-1}) < g(p_i), \qquad \mathrm{index}(p_{i-1}) < \mathrm{index}(p_i)$$

となって，$i-1$ 番目と i 番目の臨界値と指数の逆転現象は是正されたわけである．このようにひとつずつ逆転を是正していけば，有限個のステップの後には，すべての逆転が是正されて，臨界値の大小の順と指数の順が一致するようになる．

これで定理 3.22(臨界点の整列)が証明された．

指数の逆転を修正するプロセスがすべて終了した後の状況を，ハンドル分解の言葉で言うと，指数が同じかまたは増える順に 1 つずつハンドルを付けて M を表すハンドル体ができている，ということになる．

じつは定理 3.22 の証明をもう少し詳しく見ると，同じ指数のハンドルは 1 つずつでなくとも，一遍に付けられる，ということがわかる．次の定理がそれを言っている．

定理 3.27（同じ指数のハンドルは同時に付けられる） m 次元多様体 M とその上の Morse 関数 $f\colon M \to \mathbb{R}$ が与えられたとき，f を別の Morse 関数 g に修正して，g については次の(i), (ii), (iii)が成り立つようにすることができる．

（i） f と g とは同じ個数の臨界点をもつ．さらに任意の指数について，その指数をもつ臨界点の個数も f と g で共通である．

（ii） g の臨界点 p_i と p_j について，$\mathrm{index}(p_i) < \mathrm{index}(p_j)$ ならば $g(p_i) < g(p_j)$ である．

(iii) また，$\mathrm{index}(p_i) = \mathrm{index}(p_j)$ ならば $g(p_i) = g(p_j)$ である． □

図 3.12 が Morse 関数 g の臨界点の様子を表している．この図からわかるように，$\lambda-1$ まで指数のハンドルをすべて付け終えたハンドル体 $N_{\lambda-1}$ に，r 個の λ-ハンドルの非交和

$$D^\lambda \times D^{m-\lambda} \sqcup \cdots \sqcup D^\lambda \times D^{m-\lambda}$$

を一遍に張り付けたものが N_λ である．ただし，r は指数 λ のハンドルすべての個数である．

［証明］ 定理 3.27 の証明の概略を述べよう．定理 3.22 の証明のなかで $f(p_{i-1}) < f(p_i)$ かつ $\mathrm{index}(p_{i-1}) > \mathrm{index}(p_i)$ であるような臨界点 p_{i-1} と p_i に

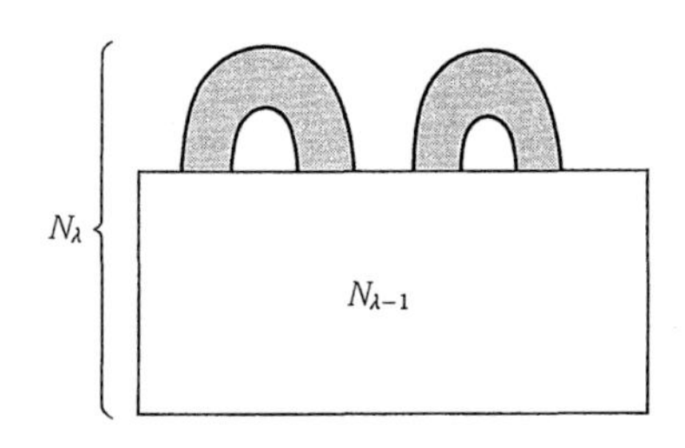

図 3.12　同じ指数のハンドルは同時に付けられる.

ついて補題 3.25(ハンドルの引き離し)を適用したが，補題 3.25 は $f(p_{i-1}) < f(p_i)$ かつ $\mathrm{index}(p_{i-1}) = \mathrm{index}(p_i)$ であるような臨界点 p_{i-1}, p_i についても適用できる．そこで，p_{i-1} と p_i の指数が等しいとき，補題 3.25 を使って $K(p_{i-1})$ と $K(p_i)$ を交わらないようにする．そうすると補題 3.26(臨界値の上げ下げ)を使って p_{i-1} と p_i の臨界値が自由に調整できるので，両者の臨界値が等しくなるように関数を変形すればよい． ∎

§3.4　ハンドルを消去する

この節では，引き続く 2 つの臨界点が，ある条件のもとに対になって消滅してしまうという現象を紹介する．例によって，閉じた m 次元多様体 M とその上の Morse 関数 $f\colon M \to \mathbb{R}$ が与えられており，f に適合する上向きベクトル場 X が固定されているとする．そして f は $n+1$ 個の臨界点

$$p_0, p_1, \cdots, p_n \tag{3.108}$$

をもち，臨界値はすべて異なり，しかも(3.108)は臨界値の小さい順に並んでいるとする．すなわち，$c_j = f(p_j)$ とおくとき，

$$c_0 < c_1 < \cdots < c_n$$

である．ある番号 i に注目し，引き続く 2 つの臨界点を含む範囲 $M_{[c_{i-2}+\varepsilon,\, c_i+\varepsilon]}$ を考える．補題 3.26 の証明のときのように，この範囲のことを $\overline{M}$ という記号で表すことにする．

定理 3.28 (ハンドルを消去する)　$\overline{M}$ のなかの臨界点 p_{i-1}, p_i について，

次の2条件を仮定する.

(i) p_i の指数は p_{i-1} の指数より1つだけ大きい. すなわち, $\mathrm{index}(p_{i-1})=\lambda$ とおくと, $\mathrm{index}(p_i)=\lambda+1$ である.

(ii) p_i に付随する下向き円板の境界 $\partial D_l(p_i)$ と p_{i-1} に付随する上向き円板の境界 $\partial D_u(p_{i-1})$ は, 2つの臨界点を分ける等位面 $f^{-1}(c_{i-1}+\varepsilon)$ のなかで横断的に唯1点で交わる. (「横断的に交わる」ということの意味はすぐあとで説明するが, 大体「直角に交わる」ことだと思えばよい.)

仮定(i), (ii)のもとに f を別の Morse 関数 g に変えて, g が次の2性質をもつようにすることができる.

(A) g は $\overline{M}$ の内部に臨界点がない.

(B) g は $\overline{M}$ の境界付近およびその外部で f に一致する. □

(A)により, f から g に移ると, $\overline{M}$ のなかの臨界点 p_{i-1} と p_i が対になって消滅していることがわかる.

g に適合する上向きベクトル場 Y を選ぼう. (B)により, Y は, f に適合する上向きベクトル場 X と $\overline{M}$ の外部では一致しているとしてよい. g と Y で決まる M のハンドル分解においては, p_{i-1} に対応していたハンドルと p_i に対応していたハンドルとが対になって消滅したわけである.

証明に入る前に,「横断的に交わる」ということを定義しておこう.

定義 3.29 (横断的に交わる) k 次元多様体 K 内に a 次元多様体 A と b 次元多様体 B があって, $k=a+b$ であるとする. K の点 q_0 において A と B が**横断的に交わる**(transversely intersect)とは, q_0 の開近傍 U と U 内の局所座標系 $(x_1,\cdots,x_k)$ が存在して, この局所座標系を用いると $A\cap U$ は $x_{a+1}=x_{a+2}=\cdots=x_k=0$ と書け, $B\cap U$ は $x_1=x_2=\cdots=x_a=0$ と書けることである. (このことから, q_0 は, 局所座標系 $(x_1,\cdots,x_k)$ の原点 $(0,\cdots,0)$ であることがわかる.) □

定理 3.28 に現れた等位面 $f^{-1}(c_{i-1}+\varepsilon)$ は $m-1$ 次元の多様体であり, このなかに埋め込まれている $\partial D_l(p_i)$ と $\partial D_u(p_{i-1})$ の次元はそれぞれ, λ と $m-\lambda-1$ である. したがって

$$\dim f^{-1}(c_{i-1}+\varepsilon)=\dim\partial D_l(p_i)+\dim\partial D_u(p_{i-1})$$

が成り立つ．下向き円板 $D_l(p_i)$ の境界と上向き円板 $D_u(p_{i-1})$ の境界が等位面 $f^{-1}(c_{i-1}+\varepsilon)$ のなかで1点において横断的に交わることは，次元から見て確かに起きうる事態である．

定理3.28の証明の概略を述べよう．

［証明］ f の等位面 $f^{-1}(c_{i-1}+\varepsilon)$ の中で，$\partial D_l(p_i)$ と $\partial D_u(p_{i-1})$ は唯1点で横断的に交わる．その交点を q_0 とすると，q_0 を通る X の積分曲線 $C=C(t)$ は次の性質をもつ．すなわち，C 上の点はパラメータが $t\to+\infty$ のとき $C(t)\to p_i$（臨界点 p_i に収束し），$t\to-\infty$ のとき $C(t)\to p_{i-1}$（臨界点 p_{i-1} に収束する）．また，この性質をもつ X の積分曲線は C しかない．以下，C には両端の p_{i-1} と p_i を含ませることとし，コンパクトな線分として考えることにする．

臨界点 p_{i-1} の指数は λ であるから，第2章の上向きベクトル場の定義2.29により，p_{i-1} の近傍 V_1 で適当な局所座標系 $(x_1,\cdots,x_m)$ をとると，X は

(3.109)

$$X=-2x_1\frac{\partial}{\partial x_1}-\cdots-2x_\lambda\frac{\partial}{\partial x_\lambda}+2x_{\lambda+1}\frac{\partial}{\partial x_{\lambda+1}}+\cdots+2x_m\frac{\partial}{\partial x_m}$$

と書ける．あとの都合から，x_1 と $x_{\lambda+1}$ の役目を入れ換えることにし，p_{i-1} のまわりの X の形は

$$(3.110)\quad X=2x_1\frac{\partial}{\partial x_1}-2x_2\frac{\partial}{\partial x_2}-\cdots-2x_\lambda\frac{\partial}{\partial x_\lambda}$$
$$-2x_{\lambda+1}\frac{\partial}{\partial x_{\lambda+1}}+2x_{\lambda+2}\frac{\partial}{\partial x_{\lambda+2}}+\cdots+2x_m\frac{\partial}{\partial x_m}$$

であると仮定しておく．

臨界点 p_i の指数は $\lambda+1$ であるから，p_i の近傍 V_2 で適当な局所座標系 $(y_1,\cdots,y_m)$ をとると，

(3.111)

$$X=-2y_1\frac{\partial}{\partial y_1}-\cdots-2y_{\lambda+1}\frac{\partial}{\partial y_{\lambda+1}}+2y_{\lambda+2}\frac{\partial}{\partial y_{\lambda+2}}+\cdots+2y_m\frac{\partial}{\partial y_m}$$

と書ける．

(3.110)と(3.111)の表示は積分曲線 C の両端の近傍 V_1 と V_2 での表示であるが，実は C 全体の開近傍 U とそのなかの局所座標系 $(x_1, \cdots, x_m)$ を見つけて，次の(i), (ii), (iii)が成り立つようにできるのである．

(i) この局所座標系での p_{i-1} の座標は $(0, 0, \cdots, 0)$ である．

(ii) p_i の座標は $(1, 0, \cdots, 0)$ である．

(iii) U 上で X は

$$X = 2v(x_1)\frac{\partial}{\partial x_1} - 2x_2\frac{\partial}{\partial x_2} - \cdots - 2x_{\lambda+1}\frac{\partial}{\partial x_{\lambda+1}} + 2x_{\lambda+2}\frac{\partial}{\partial x_{\lambda+2}} + \cdots + 2x_m\frac{\partial}{\partial x_m} \tag{3.112}$$

と書ける．ここに，$v(x_1)$ は x_1 を変数とする C^∞ 級の 1 変数関数で，$-\delta < x_1 < 1+\delta$ の範囲で定義されている．ただし，δ は小さな正数．そして x_1 が 0 の近傍にあれば，$v(x_1) = x_1$ であり，x_1 が 1 の近傍にあれば，$v(x_1) = 1 - x_1$ である．$0 < x_1 < 1$ の範囲では $v(x_1) > 0$ である(図 3.13 参照)．

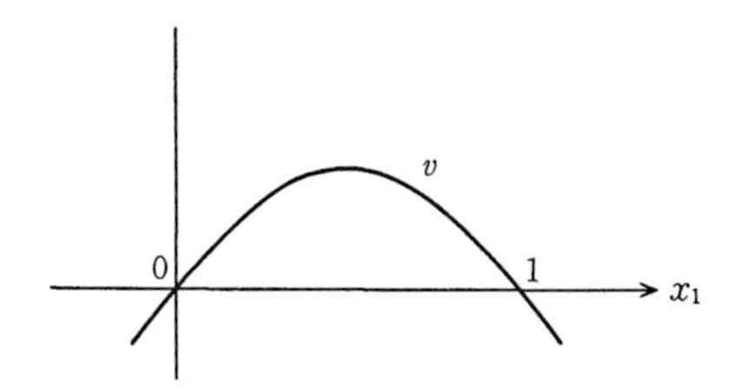

図 3.13 関数 v

$v(x_1)$ に関する条件から，X の表示(3.112)は p_{i-1} の近傍では(3.110)に一致し，p_i の近傍では(座標変換 $(y_1, y_2, \cdots, y_m) = (x_1 - 1, x_2, \cdots, x_m)$ をした上で)(3.111)に一致する．図 3.14 は U 上での X の様子を表している．

定理 3.28 の証明で一番手数のかかるのが，C の近傍 U のなかの，上のような性質をもつ局所座標系 $(x_1, x_2, \cdots, x_m)$ の構成である．C の両端の近傍 V_1 と V_2 を X の積分曲線に沿って変形して張り合わせる議論をていねいに行う必要がある．Milnor の本[4]では 12 ページにわたって詳しい証明がつけられ

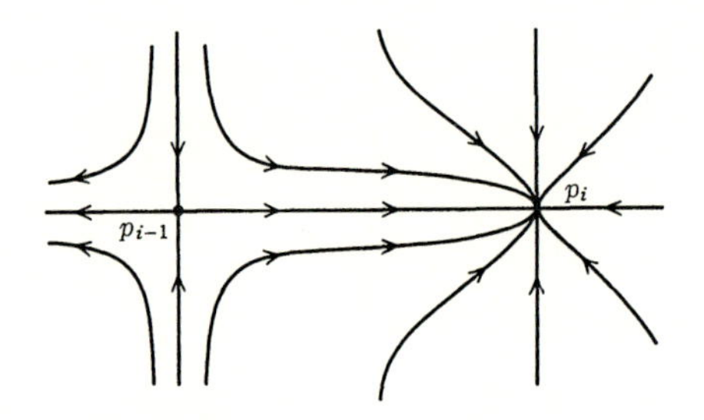

図 3.14　ベクトル場 X

ているが，いまは証明を省略して，事実だけを認めて先に進むことにしよう．

C の近傍 U のなかで(3.112)のように記述されるベクトル場 X を C の極く近くで変形して，U のどこでも $X \neq \mathbf{0}$ が成り立つようにする．そのために，パラメータ s に C^∞ 級に依存する関数の族 $\{v_s(x_1)\}_s$ を構成する．次の性質をもつように構成するのである．

（i）　各 $v_s(x_1)$ は $-\delta < x_1 < 1+\delta$ の範囲で定義された C^∞ 級関数である．

（ii）　η を十分小さい正数として，パラメータ s が $-\eta < s < 2\eta$ を動く限り $v_s(x_1)$ は意味をもつとする．

（iii）　$s \geqq \eta$ のときは，s によらず $v_s(x_1) = v(x_1)$ である．ただし，$v(x_1)$ は X の表示(3.112)に現れる関数 $v(x_1)$ である．

（iv）　$s \leqq 0$ のときは，s によらず $v_s(x_1) = v_0(x_1)$ であって，しかも定義域内の任意の x_1 について $v_0(x_1) < 0$ である．

（v）　$x_1 < -\delta/2$ または $x_1 > 1+\delta/2$ であれば，s が何であっても $v_s(x_1) = v(x_1)$ である．

条件をこのように並べるとわかりにくいが，図 3.15 を見れば明らかなように，パラメータ s が η に等しいときは関数 $v(x_1)$ そのもので，s がしだいに減って 0 になるに従って関数 $v(x_1)$ の値を押し下げていって，$s=0$ のときには常にマイナスの値をとるように変形するのである．

近傍 U のなかでベクトル場 X を次のベクトル場 $\tilde{X}$ に変える．ただし，次の式の第 1 項に現れる ρ は $\rho = x_2^2 + \cdots + x_m^2$ で定義される U 上の C^∞ 級関数で，$v_\rho(x_1)$ は族 $\{v_s(x_1)\}_s$ のパラメータ s に関数 ρ を代入したものである．

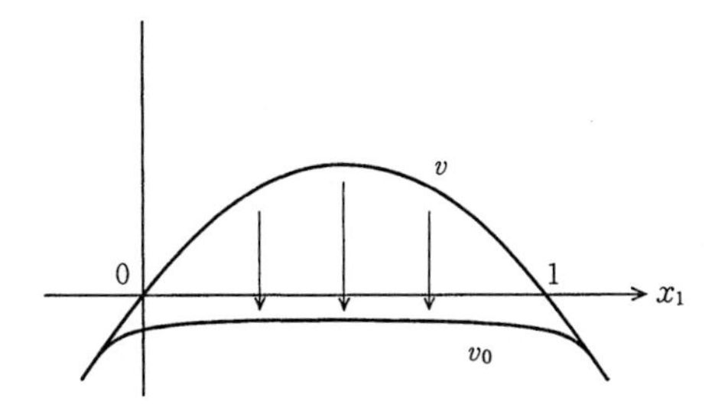

図 **3.15**　関数 $v(x_1)$ の変形

(3.113)

$$\tilde{X} = 2v_\rho(x_1)\frac{\partial}{\partial x_1} - 2x_2\frac{\partial}{\partial x_2} - \cdots - 2x_{\lambda+1}\frac{\partial}{\partial x_{\lambda+1}} + \cdots + 2x_m\frac{\partial}{\partial x_m}.$$

族 $\{v_s(x_1)\}_s$ の性質(iii), (v)により，$\tilde{X}$ は U のなかで C から少し離れると，もとの X に一致する．x_1 軸上にない点では，(3.113)の第2項以降が $\mathbf{0}$ でない．また，x_1 軸上では($\rho=0$ なので) $\tilde{X}$ の第1項が $2v_0(x_1)<0$ となり，やはり $\tilde{X}\neq\mathbf{0}$ が成り立つ．したがって，U のどこでも $\tilde{X}\neq\mathbf{0}$ である(図3.16参照)．$\tilde{X}$ は U のなかで C から少し離れると X に一致するから，U の外側にある X に滑らかにつなげることができて，M 全体で定義されたベクトル場 Y が得られる．Y と X とは C のごく近傍でしか違わない．

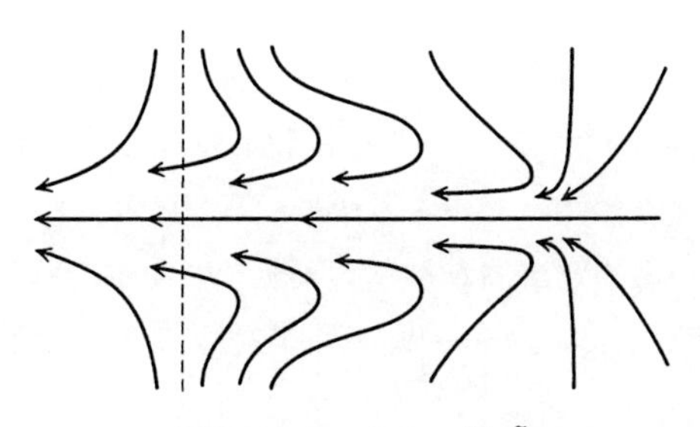
図 **3.16**　ベクトル場 $\tilde{X}$

Morse 関数 $f\colon M\to\mathbb{R}$ の引き続く2つの臨界点 p_{i-1} と p_i を含む $\overline{M}$ を考える．いま構成した Y は $\overline{M}$ の上で $\mathbf{0}$ にならない．Y の構成をもう少し注意深くみると，Y の積分曲線はすべて $\overline{M}$ の下のほうの境界 $\partial_0\overline{M}=f^{-1}(c_{i-2}+$

ε) から入り，上のほうの境界 $\partial_1 \overline{M} = f^{-1}(c_i+\varepsilon)$ に抜けていくことがわかる．これを利用して，$\overline{M}$ 上の関数

$$\tilde{f}\colon \overline{M} \to \mathbb{R} \tag{3.114}$$

を，Y の積分曲線に沿って $c_{i-2}+\varepsilon$ から $c_i+\varepsilon$ まで C^∞ 級に増えていくように定義できる．また $\tilde{f}$ は $\overline{M}$ の境界の近傍ではもとの f に一致するように構成できる．そうすると，$\tilde{f}$ を $\overline{M}$ の外側で f につなげることによって，M 全体で定義された C^∞ 級関数 $g\colon M \to \mathbb{R}$ を得るが，これが求めるものである．g が Morse 関数であることや Y が g に適合した上向きベクトル場であることはほとんど明らかである．g の性質(A),(B)も容易に確かめられる．

これで定理 3.28 の証明ができた．∎

この証明のなかで示されたように，$\overline{M}$ は f の引き続く臨界点 p_{i-1} と p_i を含んでいるものの，定理 3.28 の仮定(i),(ii)のもとに，直積 $\partial_0\overline{M}\times[0,1]$ に微分同相である．

ハンドル体の言葉による言い換え

これまでに考えてきたハンドル体はすべて，境界のないコンパクト多様体 M 上の Morse 関数 $f\colon M \to \mathbb{R}$ に伴うハンドル体であった．ところが，どんなハンドル体 N も(一般にどんなコンパクト多様体 N も)，境界のないあるコンパクト多様体 M 上の Morse 関数 $f\colon M \to \mathbb{R}$ に伴う部分ハンドル体であることが示せる．(いわゆる「N のダブル」を考えればよい．N と単位区間 I の直積 $N\times I$ の境界 $\partial(N\times I)$ を平滑化した多様体が「N のダブル」である．これは N の 2 つのコピーを ∂N に沿って張り合わせて得られる閉多様体である.) このような事情から，第 3 節や第 4 節の結果を，ハンドルの接着に関する定理として，Morse 関数への言及なしに言い換えることができる．ここでそれをやっておこう．

定理 3.30（ハンドルを滑らせる：言い換え）　境界のある m 次元多様体 N に λ-ハンドル $D^\lambda\times D^{m-\lambda}$ が接着写像 $\psi\colon \partial D^\lambda\times D^{m-\lambda}\to\partial N$ で付いているとし，さらに ∂N のアイソトピー $\{h_s\}_{s\in J}$ が与えられているとする．ただし，$h_0=\mathrm{id}$，$h_1=h$ である．このとき，λ-ハンドルの「足」$\partial D^\lambda\times D^{m-\lambda}$ を

アイソトピーにより動かして，新たな接着写像 $h\circ\psi$ をもったハンドル体 $N\cup_{h\circ\psi}D^\lambda\times D^{m-\lambda}$ を構成すると，これは λ-ハンドルを滑らせる前のハンドル体 $N\cup_\psi D^\lambda\times D^{m-\lambda}$ に微分同相である． □

「ベルト球面」という言葉が便利なので定義しておこう．

定義 3.31（ベルト球面） 境界のある m 次元多様体 N に λ-ハンドル $D^\lambda\times D^{m-\lambda}$ が接着している状況を考える．

$$N'=N\cup_\varphi D^\lambda\times D^{m-\lambda}$$

とおく．このとき，λ-ハンドルの太さを表す円板 $\mathbf{0}\times D^{m-\lambda}$ の境界 $\mathbf{0}\times\partial D^{m-\lambda}$ を，この λ-ハンドルの**ベルト球面**(belt sphere)という．ベルト球面は $\partial N'$ に埋め込まれた $m-\lambda-1$ 次元球面である（図 3.17 参照）． □

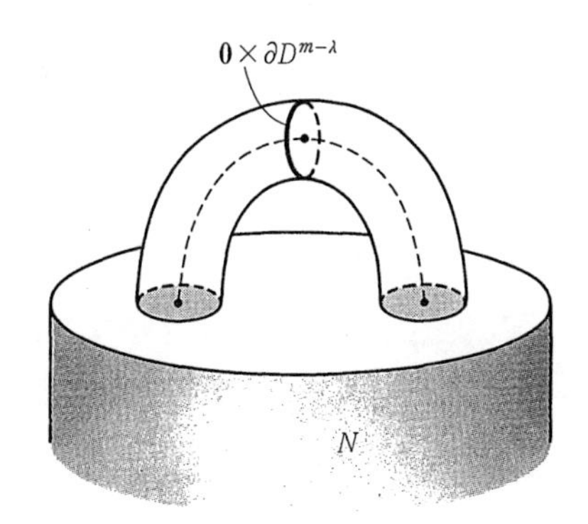

図 3.17 ベルト球面

ベルト球面という名前は，ベルトが胴体に巻き付いているように，ベルト球面が λ-ハンドルに巻き付いているところから付けられた名前である．ベルト球面を使って，前節の補題 3.25（ハンドルの引き離し）を言い換えてみよう．

補題 3.32（ハンドルの引き離し：言い換え） 境界のある m 次元多様体 N に λ-ハンドルを付けて N' という多様体が得られたとし，さらに N' に μ-ハンドルを付けて N'' という多様体が得られたとする．もし $\lambda\geqq\mu$ であれば，$\partial N'$ のアイソトピーで動かすことにより，μ-ハンドルの接着球面を λ-ハンドルのベルト球面からはずすことができる． □

μ-ハンドルの接着球面がλ-ハンドルのベルト球面からはずれれば，補題3.26や定理3.27と同様の議論で，λ-ハンドルとμ-ハンドルははじめのNに同時に(互いに交わらずに)付いていると考えられる．そうすれば，指数の小さいμ-ハンドルのほうが先に付いていると考えても差し支えない．

こうして，次の補題がいえた．

補題3.33（ハンドルの整列）　任意のハンドル体において，まず0-ハンドルの非交和があり，そこに1-ハンドルの非交和が付き，そのあと2-ハンドルの非交和が付き，…，というように，ハンドルの付き方を指数の小さいほうから順に接着しているように直すことができる．　□

定理3.34（ハンドルを消去する：言い換え）　境界のあるm次元多様体Nにλ-ハンドルが付いて多様体N'となり，さらにその上に$\lambda+1$-ハンドルが付いて多様体N''が得られているとする：

$$N' = N \cup_\varphi D^\lambda \times D^{m-\lambda},$$
$$N'' = N' \cup_\psi D^{\lambda+1} \times D^{m-\lambda-1}.$$

もしN'の境界$\partial N'$のなかでλ-ハンドルのベルト球面$\mathbf{0}\times\partial D^{m-\lambda}$と$\lambda+1$-ハンドルの接着球面$\partial D^{\lambda+1}\times\mathbf{0}$が横断的に唯1点で交わっているとすると，$N''$は$N$に微分同相である．　□

定理3.34の例を見よう．図3.18は3次元多様体Nに0-ハンドルと1-ハンドルが付いているところである．この場合，0-ハンドルのベルト球面は，3次元円板(中身のつまったボール)の表面の2次元球面S^2であり，1-ハンドルの接着球面は2点であって，そのうちの1点が0-ハンドルの表面に載っている．図3.18で見るように，0-ハンドルと1-ハンドルを合わせたものはNに「吸収」されてしまう．

次の図3.19は3次元多様体Nに1-ハンドルと2-ハンドルが付いたところである．2-ハンドルの接着球面(円周)が1-ハンドルのベルト球面(これも円周)に横断的に1点で交わっている．この場合も，1-ハンドルと2-ハンドルを合わせたものはNに吸収されてしまう．

最後に，ハンドルを滑らせる定理と消去する定理の簡単な応用を示してお

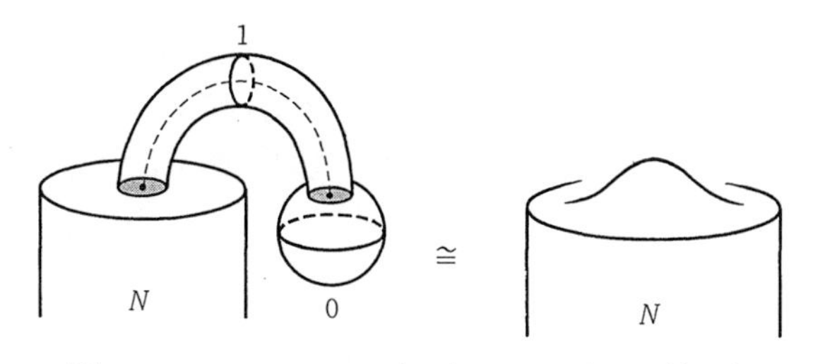

図 **3.18** N に 0-ハンドルと 1-ハンドルが付いたところ

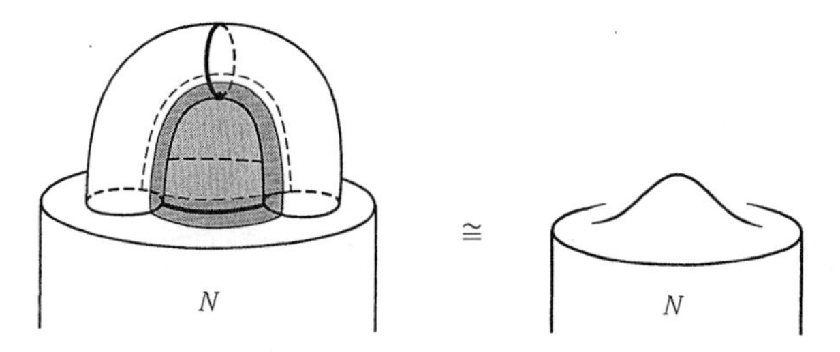

図 **3.19** N に 1-ハンドルと 2-ハンドルが付いたところ

く.

定理 3.35 M を閉じた m 次元多様体とする. もし M が連結なら, M 上の Morse 関数 $f: M \to \mathbb{R}$ をうまくとって, 指数 0 の臨界点は 1 個しかなく, 指数 m の臨界点も 1 個しかないようにすることができる.

[証明] 定理 3.22(臨界点の整列)と定理 3.27 (同じ指数のハンドルは同時に付けられる)により, 適当な Morse 関数 $f: M \to \mathbb{R}$ をとると, 指数 0 の臨界点の臨界値 c_0 はすべて同じ, また指数 1 の臨界点の臨界値 c_1 $(> c_0)$ もすべて同じ, また指数 2 の臨界点の臨界値 c_2 $(> c_1)$ もすべて同じ, …, というようにすることができる.

このような Morse 関数によって M をハンドル分解すると,

(3.115) $M_{c_0+\varepsilon} = D_1^m \sqcup D_2^m \sqcup \cdots \sqcup D_r^m$ (0-ハンドルの非交和)

であり, また $M_{c_1+\varepsilon}$ はこの $D_1^m \sqcup D_2^m \sqcup \cdots \sqcup D_r^m$ にいくつかの 1-ハンドルを付けたものになっている.

もし $M_{c_1+\varepsilon}$ が連結でないとすると, それは 2 個以上の連結成分 $K_1, K_2, \cdots,$

K_s の非交和であるが，$M_{c_1+\varepsilon}$ から M を得るには2-ハンドル以上のハンドルを接着していくだけなので，M 自身の連結成分の個数も2個以上になってしまう．(2-ハンドル以上のハンドルの接着球面は連結だから，2-ハンドル以上はどれか1つの連結成分に付くしかない．したがって，それが付いても連結成分の個数は減らない.) これは M の連結性の仮定に反するから，$M_{c_1+\varepsilon}$ は連結でなければならない．

(3.115)に2個以上の D^m が現れるとしよう．上の考察から，それらは1-ハンドルで橋渡しされて，全体として連結になる．(3.115)のなかの1つの D^m_r は別の D^m_i に1-ハンドル $D^1\times D^{m-1}$ で橋渡しされている．この1-ハンドルの接着球面 $\partial D^1\times\mathbf{0}$ (=2点)は0-ハンドル D^m_r のベルト球面 ∂D^m_r に唯一点で交わるから，定理3.28によって，0-ハンドル D^m_r に対応する臨界点と1-ハンドル $D^1\times D^{m-1}$ に対応する臨界点は対になって消滅してしまう．この議論を繰り返していけば，指数0の臨界点は1個しかないようなMorse関数 $g\colon M\to\mathbb{R}$ に到達する．

ここで，g の符号を変えた関数 $-g\colon M\to\mathbb{R}$ を考えるということをする．このアイデアは次の章の第3節でも重要になるが，$-g$ はいわば g の上下を反対にしたMorse関数である．g と $-g$ の臨界点の集合はまったく同じであるが，g の臨界点 p_i の指数が λ だとすると，$-g$ の臨界点と考えたときの p_i の指数は $m-\lambda$ である．

ハンドル分解の言葉で言うと，ハンドルの「心棒」と「太さを表す円板」の役割が入れ換わり，g の λ-ハンドルは $-g$ の $m-\lambda$-ハンドルになる．

$-g$ の0-ハンドルを最初にやった方法で1個にすると，g の m-ハンドルが1個になったと考えられる．このとき，$-g$ の m-ハンドルの個数，すなわち，g の0-ハンドルの個数は1個のままだから，結局，新しく変えた g については，0-ハンドルも m-ハンドルも1個しかない．これで定理3.35が証明できた． ∎

閉じた m 次元多様体 M が m 次元球面 S^m に(第4章第1節で定義する意味で)ホモトピー同値であるとき，M を**ホモトピー m 球面**という．ホモトピー3球面は S^3 に同相であろう，というのが有名なPoincaré予想である．

この予想は Poincaré によって 1904 年に提起されて以来，100 年以上経つが，現在なお未解決である．(G. Perelman により解決されたという話もある．)

ところが Smale は 1961 年の論文で，高次元の一般 Poincaré 予想を解いてしまった．(S. Smale, Generalized Poincaré's conjecture in dimensions greater than four, *Ann. of Math.*, **74**, 1961, 391-406.) すなわち，$m \geqq 5$ であればホモトピー m 球面は S^m に同相であることを証明したのである．この業績により，Smale は 1966 年度の Fields 賞を受賞した．

ハンドル体の概念は Smale により発明されたのだが，彼は Morse 関数により M をハンドル分解し，M が 5 次元以上のホモトピー m 球面であるという仮定のもとに，0-ハンドルと m-ハンドル 1 個ずつ残して，あとのハンドルは皆消去できることを示したのである．そうすれば，定理 3.6 の主張するように M は S^m に同相になる．これが Smale の証明である．

次元が高くなければならないのは，指数が 1 だけ異なる 2 つの臨界点を隔てる等位面 $f^{-1}(c)$ のなかで，Whitney のトリックと呼ばれる技法を用いて上向き円板の境界と下向き円板の境界をはずすのだが，そのとき，等位面の次元がある程度高くないと困るからである．

4 次元の一般 Poincaré 予想は Freedman によって解かれた．1981 年のことである．(M. H. Freedman, The topology of four-dimensional manifolds, *J. Diff. Geom.*, **17**, 1982, 337–453.) Freedman はこの業績によって 1986 年度 Fields 賞を受賞した．

《要約》

3.1　Morse 関数とそれに適合した上向きベクトル場を使って，多様体をハンドル分解できる．

3.2　ハンドルの個数と指数は Morse 関数で決まる．接着写像は上向きベクトル場に依存してきまる．

3.3　境界のある多様体 N にハンドルを付け N' を得るとき，境界 ∂N のアイソトピーで接着写像を変えても，得られる多様体 N' の微分同相類は変わらない．

3.4　λ-ハンドルの上に，λ 以下の指数をもつハンドルを付けるとき，これらのハンドルを引き離して，互いに交わらないようにできる．

3.5　Morse 関数を適当に選べば，臨界点の指数が大きくなるに従って臨界値も増加していくようにできる．

3.6　λ-ハンドルの上に $\lambda+1$-ハンドルが付いていて，しかも $\lambda+1$-ハンドルの接着球面が λ-ハンドルのベルト球面に横断的に唯1点で交わっていれば，この2つのハンドルを対にして消去できる．

演習問題

3.1　$m \geqq 1$ とする．$m-1$ 次元球面 S^{m-1} からそれ自身への任意の同相写像 $h\colon S^{m-1} \to S^{m-1}$ は m 次元円板 D^m からそれ自身への同相写像 $\overline{h}\colon D^m \to D^m$ に拡張できることを示せ．

3.2　k 次元円板 D^k の内部に2点 p_1 と p_2 がある．D^k のアイソトピー $\{h_t\}_{t\in J}$ を作って，$h_0=\mathrm{id}$，$h_1(p_1)=p_2$，かつ ∂D^k の近傍では h_t が恒等的に id であるようにせよ．(やや難)

3.3　区間 $[c,d]$ のなかに2つの実数 q_1, q_2 が，$c<q_1<q_2<d$ であるように与えられており，また，同じ区間 $[c,d]$ のなかに，実数 a, b が，$c<a<d$，$c<b<d$ であるように与えられているとする．δ が小さい正数であるとき，C^∞ 級関数

$$G\colon [c,d]\times(-\delta, 1+\delta) \to [c,d]$$

を構成して，次の3条件が満たされるようにせよ．(やや難)

(i)　s を止めたとき，$G(x,s)$ は x の関数としては狭義単調増加で，x が c から d まで増加すると $G(x,s)$ も c から d まで増加する．

(ii)　$G(q_1,0)=a$，$G(q_2,1)=b$．

(iii)　任意の $s\in[0,1]$ につき，x が c または d の十分小さい近傍に入っていれば，$G(x,s)=x$ が成り立つ．また，q_1 の近傍の x については $\dfrac{\partial}{\partial x}G(x,0)=1$，$q_2$ の近傍の x については $\dfrac{\partial}{\partial x}G(x,1)=1$ が成り立つ．

3.4　例3.11で与えた $SO(m)$ の Morse 関数 $f=c_1x_{11}+c_2x_{22}+\cdots+c_mx_{mm}$（ただし，$1<c_1<c_2<\cdots<c_m$）について，対角線上に $\varepsilon_1, \varepsilon_2, \cdots, \varepsilon_m$ の並んだ対角行列は f の臨界点であった．この臨界点における Hesse 行列の指数を求めよ．

4 多様体のホモロジー

この章では，前の章までの結果を使って，多様体のホモロジー群について議論する．ホモロジー群の知識は一応仮定するが，第1節で簡単に復習しよう．詳しくは佐藤肇「位相幾何」[9]，あるいは田村一郎「トポロジー」[15]などを参照してほしい．第2節でMorse関数の臨界点の個数と多様体のBetti数に関するMorse不等式を証明する．これは，Morse理論の最も基本的な関係式といえる．第3節では，多様体のホモロジー論で基本的なPoincaré双対定理を証明する．最後の第4節では，多様体の交点形式について論じる．

§4.1 ホモロジー群

セル複体(胞複体ともいう)の復習から始めよう．i次元円板D^iの内部$\mathrm{int}(D^i)=D^i-\partial D^i$を**$i$セル**($i$ cell)と呼ぶ．記号でe^iと書く．i次元円板D^i自身を**ふちつきiセル**(closed i cell)といい，記号で$\overline{e}^i$と表す．0次元のときはe^0も$\overline{e}^0$も1点である．したがって，$e^0=\overline{e}^0$である．

定義4.1(セル複体) 有限個のふちつきセルを次元の低いほうから次々に張り付けて得られる空間を(有限)**セル複体**(cell complex)という．正確には，次のように帰納的に定義する．

(i) 有限個の点の非交和$X^0=\overline{e}_1^0\sqcup\overline{e}_2^0\sqcup\cdots\sqcup\overline{e}_{k_0}^0$は0次元セル複体である．

(ii) $i\geqq 1$につき$i-1$次元以下のセル複体の概念が定義されたとしよう．

Y を $i-1$ 次元以下のセル複体とする．有限個のふちつき i セルの非交和 $\overline{e}^i_1 \sqcup \overline{e}^i_2 \sqcup \cdots \sqcup \overline{e}^i_{k_i}$ と，その境界から Y への連続写像

$$h_i : \partial\overline{e}^i_1 \sqcup \partial\overline{e}^i_2 \sqcup \cdots \sqcup \partial\overline{e}^i_{k_i} \to Y$$

を用意し，h_i を使って Y に $\overline{e}^i_1 \sqcup \overline{e}^i_2 \sqcup \cdots \sqcup \overline{e}^i_{k_i}$ を張り付けたもの

$$X^i = Y \cup_{h_i} (\overline{e}^i_1 \sqcup \overline{e}^i_2 \sqcup \cdots \sqcup \overline{e}^i_{k_i})$$

を i 次元セル複体という．h_i を**接着写像**(attaching map)という．

こうして，帰納的にすべての次元 i について i 次元セル複体が定義できる． □

なお，h_i を使って Y に $\overline{e}^i_1 \sqcup \cdots \sqcup \overline{e}^i_{k_i}$ を張り付けるとは，$\partial\overline{e}^i_1 \sqcup \cdots \sqcup \partial\overline{e}^i_{k_i}$ の各点 x について，x と Y の点 $h_i(x)$ を同一視することである．

以下，単にセル複体 X といえば，何らかの次元のセル複体 X^m のことであるとする．X に含まれる i 次元以下のセル全体の和集合 X^i はそれ自身 i 次元セル複体であるが，これを X の i **切片**(i-skeleton)という．0 切片 X^0 の点を X の**頂点**ということがある．

容易にわかるように，セル複体 X は有限個の(ふちのない)セルの集まりである．

例 4.2　m 次元のふちつきセルの境界 $\partial\overline{e}^m$ から 1 点 $\overline{e}^0$ への連続写像 h: $\partial\overline{e}^m \to \overline{e}^0$ がただ 1 つある．すなわち，$\partial\overline{e}^m$ を 1 点 $\overline{e}^0$ につぶす写像である．m 次元セル複体

$$\overline{e}^0 \cup_h \overline{e}^m$$

は m 次元球面 S^m に同相である．S^m から点 e^0 を除くと m セル e^m が得られるので，$S^m = e^0 \cup e^m$ とも考えられる． □

セル複体のホモロジー群を復習しよう．X をセル複体とする．X に含まれるセルにはすべて「向き」を与えておく．セルの「向き」をここでは次のように定義する．すなわち，あるセル e が q 次元であるとすると，e は q 次元 Euclid 空間の開集合と同一視できるから，e の上に q 個のベクトル場を並べたもの

$$V = \langle \boldsymbol{v}_1, \boldsymbol{v}_2, \cdots, \boldsymbol{v}_q \rangle$$

があり，しかも e のどの点でも 1 次独立になっているようにできる．このよ

うな並びが e に 1 つの**向き**(orientation)を与えると考える．e 上に同様の q 個のベクトル場の並び

$$W = \langle \boldsymbol{w}_1, \boldsymbol{w}_2, \cdots, \boldsymbol{w}_q \rangle$$

があるとき，V と W が e に同じ向きを与えるための条件は，V から W への変換行列 A の行列式が e のどの点でもプラスになっていることである，と約束する．(e の 1 点でプラスになっていれば，e のどの点でもプラスである．) そうでないときは，V と W が e に与える向きは互いに反対であると考える．

とくに次のことがわかる．σ を $\{1, 2, \cdots, q\}$ の置換とするとき，

$$\langle \boldsymbol{v}_{\sigma(1)}, \boldsymbol{v}_{\sigma(2)}, \cdots, \boldsymbol{v}_{\sigma(q)} \rangle \quad と \quad \langle \boldsymbol{v}_1, \boldsymbol{v}_2, \cdots, \boldsymbol{v}_q \rangle$$

が e に同じ向きを与えるための必要十分条件は σ が偶置換であることである．

あとで必要になるので，一般の多様体の「向き」を定義しておく．

定義 4.3 (多様体の向き)　M を m 次元多様体とする．M を有限個または無限個の座標近傍で覆う：$M = \bigcup_{\lambda \in \Lambda} U_\lambda$．1 つ 1 つの座標近傍 U_λ には，m 個の 1 次独立なベクトル場を並べる方法で向きが入る．いま，すべての U_λ に一斉に向きを与え，しかも，どの U_λ と U_μ についても，共通部分 $U_\lambda \cap U_\mu$ が空集合でない限り，その上で U_λ の向きと U_μ の向きが一致しているようにできるとする．(すなわち，両者に指定された m 個のベクトル場の間の変換行列の行列式が正であるとする．) このとき，M は**向きづけ可能**(orientable)であるといい，そのように U_λ に一斉に向きを与えることを，M に**向き**(orientaton) $\langle M \rangle$ を与える，または，M を**向きづける**という．

なお，M が向きづけ可能で連結なとき，M には，ある向きとその反対の向きと，ちょうど 2 つの向きの入れ方がある．　□

セル複体に戻る．セル e に向きを与えたものを $\langle e \rangle$ と書く．次元を表す整数 $q\,(\geqq 0)$ を 1 つとめて考えよう．X には k_q 個の q セルが含まれているとし，それらの 1 つ 1 つに任意の向きを与えておく：

$$\langle e_1^q \rangle,\ \langle e_2^q \rangle,\ \cdots,\ \langle e_{k_q}^q \rangle$$

これらの向きづけられたセルに形式的に整数係数をつけて足したもの

$$c = a_1 \langle e_1^q \rangle + a_2 \langle e_2^q \rangle + \cdots + a_{k_q} \langle e_{k_q}^q \rangle$$

を X の $\boldsymbol{q}$ **チェイン**(chain)という．X の q チェインの全体からなる集合は加

群 $C_q(X)$ をなす．$C_q(X)$ を X の **q 次元鎖群**(chain group)という．ただし，$C_q(X)$ 内の足し算は

$$c = a_1\langle e_1^q\rangle + a_2\langle e_2^q\rangle + \cdots + a_{k_q}\langle e_{k_q}^q\rangle$$

かつ

$$d = b_1\langle e_1^q\rangle + b_2\langle e_2^q\rangle + \cdots + b_{k_q}\langle e_{k_q}^q\rangle$$

のとき，

$$c+d = (a_1+b_1)\langle e_1^q\rangle + (a_2+b_2)\langle e_2^q\rangle + \cdots + (a_{k_q}+b_{k_q})\langle e_{k_q}^q\rangle$$

と定義する．引き算についても同様である．

$C_q(X)$ は $\langle e_1^q\rangle, \langle e_2^q\rangle, \cdots, \langle e_{k_q}^q\rangle$ を生成元とする自由加群であるから

$$C_q(X) \cong \mathbb{Z}\oplus\mathbb{Z}\oplus\cdots\oplus\mathbb{Z}\ \ (k_q \text{ 個の } \mathbb{Z})$$

が成り立つ．

なお，規約として，q セル e^q にある向きを与えたもの $\langle e^q\rangle$ とその反対の向きを与えたもの $\langle e^q\rangle'$ とは $C_q(X)$ のなかで互いに他のマイナスであると約束する：$\langle e^q\rangle' = -\langle e^q\rangle$．

つぎに，$C_q(X)$ から $C_{q-1}(X)$ への**境界準同型**(boundary homomorphism)

$$\partial_q : C_q(X) \to C_{q-1}(X)$$

を定義しよう．

そのため，q 次元円板 D^q の向き $\langle D^q\rangle$ を決めたとき，それから自然に決まる境界 S^{q-1} の向き $\langle S^{q-1}\rangle$ というものを定義しておく必要がある．まず $q \geqq 2$ の場合を考える．向き $\langle D^q\rangle$ を与える q 個のベクトル場の並びを $\langle \boldsymbol{v}_1, \boldsymbol{v}_2, \cdots, \boldsymbol{v}_q\rangle$ とし，1番目のベクトル場 $\boldsymbol{v}_1$ は，S^{q-1} のある点 p の近傍で D^q の外向きの半径方向と一致しているとしよう．このとき，残りの $\langle \boldsymbol{v}_2, \cdots, \boldsymbol{v}_q\rangle$ が S^{q-1} のなかの p の座標近傍に向きを与えると考える．このようにして決まる向き $\langle S^{q-1}\rangle$ が $\langle D^q\rangle$ から自然に誘導される S^{q-1} の向きである．

$q=1$ のときは，D^1 は線分であり，その向きは線分上の矢印と思ってよい．線分の境界は2点であるが，一般に，1点 p には天与の向き $\langle p\rangle$ が唯1つ決まっていると考える．そして，向きのついた線分 $\langle D^1\rangle$ が両端点 e_1^0, e_2^0 に誘導する向きは，矢印の先の端点 e_1^0 では天与の向き $\langle e_1^0\rangle$ に一致し，矢印の根元の端点 e_2^0 では天与の向きと反対の向き $-\langle e_2^0\rangle$ に一致すると約束する．

境界準同型 $\partial_q : C_q(X) \to C_{q-1}(X)$ の定義に戻る．$\langle e_k^q \rangle$ を X のなかの向きづけられた q セルとする $(k=1,2,\cdots,k_q)$．それにふちをつけた $\overline{e}_k^q$ は接着写像 $h:\partial \overline{e}_k^q \to Y$ で $q-1$ 次元以下のセル複体 Y に張り付いている．ここに $\partial \overline{e}_k^q$ は $q-1$ 次元球面で，それには e^q の向き $\langle e^q \rangle$ から自然に誘導された向き $\langle \partial \overline{e}_k^q \rangle$ が入っている．

さて，もし X に $q-1$ セルがなければ $C_{q-1}(X)=\{0\}$ であるから，明らかに $\partial_q = 0$ である．

以下，X は $q-1$ セルを含むものとし，Y は $q-1$ 切片 X^{q-1} であるとしよう．$\langle e_l^{q-1} \rangle$ を向きのついた1つの $q-1$ セルとすると $(l=1,2,\cdots,k_{q-1})$，接着写像 $h:\partial \overline{e}_k^q \to X^{q-1}$ による $\partial \overline{e}_k^q$ の像は e_l^{q-1} を何回か覆う．この数を仮に「被覆度」と呼ぶことにする．ただし，被覆度は $\langle \partial \overline{e}_k^q \rangle$ と $\langle e_l^q \rangle$ の向きを考慮して決める．このようにして決まる被覆度を a_{kl} と書く．境界準同型 ∂_q: $C_q(X) \to C_{q-1}(X)$ は次のように定義される：

$$\partial_q(\langle e_k^q \rangle) = a_{k1}\langle e_1^{q-1} \rangle + a_{k2}\langle e_2^{q-1} \rangle + \cdots + a_{kk_{q-1}}\langle e_{k_{q-1}}^{q-1} \rangle .$$

鎖群 $C_q(X)$ は $\langle e_1^q \rangle, \langle e_2^q \rangle, \cdots, \langle e_{k_q}^q \rangle$ で生成されるから，これで境界準同型 ∂_q が定義できたことになる．

被覆度 a_{kl} についてもう少し説明しよう．$\partial \overline{e}_k^q$ は $q-1$ 次元球面 S^{q-1} に微分同相だから，$\overline{e}_k^q$ の接着写像 h を球面 S^{q-1} からの写像 $h: S^{q-1} \to X^{q-1}$ と考える．

e_l^{q-1} の中に，1点 p と p の近傍 $U\,(\subset e_l^{q-1})$ をとり，h を連続的に変形して，$h^{-1}(U)$ 上で h は C^∞ 級写像になるようにできる．しかも，第2章の Sard の定理 2.23 によれば，p の取り方を U のなかでほんの少し変えて，p は $h|h^{-1}(U): h^{-1}(U) \to U$ の臨界値でないとしてよい．そうすれば，逆像 $h^{-1}(p)$ は S^{q-1} のなかの有限個の点集合 $\{q_1, q_2, \cdots, q_r\}$ になる．

各点 q_i の近傍で，S^{q-1} に接するベクトル場の並び $\langle \boldsymbol{v}_1, \boldsymbol{v}_2, \cdots, \boldsymbol{v}_{q-1} \rangle$ を考え，これが，すでに決まっている S^{q-1} の向き $\langle S^{q-1} \rangle$ を与えるものとする．また，e_l^{q-1} の向き $\langle e_l^{q-1} \rangle$ を与えるベクトル場の並び $\langle \boldsymbol{w}_1, \boldsymbol{w}_2, \cdots, \boldsymbol{w}_{q-1} \rangle$ も決めておく．これらのベクトル場を用いて，点 q_i での $h|h^{-1}(U)$ の微分 dh_{q_i}: $T_{q_i}(S^{q-1}) \to T_p(U)$ を行列表現する．得られた行列 $J_h(q_i)$ の行列式 $\det J_h(q_i)$

が正か負かに従って，$\varepsilon(q_i)=1$ または $\varepsilon(q_i)=-1$ とおく．

このとき，被覆度 a_{kl} の正確な定義は

$$a_{kl}=\varepsilon(q_1)+\varepsilon(q_2)+\cdots+\varepsilon(q_r)$$

である．a_{kl} の値は h の連続変形の仕方によらずに定まることが，次元差1の Sard の定理(参考文献[13]参照)を使って証明できる．

補題 4.4

$$\partial_{q-1}\circ\partial_q=0,\quad \forall q.$$ □

ホモロジー論でよく知られた補題なので証明は省略する．

セル複体 X の鎖群と境界準同型からなる系列

$$\to C_{q+1}(X)\xrightarrow{\partial_{q+1}}C_q(X)\xrightarrow{\partial_q}C_{q-1}(X)\xrightarrow{\partial_{q-1}}\cdots\xrightarrow{\partial_2}C_1(X)\xrightarrow{\partial_1}C_0(X)\to\{0\}$$

を X の**チェイン複体**(chain complex)という．1つ止めた q について

$$Z_q(X)=\operatorname{Ker}\partial_q:=\{c\in C_q(X)\mid\partial_q(c)=0\},$$

$$B_q(X)=\operatorname{Im}\partial_{q+1}:=\{c\in C_q(X)\mid \text{ある } c'\in C_{q+1}(X) \text{ があって，} c=\partial_{q+1}(c')\}$$

とおき，$Z_q(X)$ を **q 次元サイクル群**(cycles)，$B_q(X)$ を **q 次元境界サイクル群**(boundaries)という．これらの群は $C_q(X)$ の部分群で，補題4.4により

$$B_q(X)\subset Z_q(X)\subset C_q(X)$$

が成り立つ．$Z_q(X)$ の元を X の q 次元サイクルといい，$B_q(X)$ の元を X の q 次元境界サイクルという．

定義 4.5（ホモロジー群）　剰余群 $Z_q(X)/B_q(X)$ のことを X の **q 次元ホモロジー群**(homology group)と呼び，$H_q(X)$ と表す．

$$H_q(X)=Z_q(X)/B_q(X).$$

$H_q(X)$ の元を **q 次元ホモロジー類**(homology class)という．q 次元サイクル z の属するホモロジー類を $[z]$ と書く． □

例 4.6　$m\geqq 1$ のとき，m 次元球面 $S^m=e^0\cup e^m$ のチェイン複体は

$$\cdots\to\{0\}\to C_m(S^m)\to\cdots\to\{0\}\to C_0(S^m)\to\{0\}$$

という形をしている．$C_m(S^m)\cong C_0(S^m)\cong\mathbb{Z}$ であり，その他の $C_q(S^m)$ は $\{0\}$ である．$\partial_m=0$ がわかる．実際，$m\geqq 2$ なら $C_{m-1}(S^m)\cong\{0\}$ から明らかであるし，$m=1$ のときも $\partial_1(\langle e^1\rangle)=\langle e^0\rangle-\langle e^0\rangle=0$ であることから明らか

である．したがって，

$$Z_m(S^m) \cong \mathbb{Z}, \quad B_m(S^m) \cong \{0\}$$

となり，次の結果を得る．

$$H_q(S^m) \cong \begin{cases} \mathbb{Z} & (q=m \text{ または } q=0) \\ \{0\} & (\text{その他の } q) \end{cases}$$

これを表に書いてみよう．

表 4.1　S^m のホモロジー群

q	0	1	$\cdots$	$m-1$	m
$H_q(S^m)$	$\mathbb{Z}$	$\{0\}$	$\cdots$	$\{0\}$	$\mathbb{Z}$

□

セル複体の間の連続写像

$$f: X \to Y$$

があると，ホモロジー群の間の準同型写像

$$f_*: H_q(X) \to H_q(Y)$$

が，各次元 q で一意的に誘導される．しかも，恒等写像 $\mathrm{id}_X: X \to X$ にはホモロジー群の恒等写像が対応し，連続写像の合成 $g \circ f$ には準同型の合成 $g_* \circ f_*$ が対応する．

ホモロジー群 $H_q(X)$ の最も大切な性質は次に説明するホモトピー不変性である．

定義 4.7（ホモトピー）　X と Y を位相空間とし，$f, g: X \to Y$ を 2 つの連続写像とする．f が g に**ホモトピック**(homotopic)であるとは，直積 $X \times [0,1]$ から Y への連続写像 $H: X \times [0,1] \to Y$ が存在して，$\forall x \in X$ について

$$H(x,0) = f(x), \quad H(x,1) = g(x)$$

が成り立つことである．連続写像 H のことを f から g へのホモトピーと呼ぶことがある．

f が g にホモトピックであることを $f \simeq g$ という記号で表す．容易にわかるように，$f \simeq g$ ならば $g \simeq f$ が成り立つ．　□

定理 4.8（ホモロジー群のホモトピー不変性）　2 つの連続写像 $f, g: X \to$

Y がホモトピック($f \simeq g$)なら，これらの連続写像はホモロジー群の間にまったく同じ準同型写像を誘導する：

$$f_* = g_* : H_q(X) \to H_q(Y).$$

□

定義 4.9（ホモトピー同値）　X と Y をセル複体とする．連続写像 $f: X \to Y$ と $g: Y \to X$ があり，

$$g \circ f \simeq \mathrm{id}_X, \quad f \circ g \simeq \mathrm{id}_Y$$

が成り立つとき，X と Y は**ホモトピー同値**(homotopy equivalent)であるという．記号で $X \simeq Y$, $f: X \simeq Y$ などと書く．

f と g を**ホモトピー同値写像**(homotopy equivalence)という．また，f と g は互いに他の**ホモトピー逆写像**(homotopy inverse)であるということがある．□

定理 4.8 の系として，次を得る．

系 4.10　セル複体 X, Y について，$f: X \simeq Y$ ならば

$$f_* : H_q(X) \cong H_q(Y), \quad \forall q = 0, 1, 2, \cdots$$

が成り立つ．□

（有限）セル複体 X のホモロジー群 $H_q(X)$ は有限生成の加群であるから，

$$H_q(X) \cong \mathbb{Z} \oplus \mathbb{Z} \oplus \cdots \oplus \mathbb{Z} \oplus T$$

という形をしている．T は有限個の元しか含まない加群であり，$H_q(X)$ の**ねじれ部分**(torsion part)と呼ぶ．また，$\mathbb{Z} \oplus \mathbb{Z} \oplus \cdots \oplus \mathbb{Z}$ の部分を**自由部分**(free part)と呼ぶ．自由部分に現れる $\mathbb{Z}$ の個数，すなわち，$H_q(X)$ の階数(rank)のことを，X の **q 次元 Betti 数**(Betti number)といい，記号で $b_q(X)$ と書く：

$$b_q(X) := \mathrm{rank}\, H_q(X), \quad q = 0, 1, 2, \cdots$$

Betti 数は次の節で重要な役割を演じる．

定理 4.11（Euler-Poincaré の公式）　X を m 次元セル複体とし，X に含まれる q セルの個数を k_q とする．このとき，

$$\sum_{q=0}^{m} (-1)^q k_q = \sum_{q=0}^{m} (-1)^q b_q(X)$$

が成り立つ．□

証明は佐藤肇「位相幾何」[9]を見てほしい．この等式の値を $\chi(X)$ と書いて，X の **Euler 数**(Euler number)または **Euler–Poincaré 標数**(Euler-Poincaré characteristic)という．Euler 数 $\chi(X)$ は X のホモトピー不変量である．例えば，m 次元円板 D^m は 1 点とホモトピー同値であるから，$\chi(D^m)=\chi(\text{point})=1$ が成り立つ．なお，χ はギリシャ文字の「カイ」である．

例 4.12（球面の Euler 数）　m 次元球面 S^m は $e^0\cup e^m$ とセル分割されるから

$$\chi(S^m) = 1+(-1)^m.$$

すなわち，m が偶数なら $\chi(S^m)=2$，m が奇数なら $\chi(S^m)=0$ である．　□

命題 4.13　セル複体 X, Y_1, Y_2, Z について，$X=Y_1\cup Y_2$ かつ $Y_1\cap Y_2=Z$ であれば

$$\chi(X) = \chi(Y_1)+\chi(Y_2)-\chi(Z).$$

ただし，Y_1 や Y_2 は X のセルの集合の部分集合からなる部分セル複体であり，Z は Y_1 と Y_2 の部分セル複体であるとする．　□

証明は各次元のセルの個数を，Y_1, Y_2, Z のどれに属するかを考慮して数えてみればよい．

§4.2　Morse 不等式

この節の目標は次の定理を証明することである．

定理 4.14（Morse 不等式）　M を閉じた m 次元多様体とし，$f: M\to\mathbb{R}$ を M 上の Morse 関数とする．このとき，指数が λ であるような臨界点の個数 k_λ と M の λ 次元 Betti 数 $b_\lambda(M)$ の間に次の不等式が成り立つ．

$$k_\lambda \geqq b_\lambda(M).$$

□

Betti 数 $b_\lambda(M)$ は M のかたちによって決まる数だから，この不等式から，M 上の Morse 関数の臨界点の個数 k_λ は M の形状によって制約を受けるということがわかる．とくに，$b_\lambda(M)>0$ ならば，M 上の Morse 関数には，指数 λ の臨界点が少なくとも 1 つ存在しなければならない．

多様体のかたちと多様体上の関数の関わりを研究するのが Morse 理論であるが，Morse 不等式は Morse 理論の典型的な結果であるといえる．

(a) ハンドル体とセル複体

まず，ハンドル体とセル複体の関係を明らかにしておこう．結果を述べるために，写像柱という概念を定義しておく．

定義 4.15（写像柱）　位相空間の間の連続写像 $h: K \to X$ が与えられたとき，K の各点 x につき，直積 $K \times [0,1]$ の「底の点」$(x,0)$ と X の点 $h(x)$ を同一視して，$K \times [0,1]$ を X に接着した空間

$$X \cup_h K \times [0,1]$$

のことを h の**写像柱**(mapping cylinder)という．記号で，M_h と表す(図 4.1 参照)．　□

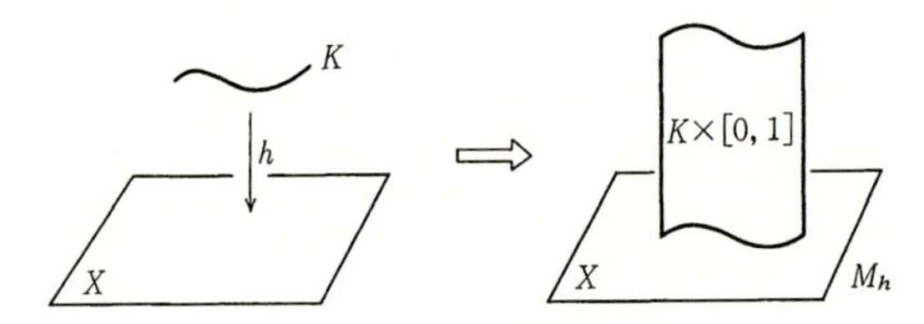

図 4.1　$h: K \to X$ の写像柱 M_h

補題 4.16　$h: K \to X$ の写像柱 M_h は X にホモトピー同値である．正確に言うと，X を M_h のなかの X と自然に同一視する写像 $i: X \to M_h$ は，ホモトピー同値写像である．

［証明］　連続写像 $j: M_h \to X$ を次のように構成する．すなわち，$M_h = X \cup_h K \times [0,1]$ であることに注意して，X の点 p については $j(p) = p$ とおき，また，$K \times [0,1]$ の点 (x,t) については $j(x,t) = h(x)$ とおくのである．そうすると，M_h から X への連続写像 $j: M_h \to X$ が確定することは明らかであろう．

$i: X \to M_h$ と $j: M_h \to X$ が互いに他のホモトピー逆写像であることを示そう．

$$j \circ i = \mathrm{id}_X$$

は明らかである．

$i \circ j \simeq \mathrm{id}_{M_h}$ を示すため，$i \circ j$ から id_{M_h} へのホモトピー $H: M_h \times [0,1] \to M_h$ を次のように構成する．すなわち，X の点 p については $H(p,s)=p$ とおき，$K \times [0,1]$ の点 (x,t) については

$$H((x,t),s) = (x,ts)$$

とおく．s はホモトピーのパラメータであるが，右辺の (x,ts) は $K \times [0,1]$ の点，したがって M_h の点である．

すると，容易に確かめられるように，$s=1$ のとき H は M_h の恒等写像を与え，$s=0$ のとき H は $i \circ j$ を与えるので，

$$i \circ j \simeq \mathrm{id}_{M_h}$$

が示せた．要するに，H は M_h の中の直積部分 $K \times [0,1]$ をしだいに $K \times \{0\}$ に縮める連続変形を表している．

よって，$i: X \simeq M_h$ であり，i と j とは互いに他のホモトピー逆写像である． ∎

例 4.17 m 次元円板 D^m は，$m-1$ 次元球面 S^{m-1} を 1 点 p につぶす写像 $c: S^{m-1} \to \{p\}$ の写像柱 M_c に同相である．

実際，D^m を半径 1 の m 次元単位円板とみなして，D^m の中心 $\mathbf{0}$ を M_c の中の p に写し，また，D^m の中心 $\mathbf{0}$ と表面 S^{m-1} の点 x を結ぶ線分上で $\mathbf{0}$ から t だけ離れた点 x_t を M_c の点 (x,t) に写す写像

$$D^m \to M_c$$

を考えると，これが同相写像になる．

補題 4.16 により，D^m は 1 点 $\{p\}$ にホモトピー同値である．

もっとも，この事実 $D^m \simeq \{p\}$ は，補題 4.16 を使わなくとも，簡単に証明できる． □

定理 4.18（ハンドル体とセル複体） N を m 次元のハンドル体とする．N に含まれるハンドルのうち指数の最も大きいものが l であれば，N はある l 次元セル複体 X にホモトピー同値である．

もう少し詳しく言うと，

（i） N の境界 ∂N から X へのある連続写像 $h: \partial N \to X$ が存在し，N

は h の写像柱 M_h に同相である.（したがって，補題4.16により，$N \simeq X$ である.）

（ii）N の i-ハンドルと X の i セルとは1対1に対応する. □

系4.19 N を m 次元のハンドル体とする. N に含まれる i-ハンドルの個数を k_i とすれば，N の Euler 数は

$$\chi(N) = \sum_{i=0}^{m} (-1)^i k_i$$

で与えられる. □

実際，定理4.18と Euler–Poincaré の公式を組み合わせればよい.

定理4.18を証明しよう.

[証明] アイデアは単純で，ハンドルの太さを表す円板の半径をしだいに小さくしていって，ハンドルを心棒の円板にまで縮めてしまうのである. X は心棒の円板を次々に付けて得られるセル複体である. 以下，少し詳しく議論しよう.

前の章の補題3.33(ハンドルの整列)により，N は次のようなハンドル体であると仮定してよい.

$$N = (h_1^0 \sqcup \cdots \sqcup h_{k_0}^0) \cup (h_1^1 \sqcup \cdots \sqcup h_{k_1}^1) \cup \cdots \cup (h_1^l \sqcup \cdots \sqcup h_{k_l}^l)$$

ここで，h^λ は λ-ハンドル $D^\lambda \times D^{m-\lambda}$ を表している. h_i^λ は i 番目の λ-ハンドルである.

すなわち，N は，まず0-ハンドルの非交和 $h_1^0 \sqcup \cdots \sqcup h_{k_0}^0$ から出発し，そこに1-ハンドルの非交和 $h_1^1 \sqcup \cdots \sqcup h_{k_1}^1$ が付き，その上に2-ハンドルの非交和が付き，…，というように構成されている.

定理4.18を，N に含まれるハンドルの最大指数 l に関する帰納法で証明しよう.

$l=0$ のとき，

$$N = D^m \sqcup \cdots \sqcup D^m \qquad (k_0 \text{ 個の } m \text{ 次元円板})$$

である. k_0 個の点からなる集合 $\{p_1, p_2, \cdots, p_{k_0}\}$ を0次元セル複体 X と見なすと，例4.17により，N は，球面をそれぞれ1点につぶす写像 $c: \partial N = \partial D^m \sqcup \partial D^m \sqcup \cdots \sqcup \partial D^m \to X = \{p_1, p_2, \cdots, p_{k_0}\}$ の写像柱 M_c に同相である.

$l-1$ 以下の指数のハンドルだけからなるハンドル体について定理 4.18 が証明できたと仮定し，含まれるハンドルの最大指数が l であるようなハンドル体 N について定理 4.18 を証明しよう．

N のなかの指数 $l-1$ 以下のハンドルをすべて合わせた部分ハンドル体を H とする．N は

$$N = H \cup_\psi (h_1^l \sqcup \cdots \sqcup h_{k_l}^l)$$

と表される．

帰納法の仮定により，あるセル複体 Y と連続写像 $g: \partial H \to Y$ があって，H は g の写像柱 M_g に同相である．いま，簡単のため，H に接着する l-ハンドルは 1 個であるとしよう：

$$N = H \cup_\psi D^l \times D^{m-l}.$$

実は，ハンドル $D^l \times D^{m-l}$ も写像柱とみなせる．すなわち，$\forall (x,y) \in D^l \times \partial D^{m-l}$ を $(x, \mathbf{0}) \in D^l \times \mathbf{0}$ に写す写像を

$$c: D^l \times \partial D^{m-l} \to D^l \times \mathbf{0}$$

とすると，$D^l \times D^{m-l}$ は c の写像柱 M_c に同相である．例 4.17 により，D^{m-l} を $\partial D^{m-l} \to \mathbf{0}$ の写像柱とみなし，その写像柱に左から D^l を掛けたと思ってもよい．

定理 4.18 の証明を続けよう．方針は，Y と $D^l \times \mathbf{0}$ から l 次元セル複体 X を構成し，g と c から連続写像 $h: \partial N \to X$ を構成することである．そして，N が h の写像柱 M_h に同相であることを示すのである．

ハンドルの接着写像 $\psi: \partial D^l \times D^{m-l} \to \partial H$ は C^∞ 級の埋め込み写像であるから，ψ によって $\partial D^l \times D^{m-l}$ を ∂H の部分多様体と思うことができる．以下，そのように思う．

すると，$\partial D^l \times \mathbf{0}$ も ∂H の部分多様体である．$g: \partial H \to Y$ の定義域を $\partial D^l \times \mathbf{0}$ に制限して考えた写像を再び g と書くことにする．求める l 次元セル複体 X は，セル複体 Y に，$g: \partial D^l \times \mathbf{0} \to Y$ を接着写像として，ふちつき l セル $D^l \times \mathbf{0}$ を張り付けたものである．

記号を簡単にするため

$$K = \partial H - (\partial D^l \times \operatorname{int} D^{m-l})$$

とおくと，N の境界 ∂N は

$$\partial N = K \cup D^l \times \partial D^{m-l} \tag{4.1}$$

と分解される(図4.2参照).

求める連続写像 $h: \partial N \to X$ は，$D^l \times \partial D^{m-l}$ の部分では $h = c: D^l \times \partial D^{m-l} \to D^l \times \mathbf{0}$ と決める．ただし，ここでは $D^l \times \mathbf{0}$ を X の中の l セル(Y につけたもの)と思っている．また，c はハンドル $D^l \times D^{m-l}$ を写像柱 M_c とみなすときに使った写像である.

h を K の上で定義するため，K を境界のある $m-1$ 次元多様体とみなし，その境界 $\partial K = \partial D^l \times \partial D^{m-l}$ の K のなかでのカラー近傍(ここでは閉カラー近傍) V を考える.

$$V \cong \partial K \times [0,1]$$

であり

$$\partial K = \partial K \times \mathbf{0} = \partial D^l \times \partial D^{m-l}$$

である.

ハンドルを写像柱と見なすときに使った写像 c を ∂K に制限して考えたもの $c|\partial K: \partial K = \partial D^l \times \partial D^{m-l} \to \partial D^l \times \mathbf{0}$ の写像柱を V_c と書くと，V_c は $\partial D^l \times D^{m-l}$ に同一視されるから，$\partial D^l \times D^{m-l}$ の外側にカラーをつけた $\partial D^l \times D^{m-l} \cup V$ とも同相である．この同相写像を

$$j: V_c \to \partial D^l \times D^{m-l} \cup V \ (\subset \partial H)$$

としよう．$V \cong \partial K \times [0,1]$ を写像柱 $V_c = \partial D^l \times \mathbf{0} \cup \partial K \times [0,1]$ のなかの $\partial K \times [0,1]$ にうつすことにより，自然な写像 $i: V \to V_c$ があることに注意する．$\partial K \times \{1\}$ $(\subset \partial K \times [0,1] = V)$ の上では $j \circ i = \mathrm{id}$ である．また $\partial K \times \{0\}$ $(\subset \partial K \times [0,1] = V)$ の上では $j \circ i = c|\partial K$ である.

さて，求める連続写像 $h: \partial N \to X$ を K の上で次のように決める.

$$h(p) = \begin{cases} g \circ j \circ i(p) & (p \in V \text{ のとき}) \\ g(p) & (p \in \partial H - \partial K \times [0,1) \text{ のとき}) \end{cases}$$

右辺の2つの領域の共通部分 $\partial K \times \{1\}$ で $g \circ j \circ i$ と g は一致するから，K 上で連続写像 $h|K$ が矛盾なく定義できた.

∂N の分解(4.1)のそれぞれの部分で定義された h は共通部分 $\partial D^l\times\partial D^{m-l}$ で一致するから，求める連続写像 $h:\partial N\to X$ が得られたことになる．

h の構成から，N が写像柱 M_h に同相であることと l 次元セル複体の i セルが N の i-ハンドルと1対1に対応していることはほぼ明らかであろう．

これで，定理4.18が証明できた．∎

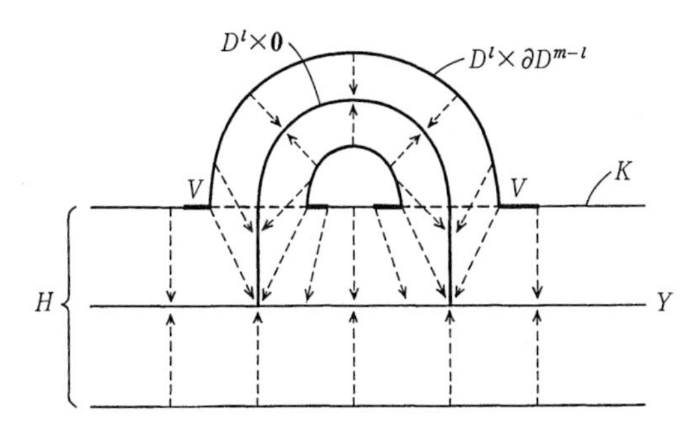

図4.2　連続写像 $h:\partial N\to X$ の構成

注意　定理4.18に出てきたセル複体 X は，その構成から，ハンドル体 N に埋め込まれていると考えられる．

とくに，ハンドル体 N が閉じた多様体であれば，N と X とを同一視することができる．なぜなら，$\partial N=\varnothing$ であれば，写像 $\varnothing\to X$ の写像柱は X 自身に他ならないからである．

例えば例4.2でみたように，m 次元球面 S^m はそれ自身を m 次元セル複体とみなすことができる．

(b)　Morse 不等式の証明

定理4.14を証明しよう．$f:M\to\mathbb{R}$ を閉じた m 次元多様体上の Morse 関数とする．f の臨界点で指数が λ であるようなものの個数が k_λ であった．

f を使って M をハンドル分解する．すると，定理4.18（ハンドル体とセル複体）と上の注意によって，M はセル複体 X に同一視できて，X に含まれるセルと M のハンドルとは1対1に対応する．とくに，X の q セルの個数は M の q-ハンドルの個数，すなわち k_q に等しい．

X のチェイン複体

$$\cdots \to C_q(X) \to C_{q-1}(X) \to \cdots \to C_1(X) \to C_0(X) \to \{0\}$$

を考えると，各 $q\,(q=0,1,\cdots,m)$ について，$C_q(X)$ の階数(rank)は X のなかの q セルの個数 k_q に等しい.

ところで，X の q 次元ホモロジー群 $H_q(X)$ は $C_q(X)$ の部分群 $Z_q(X)$ をさらにその部分群 $B_q(X)$ で割ったものであるから，

$$k_q = \operatorname{rank} C_q(X) \geqq \operatorname{rank} Z_q(X) \geqq \operatorname{rank} H_q(X)$$

が成り立つ.

M と X の同一視によって

$$b_q(M) = b_q(X) = \operatorname{rank} H_q(X)$$

であるから，上の不等式により，$k_q \geqq b_q(M)\,(q=0,1,\cdots,m)$ が得られる．これで Morse 不等式が証明できた.

(c)　複素射影空間 $\mathbb{C}P_m$ のホモロジー群

複素 m 次元の複素射影空間 $\mathbb{C}P_m$ のホモロジー群を求めてみよう．前章の第2節で $\mathbb{C}P_m$ のハンドル分解が

$$\mathbb{C}P_m = h^0 \cup h^2 \cup \cdots \cup h^{2m}$$

であることを示した．ここでは記号を節約するため，λ-ハンドル $D^\lambda \times D^{m-\lambda}$ を h^λ という記号で表している．定理4.18によれば，これから $\mathbb{C}P_m$ をセル複体として表すこと($\mathbb{C}P_m$ のセル分割)ができる:

$$\mathbb{C}P_m = e^0 \cup e^2 \cup \cdots \cup e^m .$$

よって，$\mathbb{C}P_m$ の鎖群 $C_q(\mathbb{C}P_m)$ は

$$C_q(\mathbb{C}P_m) = \begin{cases} \mathbb{Z} & (q\text{ は偶数: } 0 \leqq q \leqq 2m) \\ \{0\} & (q\text{ は上記以外}) \end{cases}$$

で与えられる．このことから，境界準同型は $\partial_q = 0\ (\forall q)$ となり，ホモロジー群 $H_q(\mathbb{C}P_m)$ は次のように計算される.

$$H_q(\mathbb{C}P_m)=\begin{cases}\mathbb{Z} & (q\text{ は偶数: }0\leqq q\leqq 2m)\\ \{0\} & (q\text{ は上記以外})\end{cases}$$

これを表に表してみよう.

表 4.2 $\mathbb{C}P_m$ のホモロジー群

q	0	1	2	3	$\cdots$	$2m-1$	$2m$
$H_q(\mathbb{C}P_m)$	$\mathbb{Z}$	$\{0\}$	$\mathbb{Z}$	$\{0\}$	$\cdots$	$\{0\}$	$\mathbb{Z}$

§4.3 Poincaré 双対性

この節では，はじめにセル複体 X のコホモロジー群 $H^q(X)$ を導入する．向きづけ可能で閉じた多様体については，ホモロジー群とコホモロジー群の間に Poincaré 双対性と呼ばれるきれいな関係がある．その証明がこの節の目標である．

(a) コホモロジー群

セル複体 X のチェイン複体

$$\cdots\to C_{q+1}(X)\xrightarrow{\partial_{q+1}}C_q(X)\xrightarrow{\partial_q}C_{q-1}(X)\xrightarrow{\partial_{q-1}}\cdots\xrightarrow{\partial_1}C_0(X)\to\{0\}$$

を考える．$C_q(X)$ の階数(rank)は X の含む q セルの個数 k_q に等しい．

$C_q(X)$ から $\mathbb{Z}$ への準同型全体の集合を

$$C^q(X)=\{f\,|\,f:C_q(X)\to\mathbb{Z}\}$$

と表すことにすると，$C^q(X)$ は準同型の足し算に関して加群になる．ただし，$f,g\in C^q(X)$ の和 $f+g$ は

$$(f+g)(c):=f(c)+g(c),\quad \forall c\in C_q(X)$$

で定義する．引き算についても同様である．

$C^q(X)$ を **q 次元コチェイン群**(cochain group)と呼び，$C^q(X)$ の各元 f を **q コチェイン**(cochain)という．

任意の q コチェイン $f:C_q(X)\to\mathbb{Z}$ に，境界準同型 $\partial_{q+1}:C_{q+1}(X)\to C_q(X)$ を合成して

$$f\circ\partial_{q+1}:C_{q+1}(X)\to\mathbb{Z}$$

を考えると，$f\circ\partial_{q+1}$ は $q+1$ コチェインになる．q コチェイン f に $q+1$ コチェイン $f\circ\partial_{q+1}$ を対応させる写像を

$$\delta^q:C^q(X)\to C^{q+1}(X)$$

と書いて，余境界準同型または**コバウンダリー準同型**(coboundary homomorphism)という．境界準同型と反対に，コバウンダリー準同型はコチェイン群の次元を1だけ増やす．

コチェイン群とコバウンダリー準同型からなる系列

(4.2)

$$\{0\}\to C^0(X)\xrightarrow{\delta^0}C^1(X)\to\cdots$$
$$\to C^{q-1}(X)\xrightarrow{\delta^{q-1}}C^q(X)\xrightarrow{\delta^q}C^{q+1}(X)\xrightarrow{\delta^{q+1}}\cdots$$

を，X の**コチェイン複体**(cochain complex)という．

補題 4.20

$$\delta^{q+1}\circ\delta^q=0,\quad\forall q.$$

[証明]　補題4.4とコバウンダリー準同型の定義から容易に示せる．∎

δ^q の核 $\mathrm{Ker}(\delta^q)$ を $Z^q(X)$ と書いて X の **q 次元コサイクル群**(cocycles)という．$Z^q(X)$ は $C^q(X)$ の部分群である．また，δ^{q-1} の像 $\mathrm{Im}(\delta^{q-1})$ を $B^q(X)$ と書いて **q 次元コバウンダリー群**(coboundaries)という．$B^q(X)$ も $C^q(X)$ の部分群である．補題4.20により，

$$B^q(X)\subset Z^q(X)\subset C^q(X)$$

が成り立つ．

定義 4.21（コホモロジー群）　剰余群 $Z^q(X)/B^q(X)$ のことを X の **q 次元コホモロジー群**(cohomology group)と呼ぶ．記号で $H^q(X)$ で表す．

$H^q(X)$ の元を **q 次元コホモロジー類**(cohomology class)という．q 次元コサイクル f の属するコホモロジー類を $[f]$ で表す．□

q コチェインは，準同型 $f:C_q(X)\to\mathbb{Z}$ であるから，任意の q コチェイン f

と q チェイン c について，$f(c)$ という整数が決まる．コバウンダリー準同型の定義により

$$(\delta^q f)(c) = f(\partial_{q+1} c)$$

が成り立つ．このことから容易に，f が q 次元コサイクルで c が q 次元サイクルのときは，$f(c)$ の値は f のコホモロジー類 $[f]$ と c のホモロジー類 $[c]$ のみによって決まることが示せる．(次節の交点形式の所で，ホモロジー類の間に交点数が決まることを証明するとき，同様の議論をややていねいに行う．)したがって，q 次元コホモロジー類 $[f]$ は準同型 $[f]: H_q(X) \to \mathbb{Z}$ を定める．

$\mathrm{Hom}(H_q(X), \mathbb{Z}) = \{\phi \mid \phi: H_q(X) \to \mathbb{Z}$ は準同型$\}$ とおいて，$[f]$ に，準同型と思った $[f]$ を対応させると，写像

$$\kappa : H^q(X) \to \mathrm{Hom}(H_q(X), \mathbb{Z})$$

を得る．κ は準同型である．次の定理は普遍係数定理と呼ばれる定理([9]定理 7.5)の弱い形である．

定理 4.22 (弱い形の普遍係数定理)　準同型 $\kappa: H^q(X) \to \mathrm{Hom}(H_q(X), \mathbb{Z})$ は「上へ」の写像であり，その核 $\mathrm{Ker}(\kappa)$ は $H^q(X)$ のねじれ部分である．□

普遍係数定理の証明は省略する．

次の定理が目標である．この定理の証明には定理 4.22 は使わない．

定理 4.23 (Poincaré 双対性)　向きづけ可能で閉じた m 次元多様体 M について，

$$H^q(M) \cong H_{m-q}(M), \quad \forall q = 0, 1, \cdots, m$$

が成り立つ．□

(b)　Poincaré 双対性の証明

まず，境界準同型とコバウンダリー準同型の関係について，若干の補足をする．

セル複体 X が k_q 個の q セル $e_1^q, e_2^q, \cdots, e_{k_q}^q$ を含んでいるとすると，$C_q(X)$ の自然な基底として，向きをつけた $\langle e_1^q \rangle, \langle e_2^q \rangle, \cdots, \langle e_{k_q}^n \rangle$ がとれる．$C_{q+1}(X)$ にも同様の基底 $\langle e_1^{q+1} \rangle, \langle e_2^{q+1} \rangle, \cdots, \langle e_{k_{q+1}}^{q+1} \rangle$ があるから，境界準同型 $\partial_{q+1}: C_{q+1}(X) \to C_q(X)$ はこれらの基底を使って行列表示される．実際，

$$(4.3)\qquad \partial_{q+1}(\langle e_i^{q+1}\rangle) = a_{i1}\langle e_1^q\rangle + a_{i2}\langle e_2^q\rangle + \cdots + a_{ik_q}\langle e_{k_q}^q\rangle,\quad i = 1, 2, \cdots, k_{q+1}$$

であれば，∂_{q+1} は k_{q+1} 行 k_q 列の整数の行列

$$A = \begin{pmatrix} a_{11} & a_{12} & \cdots & a_{1k_q} \\ a_{21} & a_{22} & \cdots & a_{2k_q} \\ & & \ddots & \\ a_{k_{q+1}1} & a_{k_{q+1}2} & \cdots & a_{k_{q+1}k_q} \end{pmatrix}$$

で表される．(本当は A の転置行列 ${}^tA$ を考えるほうが自然なのだが，ここではこのままにしておく．)

q 次元コチェイン群 $C^q(X)$ には，$\langle e_1^q\rangle$, $\langle e_2^q\rangle$, …, $\langle e_{k_q}^q\rangle$ の**双対基底**(dual basis)と呼ばれる基底 f_1^q, $f_2^q, \cdots$, $f_{k_q}^q$ がある．すなわち，f_j^q は

$$(4.4)\qquad f_j^q(\langle e_k^q\rangle) = \begin{cases} 1 & (k = j \text{ のとき}) \\ 0 & (k \neq j \text{ のとき}) \end{cases}$$

によって定義される準同型 $f_j^q : C_q(X) \to \mathbb{Z}$ である．

$C^q(X)$ のなかの双対基底 f_1^q, $f_2^q, \cdots$, $f_{k_q}^q$ と，$C^{q+1}(X)$ のなかの双対基底 $f_1^{q+1}, f_2^{q+1}, \cdots, f_{k_{q+1}}^{q+1}$ を使って，コバウンダリー準同型 $\delta^q : C^q(X) \to C^{q+1}(X)$ を行列表示してみよう．双対基底 $f_j^q \in C^q(X)$ を $\delta^q : C^q(X) \to C^{q+1}(X)$ で写したものが，$C^{q+1}(X)$ なかの双対基底 $f_1^{q+1}, \cdots, f_{k_{q+1}}^{q+1}$ で

$$(4.5)\qquad \delta^q(f_j^q) = b_{j1}f_1^{q+1} + b_{j2}f_2^{q+1} + \cdots + b_{jk_{q+1}}f_{k_{q+1}}^{q+1}$$

と表されたとする．

b_{jk} を j 行 k 列に並べた $k_q \times k_{q+1}$ の行列 B が δ^q を表す行列である．

係数の b_{jk} を求めるために，(4.5)の両辺を $\langle e_k^{q+1}\rangle$ の上で値をとらせてみよう．右辺から計算すると，双対基底の定義式(4.4)により，右辺は k 番目の項だけが $\langle e_k^{q+1}\rangle$ の上で0でない値をとり，その値は b_{jk} である．

一方，左辺はコバウンダリー準同型の定義と境界準同型の行列表示により

$$(4.6)\qquad \begin{aligned}\delta^q f_j^q(\langle e_k^{q+1}\rangle) &= f_j^q(\partial_{q+1}\langle e_k^{q+1}\rangle)\\ &= f_j^q(a_{k1}\langle e_1^q\rangle + a_{k2}\langle e_2^q\rangle + \cdots + a_{kk_q}\langle e_{k_q}^q\rangle)\\ &= a_{kj}\end{aligned}$$

したがって，$b_{jk}=a_{kj}$ を得る．この事実を次の補題にまとめておこう．

補題 4.24　$\delta^q : C^q(X)\to C^{q+1}(X)$ を表す行列 B は，$\partial_{q+1} : C_{q+1}(X)\to C_q(X)$ を表す行列 A の転置行列である．　□

Poincaré 双対性の証明に入ろう．

M を向きづけられた m 次元の閉多様体とする．これを指数の順に整列した形にハンドル分解しておく：

$$(4.7)\quad M=(h_1^0\sqcup\cdots\sqcup h_{k_0}^0)\cup(h_1^1\sqcup\cdots\sqcup h_{k_1}^1)\cup\cdots\cup(h_1^m\sqcup\cdots\sqcup h_{k_m}^m).$$

定理 4.18 で示したように，このハンドル分解の q-ハンドルの心棒を q セルとみなすことによって，M を自然に m 次元セル複体 X と思える．q-ハンドル h_j^q の心棒 e_j^q には任意の向き $\langle e_j^q\rangle$ を与えておく．すると，ハンドル分解(4.7)に適合したチェイン複体を得る：

$$(4.8)\quad \cdots\to C_{q+1}(X)\xrightarrow{\partial_{q+1}} C_q(X)\to\cdots\to C_1(X)\xrightarrow{\partial_1} C_0(X)\to\{0\}.$$

この章の第 1 節で説明したように，境界準同型 ∂_{q+1} はセル複体の接着写像 $h_j : \partial\bar{e}_j^{q+1}\to X^q$ によって $\partial\bar{e}_j^{q+1}$ が q セル $\bar{e}_k^q$ の上に向きもこめて何回かぶるかという被覆度 a_{jk} により表される．(X^q は M をセル複体と見なしたときの q 切片である．)

ハンドル体をセル複体と見なすとき，セル複体の接着写像は本質的にはハンドル体の接着写像である(定理 4.18 参照)．このことを使うと，被覆度 a_{jk} を以下に説明するようにハンドル分解(4.7)に即した言葉で表現できる．

ハンドル分解(4.7)において，q-ハンドルまでをすべて接着し終わった部分ハンドル体を N^q とする．

いま $q+1$-ハンドル $h_j^{q+1}=D^{q+1}\times D^{m-q-1}$ が接着写像 $\varphi_j : \partial D^{q+1}\times D^{m-q-1}\to\partial N^q$ で N^q に接着しているとしよう．接着球面の φ_j による像 $\varphi_j(\partial D^{q+1}\times \mathbf{0})$ は ∂N^q に埋め込まれた q 次元球面である．以下，記号を簡単にするため，

これを S_j^q という記号で表すことにする：

$$S_j^q = \varphi_j(\partial D^{q+1} \times \mathbf{0}).$$

一方，N^q に含まれる q-ハンドル $h_k^q = D^q \times D^{m-q}$ のベルト球面 $\mathbf{0} \times \partial D^{m-q}$ は $m-q-1$ 次元球面であり，これも ∂N^q の部分多様体である．やはり記号の簡単のため，このベルト球面を Σ_k^{m-q-1} と表す：

$$\Sigma_k^{m-q-1} = \mathbf{0} \times \partial D^{m-q}.$$

接着球面 S_j^q の次元 q とベルト球面 Σ_k^{m-q-1} の次元 $m-q-1$ の和は ∂N^q の次元 $m-1$ に等しい．

定理 4.25（一般の位置：その2）　滑らかな多様体 K のなかに2つの閉じた部分多様体 S_1, S_2 があり，しかも，それらの次元の和は K の次元に等しいとする：

$$\dim K = \dim S_1 + \dim S_2.$$

このとき，次の性質(i),(ii)をもつ K のアイソトピー $\{h_t\}_{t\in J}$ が存在する．

（i）　$h_0 = \mathrm{id}_K$，かつ

（ii）　$h_1(S_1)$ は S_2 に有限個の点で横断的に交わる．　□

証明は省略する([4], [8]を参照してほしい)．

ハンドル体 N^q に戻ると，この定理4.25により，境界 ∂N^q のアイソトピー $\{h_t\}_{t\in J}$ を見つけて，$h_0 = \mathrm{id}_{\partial N^q}$ であり，かつ，$h_1(S_j^q)$ はベルト球面 Σ_k^{m-q-1} に有限個の点で横断的に交わるようにすることができる．定理3.21(ハンドルを滑らせる)を使えば，このアイソトピーによって接着写像 φ_j を $h_1 \circ \varphi_j$ に変えることができるので，はじめから接着球面 S_j^q はベルト球面 Σ_k^{m-q-1} に横断的に交わっているとしてよい．(この議論を接着球面の非交和とベルト球面の非交和について行えば，任意の接着球面とベルト球面が ∂N^q のなかで横断的に交わると仮定できる．)

まず単純化された状況を考えてみよう．∂N^q のなかで，接着球面 S_j^q がベルト球面 Σ_k^{m-q-1} と唯1点で交わっている状況である．q-ハンドル h_k^q の太さをしだいに細くしていって対応する q セル e_k^q に変形すればわかるように，この場合，接着球面 S_j^q は e_k^q に1回または -1 回かぶることになる．すなわち $a_{jk} = \pm 1$ ということになる(図4.3参照，ただし，この図では $a_{jk} = 2$)．

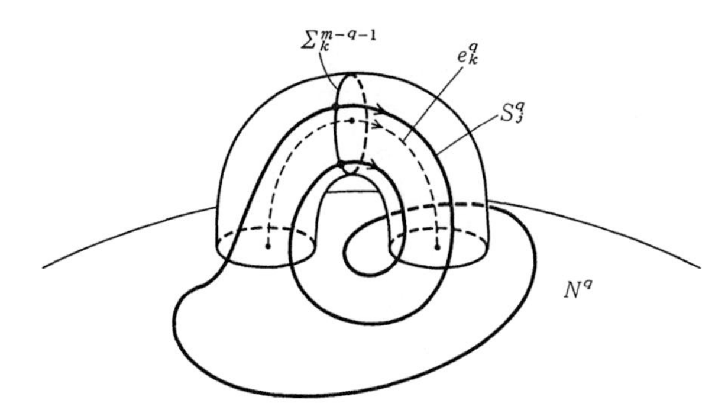

図 4.3　S_j^q が Σ_k^{m-q-1} に交わる回数だけ S_j^q は e_k^q にかぶる.

一般の状況を考えるため，次の第4節で定義される**交点数**を利用する．向きづけられた多様体 $\langle K\rangle$ のなかに，有限個の点で横断的に交わる2つの向きづけられた部分多様体 $\langle S_1\rangle$ と $\langle S_2\rangle$ があるとすると，それらの間の交点数が定義できる．（$\dim S_1+\dim S_2=\dim K$ が仮定されている.）

S_1 と S_2 の各交点に $+1$ または -1 の**交わりの符号**を付随させることができて，それらをすべての交点について加え合わせて得られる整数が，$\langle S_1\rangle$ と $\langle S_2\rangle$ の間の交点数

$$\langle S_1\rangle\cdot\langle S_2\rangle$$

である．

接着球面 S_j^q が何度もベルト球面 Σ_k^{m-q-1} に交わるという一般の状況に戻ると，この場合は，符号もこめて何回 Σ_k^{m-q-1} に交わるかという回数だけ，S_j^q は e_k^q にかぶる．したがって，a_{jk} は交点数 $\langle S_j^q\rangle\cdot\langle\Sigma_k^{m-q-1}\rangle$ またはそのマイナス $-\langle S_j^q\rangle\cdot\langle\Sigma_k^{m-q-1}\rangle$ に等しい．$\langle S_j^q\rangle, \langle\Sigma_k^{m-q-1}\rangle, \langle\partial N^q\rangle$ の向きを皆「自然に」選んで計算してみると，

$$a_{jk}=(-1)^q\langle S_j^q\rangle\cdot\langle\Sigma_k^{m-q-1}\rangle \tag{4.9}$$

が示せる．

先頭の符号 $(-1)^q$ はここではあまり本質的でないので，詳しいことは省略するが,「自然な」向きの取り方だけ説明しておこう．q-ハンドル h_k^q の心棒 e_k^q の向き $\langle e_k^q\rangle$ は任意に選んでおく．h_k^q の太さを表す円板を ε_k^{m-q} で表すこと

にすると，ε_k^{m-q} の向きは $\langle e_k^q \rangle$ から自然に決まる．すなわち，e_k^q と ε_k^{m-q} とは横断的に1点で交わっているから，全体の多様体 M の向き $\langle M \rangle$ が指定されているという前提のもとに，交点数が

$$\langle e_k^q \rangle \cdot \langle \varepsilon_k^{m-q} \rangle = 1 \tag{4.10}$$

となるように，向き $\langle \varepsilon_k^{m-q} \rangle$ を決める．

一般に，多様体 N の境界 ∂N の向きは N の向きから自然に誘導される．(第1節で，円板の場合にそれを説明したが，一般の多様体についても同様である．) 接着球面 S_j^q やベルト球面 Σ_k^{m-q-1} の向きは，$\langle e_j^{q+1} \rangle$ や $\langle \varepsilon_k^{m-q} \rangle$ の境界としてそれぞれ自然に導かれるものとする．また，∂N^q の向きは N^q の向きから自然に決まるものとする．これらの規約のもとに，式(4.9)が証明できるのである．

Morse 理論による Poincaré 双対性の証明のキーポイントは，多様体 M の「上下」をひっくり返すことである．それには，はじめの Morse 関数 $f: M \to \mathbb{R}$ を $-f$

$$-f : M \to \mathbb{R}$$

にとり変えればよい．既に第3章の最後の定理3.35の証明で見たように，Morse 関数 $-f$ の臨界点の集合は f の臨界点の集合とまったく同じである．しかし，f に関して指数が λ の臨界点は $-f$ に関しては指数 $m-\lambda$ の臨界点になる．これは，臨界点のまわりで，f の標準形を考えてみればすぐにわかる．ハンドルの心棒と太さを表す円板の役割が入れ替わり，q-ハンドル h_k^q は $m-q$-ハンドル ${h^*}_k^{m-q}$ に変身する．

${h^*}_k^{m-q}$ の心棒は ε_k^{m-q} であり，太さを表す円板は e_k^q である．

$-f$ に付随するハンドル分解は

(4.11)
$$M = ({h^*}_1^0 \sqcup \cdots \sqcup {h^*}_{k_m}^0) \cup ({h^*}_1^1 \sqcup \cdots \sqcup {h^*}_{k_{m-1}}^1) \cup \cdots \cup ({h^*}_1^m \sqcup \cdots \sqcup {h^*}_{k_0}^m)$$

のかたちである．ここに現れる0-ハンドル，1-ハンドル，…，m-ハンドルの個数 $k_m, k_{m-1}, \cdots, k_0$ はそれぞれ，ひっくり返す前の m-ハンドル，$m-1$-ハンドル，…，0-ハンドルの個数である．

ハンドル分解(4.11)に適合した M のセル分割を X^* とする．このセル複体から，チェイン複体

(4.12)

$$\cdots \to C_{m-q}(X^*) \xrightarrow{\partial^*_{m-q}} C_{m-q-1}(X^*) \to \cdots \to C_1(X^*) \xrightarrow{\partial^*_1} C_0(X^*) \to \{0\}$$

が得られる．

交点数を使うと，$C_{m-q}(X^*)$ の基底 $\langle \varepsilon_1^{m-q} \rangle, \langle \varepsilon_2^{m-q} \rangle, \cdots, \langle \varepsilon_{k_q}^{m-q} \rangle$ が $C^q(X)$ の双対基底のように見えてくる．実際，$C_{m-q}(X^*)$ の基底の 1 つ $\langle \varepsilon_k^{m-q} \rangle$ をとり，それと $C_q(X)$ の基底 $\langle e_j^q \rangle$ との(M のなかでの)交点数を考えると，式(4.10)と次の節の公式(4.18)により

$$\langle \varepsilon_k^{m-q} \rangle \cdot \langle e_j^q \rangle = \begin{cases} (-1)^{(m-q)q} & (j=k\text{ のとき}) \\ 0 & (j \neq k\text{ のとき}) \end{cases}$$

となる．

しかも，$\mathrm{rank}(C_{m-q}(X^*)) = \mathrm{rank}(C^q(X)) = k_q$ であるから，$C_{m-q}(X^*)$ の基底 $\langle \varepsilon_k^{m-q} \rangle$ を双対基底 f_k^q の符号を変えたもの $(-1)^{(m-q)q} f_k^q$ に写すという同型写像

$$\Psi_{m-q} : C_{m-q}(X^*) \to C^q(X)$$

が考えられる．各次元 q に，このような同型写像 Ψ_{m-q} がある．

補題 4.26 任意の q について，次の図式は符号を除いて可換である．すなわち，$\Psi_{m-q-1} \circ \partial^*_{m-q} = \pm \delta^q \circ \Psi_{m-q}$ が成り立つ．

$$\begin{array}{ccc} C^q(X) & \xrightarrow{\delta^q} & C^{q+1}(X) \\ \uparrow{\scriptstyle \Psi_{m-q}} & & \uparrow{\scriptstyle \Psi_{m-q-1}} \\ C_{m-q}(X^*) & \xrightarrow[\partial^*_{m-q}]{} & C_{m-q-1}(X^*) \end{array}$$

［証明］ $C_{m-q}(X^*)$ の基底 $\langle \varepsilon_k^{m-q} \rangle$ $(k=1,\cdots,k_q)$ と，$C_{m-q-1}(X^*)$ の基底 $\langle \varepsilon_j^{m-q-1} \rangle$ $(j=1,\cdots,k_{q+1})$ に関して，境界準同型 ∂^*_{m-q} を行列表示してみよう．

(4.13)

$$\partial^*_{m-q}(\langle\varepsilon_k^{m-q}\rangle) = c_{k1}\langle\varepsilon_1^{m-q-1}\rangle + \cdots + c_{kj}\langle\varepsilon_j^{m-q-1}\rangle + \cdots + c_{kk_{q+1}}\langle\varepsilon_{k_{q+1}}^{m-q-1}\rangle$$

とおく．

ハンドル分解(4.11)の 0-ハンドルから $m-q-1$-ハンドルまでを全部合わせた部分ハンドル体を N^{*m-q-1} としよう．$N^{*m-q-1}\cup N^q=M$ であり，N^{*m-q-1} の境界 ∂N^{*m-q-1} は N^q の境界 ∂N^q に等しい．∂N^{*m-q-1} のなかで，以前のベルト球面 Σ_k^{m-q-1} がいまは $m-q$-ハンドル h^{*m-q}_k の接着球面になっており，以前の接着球面 S_j^q がいまは $m-q-1$-ハンドル h^{*m-q-1}_j のベルト球面になっていることを考慮すると，式(4.9)を得たときと同様の考察により

(4.14)
$$c_{kj} = (-1)^{m-q-1}\langle\Sigma_k^{m-q-1}\rangle'\cdot\langle S_j^q\rangle'$$

を得る．ただし，見かけは同じだが，いくつかの点で注意する必要がある．

まず，ここでの交点数は $\langle\partial N^{*m-q-1}\rangle$ $(=-\langle\partial N^q\rangle)$ のなかで考えている．

また，a_{jk} を求めたときと完全に同じに議論するには，Σ_k^{m-q-1} と S_j^q の向きを

$$\langle\varepsilon_j^{m-q-1}\rangle'\cdot\langle e_j^{q+1}\rangle' = 1,\quad \forall j$$

という規約に基づいて決めなければならない．式(4.14)のなかで，向きの記号に $'$ がついているのはそのためである．前の規約(4.10)に基づく向き $\langle\Sigma_k^{m-q-1}\rangle$ と $\langle S_j^q\rangle$ を使えば，次の節の公式(4.18)により $(-1)^{(m-q-1)(q+1)}$ だけの符号の違いがでる．

以上の点を考慮し，公式(4.18)を使って $\langle\Sigma_k^{m-q-1}\rangle$ と $\langle S_j^q\rangle$ の順序を入れ換え，そして a_{jk} の式(4.9)と比較すれば

(4.15)
$$c_{kj} = (-1)^{q+1}a_{jk}$$

が示せる．ここの符号 $(-1)^{q+1}$ はさしあたり重要でない．いずれにせよ，∂^*_{m-q} を表す行列 C は ∂_{q+1} を表す行列 A の転置行列またはそのマイナスであることがわかった．

補題 4.24 により，双対基底に関して $\delta^q: C^q(X)\to C^{q+1}(X)$ を表す行列は A の転置行列だから，Ψ_{m-q} と Ψ_{m-q-1} によって，$C_{m-q}(X^*)$ と $C^q(X)$，

$C_{m-q-1}(X^*)$ と $C^{q+1}(X)$ をそれぞれ同一視すると，∂^*_{m-q} と δ^q が符号を除いて一致することは明らかである．

これで，補題 4.26 が示せた．■

補題 4.26 を使い，各次元 q で同型 $\Psi_{m-q}: C_{m-q}(X^*) \to C^q(X)$ を考えれば，チェイン複体

$$(4.16)\quad \cdots \to C_{m-q+1}(X^*) \xrightarrow{\partial^*_{m-q+1}} C_{m-q}(X^*) \xrightarrow{\partial^*_{m-q}} C_{m-q-1}(X^*) \to \cdots$$

とコチェイン複体

$$(4.17)\quad \cdots \to C^{q-1}(X) \xrightarrow{\pm\delta^{q-1}} C^q(X) \xrightarrow{\pm\delta^q} C^{q+1}(X) \to \cdots$$

が同型になる．

したがって，チェイン複体(4.16)の $m-q$ 次元ホモロジー群 $H_{m-q}(X^*)$ $(\cong H_{m-q}(M))$ とコチェイン複体(4.17)の q 次元コホモロジー群 $H^q(X)$ $(\cong H^q(M))$ は同型である．(コバウンダリー準同型が δ^q でも $-\delta^q$ でもコホモロジー群の構造には影響しない．)

これで，Poincaré 双対性 $H_{m-q}(M) \cong H^q(M)$ が証明できた．

系 4.27　M を向きづけ可能な m 次元連結閉多様体とすると，最高次元のホモロジー群とコホモロジー群は $\mathbb{Z}$ に同型である：

$$H_m(M) \cong \mathbb{Z}, \quad H^m(M) \cong \mathbb{Z}.$$

［証明］　Poincaré 双対性により，$H_m(M) \cong H^0(M)$ と $H^m(M) \cong H_0(M)$ が成り立つ．一方，連結なセル複体 X については，$H^0(X) \cong \mathbb{Z}$ と $H_0(X) \cong \mathbb{Z}$ は定義から容易に示せる．■

M を向きづけることは $H_m(M) \cong \mathbb{Z}$ の生成元を 1 つ選び出すことに相当している．こうして選び出された生成元を $[M]$ と書き，M の**基本類**(fundamental class)と呼ぶ．

注意　向きづけ不可能な m 次元連結多様体 M については $H_m(M) = \{0\}$ であることが知られている．

系 4.28 (Betti 数の双対性)　M を向きづけ可能な m 次元連結閉多様体とすると，q 次元 Betti 数と $m-q$ 次元 Betti 数は等しい：

$$b_q(M) = b_{m-q}(M), \quad \forall q.$$

［証明］ 普遍係数定理4.22によれば，$\operatorname{rank} H^q(X) = \operatorname{rank} H_q(X)$ が成り立つ．Poincaré 双対性と組み合わせて

$$b_q(M) = \operatorname{rank} H_q(M) = \operatorname{rank} H^q(M) = \operatorname{rank} H_{m-q}(M) = b_{m-q}(M). \quad \blacksquare$$

§4.4　交点形式

M を向きづけ可能な m 次元多様体とし，M に向き $\langle M \rangle$ を入れておく．定義4.3で説明したように，$\langle M \rangle$ は局所的には，m 個の1次独立なベクトル場を並べたもの

$$\langle V_1, V_2, \cdots, V_m \rangle$$

として与えられる．このように m 個のベクトル場を並べたものを $\langle M \rangle$ に適合する **m ベクトル枠**(m-frame of vectors)と呼ぶ．

(a)　部分多様体の交点数

S_1, S_2 を M の向きづけ可能な部分多様体で，次元がそれぞれ p, q であるようなものとする．$m = p+q$ を仮定する．さらに，S_1, S_2 にはそれぞれ向き $\langle S_1 \rangle, \langle S_2 \rangle$ が与えられていて，M のなかで，有限個の点 $\{q_1, q_2, \cdots, q_r\}$ で横断的に交わっているとしよう．

交点の1つ q_i を考える．q_i の近傍で $\langle S_1 \rangle$ に適合する S_1 上の p ベクトル枠 $\langle V_1, V_2, \cdots, V_p \rangle$ と $\langle S_2 \rangle$ に適合する S_2 上の q ベクトル枠 $\langle W_1, W_2, \cdots, W_q \rangle$ を選んでおく．

定義4.29（交わりの符号）　$\langle V_1, V_2, \cdots, V_p \rangle$ と $\langle W_1, W_2, \cdots, W_q \rangle$ をこの順に並べたもの

$$\langle V_1, \cdots, V_p, W_1, \cdots, W_q \rangle$$

が，M の向き $\langle M \rangle$ に適合する m ベクトル枠か，$\langle M \rangle$ と反対の向きに適合する m ベクトル枠かに従って，交点 q_i における**交わりの符号**(sign of intersection) $\varepsilon(q_i)$ を $\varepsilon(q_i) = +1$ または $\varepsilon(q_i) = -1$ と定義する．　□

定義4.30（交点数）　$S_1 \cap S_2 = \{q_1, q_2, \cdots, q_r\}$ であるとする．

$$\langle S_1\rangle\cdot\langle S_2\rangle=\sum_{i=1}^{r}\varepsilon(q_i)$$

とおいて，この数を $\langle S_1\rangle$ と $\langle S_2\rangle$ の**交点数**(intersection number)と呼ぶ． □

補題 4.31 S_1 と S_2 の順序を入れ換えるとき，次の公式が成り立つ：

(4.18) $$\langle S_1\rangle\cdot\langle S_2\rangle=(-1)^{pq}\langle S_2\rangle\cdot\langle S_1\rangle .$$

［証明］ m ベクトル枠のなかの 2 つのベクトルを入れ換えるごとに，その m ベクトル枠の決める向きが反対になる．ベクトルの入れ換えを pq 回行えば $\langle V_1,\cdots,V_p,W_1,\cdots,W_q\rangle$ から $\langle W_1,\cdots,W_q,V_1,\cdots,V_p\rangle$ へ移れる．これから公式(4.18)を得る． ■

(b) 交点形式

部分多様体の間の交点数をホモロジー類の間の交点数へ拡張しよう．以下，M を向きづけられた連結な閉多様体とし，Morse 関数 $f:M\to\mathbb{R}$ に適合するハンドル分解(4.7)と $-f:M\to\mathbb{R}$ に適合するハンドル分解(4.11)を考える．第3節の記号をそのまま使うことにし，それぞれのハンドル分解に付随するセル複体を X,X^* としよう．

X の q セル e_k^q は q-ハンドル h_k^q の心棒であった．そして，X^* の $m-q$ セル ε_k^{m-q} は h_k^q の太さを表す円板である．e_k^q と ε_k^{m-q} は横断的に 1 点で交わっている．e_k^q には任意の向き $\langle e_k^q\rangle$ を与え，ε_k^{m-q} には，交点数が

(4.19) $$\langle e_k^q\rangle\cdot\langle\varepsilon_k^{m-q}\rangle=1$$

となるような向き $\langle\varepsilon_k^{m-q}\rangle$ を与える．（前節の(4.10)を見よ．）

まず，X の q チェインと X^* の $m-q$ チェインの間の交点数を定義しよう．$c^q=\sum_{k=1}^{k_q}c_k\langle e_k^q\rangle$ $(c_k\in\mathbb{Z})$ を X の q チェイン，$\gamma^{m-q}=\sum_{l=1}^{k_q}\gamma_l\langle\varepsilon_l^{m-q}\rangle$ $(\gamma_l\in\mathbb{Z})$ を X^* の $m-q$ チェインとする．

定義 4.32（チェインの交点数） q チェイン c^q と $m-q$ チェイン γ^{m-q} の間の**交点数**を

(4.20) $$c^q\cdot\gamma^{m-q}=\sum_{k,l=1}^{k_q}c_k\gamma_l\langle e_k^q\rangle\cdot\langle\varepsilon_l^{m-q}\rangle$$

とおいて定義する． □

q セル e_k^q と $m-q$ セル ε_l^{m-q} とは $k=l$ のときに限って横断的に交わり，$k\neq l$ のときには共通部分がない．したがって，定義式(4.20)は実は

$$c^q\cdot\gamma^{m-q}=\sum_{k=1}^{k_q}c_k\gamma_k$$

に等しい．(式(4.19)を使った．)

定義式(4.20)により，$(c+c')\cdot\gamma=c\cdot\gamma+c'\cdot\gamma$ と $c\cdot(\gamma+\gamma')=c\cdot\gamma+c\cdot\gamma'$ がわかり，交点数は $C_q(X)$ と $C_{m-q}(X^*)$ の間の双1次形式

$$\cdot\ :C_q(X)\times C_{m-q}(X^*)\to\mathbb{Z}$$

を与える．

定義式(4.20)からさらに $c^q\cdot\gamma^{m-q}=(-1)^{q(m-q)}\gamma^{m-q}\cdot c^q$ がわかる．

補題 4.33　$\forall c^{q+1}\in C_{q+1}(X)$ と $\forall\gamma^{m-q}\in C_{m-q}(X^*)$ について

$$(\partial_{q+1}c^{q+1})\cdot\gamma^{m-q}=(-1)^{q+1}c^{q+1}\cdot(\partial^*_{m-q}\gamma^{m-q})\tag{4.21}$$

が成り立つ．ただし，

$$\partial_{q+1}:C_{q+1}(X)\to C_q(X)\quad と\quad \partial^*_{m-q}:C_{m-q}(X^*)\to C_{m-q-1}(X^*)$$

は境界準同型である．

［証明］　$C_{q+1}(X)$ と $C_{m-q}(X^*)$ の生成元についてのみ示せば十分である．そこで，

$$c^{q+1}=\langle e_j^{q+1}\rangle,\quad \gamma^{m-q}=\langle\varepsilon_k^{m-q}\rangle$$

の場合を考える．

$$\partial_{q+1}(\langle e_j^{q+1}\rangle)=\sum_{k=1}^{k_q}a_{jk}\langle e_k^q\rangle,\tag{4.22}$$

$$\partial^*_{m-q}(\langle\varepsilon_k^{m-q}\rangle)=\sum_{j=1}^{k_{q+1}}c_{kj}\langle\varepsilon_j^{m-q-1}\rangle$$

とおくと，証明すべき式(4.21)の左辺の交点数は $(\partial_{q+1}\langle e_j^{q+1}\rangle)\cdot\langle\varepsilon_k^{m-q}\rangle=a_{jk}$ となり，右辺の交点数は $\langle e_j^{q+1}\rangle\cdot(\partial^*_{m-q}\langle\varepsilon_k^{m-q}\rangle)=c_{kj}$ となる．

前節の式(4.15)により，$a_{jk}=(-1)^{q+1}c_{jk}$ であるから，証明すべき式(4.21)が成り立つ． ■

補題4.33の系として，X の q 次元境界サイクル b^q と X^* の $m-q$ 次元サ

イクル γ^{m-q} の間の交点数が0であることがわかる．実際，境界サイクル b^q は，ある $q+1$ チェイン c^{q+1} を使って，$b^q=\partial_{q+1}(c^{q+1})$ と書けるから

$$b^q\cdot\gamma^{m-q}=(\partial_{q+1}c^{q+1})\cdot\gamma^{m-q} \\ =(-1)^{q+1}c^{q+1}\cdot(\partial^*_{m-q}\gamma^{m-q}) \\ =0 \tag{4.23}$$

を得る．最後に0になったのは，γ^{m-q} が $m-q$ 次元サイクルと仮定されているからである．

この結論から次のことがわかる．X の q 次元サイクル z^q と X^* の $m-q$ 次元サイクル ζ^{m-q} の間の交点数

$$z^q\cdot\zeta^{m-q}$$

において，z^q に q 次元境界サイクル b^q を足しても引いても，交点数の値は変わらない．同様に，ζ^{m-q} に $m-q$ 次元境界サイクル β^{m-q} を足しても引いても交点数の値は変わらない．

言い換えれば，$H_q(X)$ のホモロジー類 $[z^q]$ と $H_{m-q}(X^*)$ のホモロジー類 $[\zeta^{m-q}]$ の間の交点数

$$[z^q]\cdot[\zeta^{m-q}]$$

が定義できる．

$H_q(X)\cong H_q(M)$ であり，$H_{m-q}(X^*)\cong H_{m-q}(M)$ であるから，交点数を対応させる双1次形式

(4.24)

$$I: H_q(M)\times H_{m-q}(M)\to\mathbb{Z},\ \ ただし\ \ I([z^q],[\zeta^{m-q}])=[z^q]\cdot[\zeta^{m-q}]$$

が得られたことになる．

定義 4.34（交点形式）　双1次形式 I を**交点形式**(intersection form)と呼ぶ．（交叉形式と呼ぶこともある．）　□

公式(4.18)により，

$$I(x,y)=(-1)^{q(m-q)}I(y,x),\quad \forall(x,y)\in H_q(M)\times H_{m-q}(M) \tag{4.25}$$

が成り立つ．

I は整数値だから，$x\in H_q(M)$ が**ねじれ元**(torsion)であれば（すなわち，

$nx=0$ となるような0でない整数 n があれば)，どんな $y\in H_{m-q}(M)$ についても $I(x,y)=0$ となる．この逆が言える．

補題 4.35　交点形式は次の2つの意味で**非退化**(non-degenerate)である．

(i)　ある $x\in H_q(M)$ を止めたとき，任意の $y\in H_{m-q}(M)$ について $I(x,y)=0$ であれば，x はねじれ元である．

(ii)　任意の準同型 $\phi: H_{m-q}(M)\to\mathbb{Z}$ が与えられたとき，ある $x\in H_q(M)$ が存在して，$I(x,y)=\phi(y)$, $\forall y\in H_{m-q}(M)$ が成り立つ．

x と y の役割を入れ換えても同じことが言える．

[証明]　Poincaré 双対性の定理 4.23 と普遍係数定理 4.22 を組み合わせればよい．

$$H_q(M)\cong H^{m-q}(M)\xrightarrow{\kappa}\mathrm{Hom}(H_{m-q}(M),\mathbb{Z})$$

という合成は $\forall x\in H_q(M)$ に準同型 $I(x,\cdot)$(またはそのマイナス)を対応させることが，Poincaré 双対性の証明と κ の定義をさかのぼればわかる．∎

M が偶数次元($\dim M=2n$)であるとき，$m-n=n$ だから，ちょうど真ん中の次元の $H_n(M)$ の上に交点形式

$$I: H_n(M^{2n})\times H_n(M^{2n})\to\mathbb{Z}$$

が定義できる．公式(4.25)の特別の場合として

$$I(x,y)=(-1)^n I(y,x),\quad \forall x,y\in H_n(M^{2n}). \tag{4.26}$$

さらに，n が偶数(よって m が4の倍数 $4k$)であれば，この式から I は対称($I(x,y)=I(y,x)$)であることがわかる．こうして次の定理を得た．

定理 4.36　M が4の倍数次元($\dim M=4k$)であれば，交点形式

$$I: H_{2k}(M)\times H_{2k}(M)\to\mathbb{Z}$$

は非退化な対称双1次形式である．□

(c)　部分多様体の交点数と交点形式

この節のはじめに，向きづけられた m 次元多様体 M のなかの向きづけられた p 次元と q 次元の部分多様体 S_1, S_2 の交点数 $\langle S_1\rangle\cdot\langle S_2\rangle$ を定義した．(ただし，$\dim M=\dim S_1+\dim S_2$ であり，S_1 と S_2 は有限個の点で横断的に交わると仮定してある．)

もし，S_1 と S_2 が閉じた多様体であれば，Poincaré 双対性の系 4.27 により，基本類 $[S_1] \in H_p(S_1)$ と $[S_2] \in H_q(S_2)$ が定まる．これらを包含写像 $j_1: S_1 \to M$, $j_2: S_2 \to M$ から誘導されるホモロジー群間の準同型で写し，それぞれ $H_p(M), H_q(M)$ の元と見なす．そうすると，交点形式 I によって，ホモロジー類の間の交点数 $I([S_1],[S_2])$ が定まる．

次の定理は一見当たり前だが，証明はそれほど簡単でない．

定理 4.37

$$\langle S_1 \rangle \cdot \langle S_2 \rangle = I([S_1],[S_2]) . \qquad \square$$

証明がやさしくない理由は，交点形式 I の定義が $\sum_{k=1}^{k_p} c_k \langle e_k^p \rangle, \sum_{l=1}^{k_p} \gamma_l \langle \varepsilon_l^{m-p} \rangle$ という特別な形のチェインの間の交点数から出発したからである．部分多様体の間の交点数 $\langle S_1 \rangle \cdot \langle S_2 \rangle$ を $I([S_1],[S_2])$ に関係させるには，S_1, S_2 を滑らかなホモトピーで動かして，それぞれ部分ハンドル体 N^p, N^{*m-p} のなかに入れなければならないが，このホモトピーの前後で交点数が変わらないことの証明が，ホモロジー論のレベルでは面倒になってしまうのである．

多分，一番手軽な証明法は，上記の滑らかなホモトピーを直積 $S_1 \times [0,1]$ と $S_2 \times [0,1]$ から $M \times [0,1]$ への写像と考え，それらを互いに「横断的」にすることであろう．そうすると，ホモトピー同士の交わりが有限個の曲線になり，その端点に変形前後の横断的な交点が現れる．こうして，曲線を介して変形前後の交点数が変わらないことが証明できるのである．詳細は省略する．

交点形式 I がホモロジー類について定義されているからと言って，そのことを定理 4.37 の証明に使ってしまうと，一種の循環論法になってしまう．

交点形式 I は M が閉じているという仮定のもとに定義されたが，定理 4.37 によれば，具体的に交点数 $\langle S_1 \rangle \cdot \langle S_2 \rangle$ を数えることにより，いわば「局所的」に交点形式 I が考えられるようになる．境界をもつ多様体上でも交点形式を考えることができるようになるわけで(ただし，その場合，I は非退化とは限らない)，このことからも定理 4.37 が自明な事実ではないことがわかる．

《要約》

4.1（Morse 不等式）　M 上の Morse 関数の指数 λ の臨界点の個数 k_λ は，Betti 数 $b_\lambda(M)$ 以上である．

4.2（Poincaré 双対性）　M が向きづけ可能で閉じた m 次元多様体であれば，$H^q(M) \cong H_{m-q}(M)$，$\forall q$ が成り立つ．

4.3　M が向きづけ可能で閉じた m 次元多様体であれば，交点形式 $I: H_q(M) \times H_{m-q}(M) \to \mathbb{Z}$，$\forall q$ が定まる．交点形式は非退化な双1次形式である．一種の対称性 $I(x,y) = (-1)^{q(m-q)} I(y,x)$ ももっている．

4.4　交点形式 I は境界のある多様体上でも定義できるが，その場合は非退化と限らない．

——演習問題——

4.1　前章の第2節で与えた射影平面 P^2 のハンドル分解を使って，P^2 のホモロジー群を求めよ．

4.2　複素射影平面 $\mathbb{C}P_2$ の2次元ホモロジー群は $H_2(\mathbb{C}P_2) \cong \mathbb{Z}$ であった．x を $H_2(\mathbb{C}P_2)$ の生成元，$I: H_2(\mathbb{C}P_2) \times H_2(\mathbb{C}P_2) \to \mathbb{Z}$ を交点形式とすると，$I(x,x) = \pm 1$ であることを証明せよ．（実は，$\mathbb{C}P_2$ を複素構造に関して自然に向きづけると $I(x,x) = 1$ が示せる．）

4.3　M を奇数次元の閉じた向きづけ可能な多様体とすると，M の Euler 数 $\chi(M)$ は0である．

5 低次元多様体

4 次元以下の多様体を低次元多様体という．低次元多様体論はハンドル体の理論と関係が深い．この章では，ハンドル体の観点から低次元多様体の基礎事項を紹介しよう．まず，基本群について簡単に復習しておく．詳しくは佐藤[9]第 3 章を参照してほしい．

§5.1 基本群

X を連結なセル複体とする．X に 1 点 x_0 を決めておき，**基点**(base point)と呼ぶ．通常，基点として 0 切片 X^0 の 1 点すなわち頂点を選ぶことが多い．(X, x_0) の**ループ**(loop)とは，区間 $I=[0,1]$ から X への連続写像で，I の両端点 $\partial I=\{0,1\}$ を x_0 に写すもの

$$f:(I,\partial I)\to(X,x_0)$$

である．

2 つのループ f, g が(I の両端点 ∂I を基点 x_0 に止めたまま)ホモトピックであるということを次のように定義する．すなわち連続写像

$$H:(I\times[0,1],\partial I\times[0,1])\to(X,x_0)$$

があって，

$$f(t)=H(t,0),\quad g(t)=H(t,1),\quad \forall t\in I$$

が成り立つとき，f は g に**ホモトピック**という．記号で $f\simeq g$ と書く．この

関係 $\simeq$ は，(X, x_0) のループ全体の集合のなかの同値関係になっており，この関係による同値類(ホモトピー類)の集合を

$$\pi_1(X, x_0)$$

で表す．ループ f の属するホモトピー類を $\{f\}$ と書こう．$\pi_1(X, x_0)$ のなかで

$$\{f\} = \{g\}$$

であるための必要十分条件は $f \simeq g$ である．

集合 $\pi_1(X, x_0)$ はループの積に関して群になる．ループ f, g の積 $f \cdot g$ とは

$$f \cdot g(t) = \begin{cases} f(2t) & (0 \leqq t \leqq \frac{1}{2} \text{ のとき}) \\ g(2t-1) & (\frac{1}{2} \leqq t \leqq 1 \text{ のとき}) \end{cases} \tag{5.1}$$

で定義されるループである．これは，はじめに f を回り，次に g を回るループである．

$f \cdot g$ の属するホモトピー類 $\{f \cdot g\}$ は f と g のホモトピー類 $\{f\}, \{g\}$ で決まる．そこで，$\{f\}$ と $\{g\}$ の積 $\{f\} \cdot \{g\}$ を $\{f \cdot g\}$ と定義すれば，$\pi_1(X, x_0)$ に「積」の演算が入る．この積に関して $\pi_1(X, x_0)$ は群になる．この群の単位元は $f_0(I) = x_0$ というループ f_0(基点 x_0 に止まったままの自明なループ)の属するホモトピー類である．

定義 5.1 (基本群)　$\pi_1(X, x_0)$ を (X, x_0) の**基本群**(fundamental group)という． □

なお，基点 x_0 を別の点 y_0 に取りかえても，$\pi_1(X, x_0) \cong \pi_1(X, y_0)$ であることが証明できるので，基点の取り方はあまり本質的でない．

連続写像 $h: (X, x_0) \to (Y, y_0)$ があると，(X, x_0) のループを h で写すことにより，(Y, y_0) のループが決まる．こうして，準同型写像

$$h_*: \pi_1(X, x_0) \to \pi_1(Y, y_0)$$

が誘導される．

補題 5.2 (ホモトピー不変性)　$h: X \to Y$ がホモトピー同値写像であり，かつ $h(x_0) = y_0$ であれば，$h_*: \pi_1(X, x_0) \to \pi_1(Y, y_0)$ は同型写像である． □

第4章のホモトピー同値の定義4.9には基点についての言及がないので，この補題の証明は見かけほど簡単ではない([10]の定理12.10を見よ).

例5.3(円周 S^1 の基本群)　円周 S^1 上に基点 x_0 をとる．

$$\pi_1(S^1, x_0) \cong \mathbb{Z}$$

である．x_0 を基点とするループ f が何回 S^1 を回るかという回数($\deg(f)$)を対応させて，写像 $\deg: \pi_1(S^1, x_0) \to \mathbb{Z}$ を構成すると，

$$\deg(f \cdot g) = \deg(f) + \deg(g)$$

が成り立つ．この写像が同型写像になる．ただし，$\mathbb{Z}$ には足し算を演算として群構造が入っている．□

例5.4(球面の基本群)　S^n を2次元以上の球面とし，その上に基点 x_0 をとる．

$$\pi_1(S^n, x_0) \cong \{1\} \qquad (\text{自明群})$$

である．

証明は次のようにすればよい．S^n の上に x_0 以外の点 y_0 をとっておく．f を x_0 を基点とする任意のループとすると，f をホモトピーで動かして折れ線のループ f' で近似できる．$n \geqq 2$ の仮定のもとに，f' を少しずらして，点 y_0 を通過しないようにできる．そうすると，f' は $S^n - \{y_0\}$ に入ってしまうが，後者は n セル e^n に同相であるから，基点 x_0 に連続変形で縮んでしまう．したがって，f' も基点 x_0 まで縮んでしまうのである．こうして，すべてのループが自明なループにホモトピックになるので，$\pi_1(S^n, x_0)$ は単位元1だけからなる自明群である．□

$\pi_1(X, x_0) \cong \{1\}$ であるとき，X は**単連結**(simply connected)であるという．2次元以上の球面 S^n は単連結である．

上の2つの例では $\pi_1(X, x_0)$ が可換群であったが，一般に基本群 $\pi_1(X, x_0)$ は非可換群である．

例5.5(円周のブーケ)　k 個の円周 $S^1_1, S^1_2, \cdots, S^1_k$ をとり，それらを1点 x_0 でくっつけた(束ねた)図形を k 個の円周の**ブーケ**(bouquet)という．記号で $S^1_1 \vee S^1_2 \vee \cdots \vee S^1_k$ と書く．このとき，

$$\pi_1(S^1_1 \vee S^1_2 \vee \cdots \vee S^1_k, x_0) \cong F_k \qquad (\text{階数}\, k\, \text{の自由群})$$

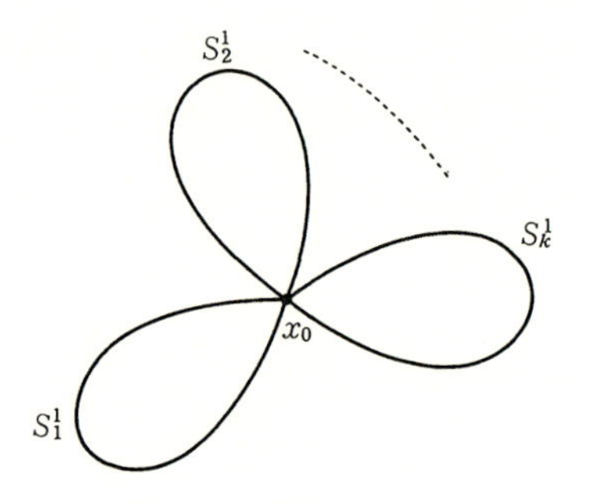

図 5.1　円周のブーケ

である(図 5.1 参照). □

階数 k が 2 以上の自由群 F_k は非可換である．念のため F_k の定義を復習しておこう．

k 個の文字 $x_1, x_2, \cdots, x_k$ をもってきて生成元とする．F_k の元は

$$x_2x_1^{-1}x_3^4, \quad x_3^{-4}x_1^3x_2^{-6}, \quad x_2^4, \quad x_1^{-1}$$

などのように，生成元の累乗(マイナスの指数も許す)を自由な順序で掛け合わせたものである．掛け合わせる順序が違う元は F_k の元，として違う元である．例えば，$x_1x_2 \neq x_2x_1$ である．

F_k の 2 つの元には，「並べてくっつける」操作で積が入る．同じ生成元の累乗が隣り合わせになったときだけ，指数法則で計算する．生成元の 0 乗は単位元 1 と同一視する．

例えば，$x_2x_1^{-1}x_3^4$ と $x_3^{-4}x_1^3x_2^{-6}$ の積は

$$(5.2) \qquad \begin{aligned}(x_2x_1^{-1}x_3^4)\cdot(x_3^{-4}x_1^3x_2^{-6}) &= x_2x_1^{-1}x_3^4x_3^{-4}x_1^3x_2^{-6} \\ &= x_2x_1^{-1}x_3^0x_1^3x_2^{-6} \\ &= x_2x_1^{-1}x_1^3x_2^{-6} \\ &= x_2x_1^2x_2^{-6}\end{aligned}$$

と計算される．

生成元 $x_1, x_2, \cdots, x_k$ をもつ自由群 F_k を

$$\langle x_1, x_2, \cdots, x_k \rangle$$

という記号で表すこともある.

$S_1^1 \vee S_2^1 \vee \cdots \vee S_k^1$ のループ f が，基点を出発してから，例えば，S_2^1 を 3 回まわり，そのあと S_1^1 を -2 回まわったとすると，$\{f\}$ に F_k の元 $x_2^3 x_1^{-2}$ を対応させる．そのような対応 $\pi_1(S_1^1 \vee \cdots \vee S_k^1, x_0) \to F_k$ が例 5.5 の同型写像である．

基本群の計算には van Kampen の定理が役立つ．次の定理はそれの特別の場合である．

定理 5.6 (van Kampen の定理の特別な場合)　$n \geqq 2$ とする．n 次元円板の境界から X への連続写像 $h: \partial D^n \to X$ が与えられたとき，h により X に D^n を接着して得られる空間 $X \cup_h D^n$ が考えられる．X の基点 x_0 をとる．包含写像 $i: (X, x_0) \to (X \cup_h D^n, x_0)$ から誘導される準同型写像 $i_*: \pi_1(X, x_0) \to \pi_1(X \cup_h D^n, x_0)$ は

(i)　$n \geqq 3$ ならば，同型である．また

(ii)　$n=2$ のとき，i_* は「上へ」の準同型であって，その核 $\mathrm{Ker}(i_*)$ は，$h: \partial D^2 = S^1 \to X$ をループ h と考えたときの $\{h\}$ で生成される $\pi_1(X, x_0)$ の正規部分群 $N(\{h\})$ である．　□

証明は[10]を参照してほしい．

この定理の(ii)には注意が必要である．それは，$h: \partial D^2 \to X$ は円周 S^1 から X への連続写像であるが，その像 $h(S^1)$ が x_0 を通過するとは限らないので，h は必ずしも x_0 を基点とするループにはなっていないことである．

そこで，(ii)を正確に表現するには，h を x_0 につなげたループを考えなければならない．それには，S^1 上に点 z_0 をとる．X の上で，基点 x_0 と $h(z_0)$ を曲線 C で結ぶ．そして，基点 x_0 を出て，C に沿って進んで $h(z_0)$ に達し，ループ h を 1 周し，$h(z_0)$ に戻ってきたら，C を逆にたどって x_0 に戻るというループ h' を考える．h' は x_0 を基点とする X のループだから，$\{h'\} \in \pi_1(X, x_0)$ と考えられるが，この $\{h'\}$ で生成される正規部分群が $N(h)$ である．

曲線 C の取り方は一意的ではないが，別の C' をとったときとの違いは $\pi_1(X, x_0)$ のなかでの共役の関係でしか違わないので，最後に得られる正規部

分群 $N(h)$ は C の取り方によらない．

準同型定理を使って，上の定理の(ii)を言い換えれば，

$$\pi_1(X\cup_h D^2, x_0) \cong \pi_1(X, x_0)/N(h)$$

となる．右辺は $\pi_1(X, x_0)$ に $h=1$ (h は単位元に等しい)という関係を付け加えた群である．

van Kampen の定理 5.6 を使うと，セル複体の基本群を計算する一般的方法が得られる．X を連結なセル複体とし，基点 x_0 は頂点にとっておく．

1 切片 X^1 はいくつか(例えば k 個)の円周のブーケにホモトピー同値である．よって

$$\pi_1(X^1, x_0) \cong \langle x_1, x_2, \cdots, x_k\rangle$$

2 切片 X^2 は X^1 にいくつか(例えば m 個)の 2 セルを張り合わせたものである．1 つのセル $\bar{e}_i^2$ の周囲は X^1 のループと考えられるから，それを x_0 につなげたループは生成元 $x_1, x_2, \cdots, x_k$ の累乗の積で書ける．この積を r_i と略記しよう．すると，van Kampen の定理を m 回適用して，次の定理が得られる．

定理 5.7 (セル複体の基本群)　$\pi_1(X, x_0)$ は自由群 $\langle x_1, x_2, \cdots, x_k\rangle$ を，$r_1, r_2, \cdots, r_m$ で生成される正規部分群 $N(r_1, r_2, \cdots, r_m)$ で割った剰余群に同型である．

$$\pi_1(X, x_0) \cong \langle x_1, x_2, \cdots, x_k\rangle/N(r_1, r_2, \cdots, r_m). \tag{5.3}$$

[証明]　van Kampen の定理(ii)によれば，2 切片 X^2 の基本群 $\pi_1(X^2, x_0)$ は確かに上の式の右辺で与えられる．全体の X は X^2 に 3 次元以上のセルを接着したものだから，van Kampen の定理の(i)により，$\pi_1(X, x_0)$ は $\pi_1(X^2, x_0)$ に同型である．

これで証明できた．　■

同型(5.3)の右辺の群は自由群 $\langle x_1, x_2, \cdots, x_k\rangle$ に $r_1=1$，$r_2=1$，$\cdots$，$r_m=1$ という関係を付け加えて得られる群と考えられるので，

$$\langle x_1, x_2, \cdots, x_k \mid r_1 = r_2 = \cdots = r_m = 1\rangle$$

という記号で表すことがある．これを生成元と関係子による群の**表示** (presentation)という．

系 5.8　基本群 $\pi_1(X, x_0)$ に「すべての元は互いに可換」という関係を付け加えて得られる群 $\pi_1(X, x_0)^{ab}$ は 1 次元ホモロジー群 $H_1(X)$ に同型で

ある. □

$\pi_1(X, x_0)^{ab}$ を $\pi_1(X, x_0)$ の**可換化**または **Abel 化**という. 肩につけた記号 ab は Abel の略である.

[証明] X をホモトピー型を変えずに変形して0切片が1点 x_0 のみと仮定できる. すると, 同型(5.3)の右辺に現れる $\langle x_1, x_2, \cdots, x_k \rangle$ の可換化は1次元サイクル群 $Z_1(X)$ に同一視できる. その対応で, r_i は $\partial_2(\langle e_i^2 \rangle)$ という境界サイクルに同一視される. ここに, 2セル e_i^2 は r_i を周囲とする2セルである. このことから, $\pi_1(X, x_0)^{ab} \cong H_1(X)$ がわかる. ■

系 5.9 1-ハンドルのないハンドル分解をもつ連結多様体 M は単連結である.

[証明] 第4章の定理4.18によれば, このような M は1セルのないセル複体 X の構造をもつ. すると1切片 X^1 は1点である. 定理5.7によれば, $\pi_1(X, x_0)$ は $\pi_1(X^1, x_0)$ の剰余群だから, いまの場合は自明群である. ■

例 5.10 複素射影空間 $\mathbb{C}P_n$ と特殊ユニタリー群 $SU(n)$ は単連結である. □

実際, 第3章の第2節で, $\mathbb{C}P_n$ と $SU(n)$ が1-ハンドルのないハンドル分解をもつことを示した.

§5.2 閉曲面と3次元多様体

この節では, まず閉曲面の分類定理を証明し, そのあと3次元多様体の Heegaard 分解について述べる.

(a) 閉曲面

連結でコンパクトな2次元閉多様体を閉曲面という.

定理 5.11 (閉曲面の分類) 任意の閉曲面 M は, 次の2つの系列に属する閉曲面のどれか1つ, しかも唯1つの閉曲面に微分同相である.

(i) g 人乗りの浮き輪 Σ_g, $g = 0, 1, 2, \cdots$,

(ii) k 個の射影平面 P^2 の連結和 $P^2 \# P^2 \# \cdots \# P^2$ (k 個), $k = 1, 2, \cdots$.

ここに，(i)の系列は向きづけ可能な閉曲面の系列であり，(ii)は向きづけ不可能な閉曲面の系列である． □

g 人乗りの浮き輪 Σ_g とは種数 g の向きづけ可能な閉曲面のことで，第1章の図1.6にその絵($g=2,3$ のとき)がある．

とくに，Σ_0 は球面 S^2 であり，Σ_1 はトーラス T^2 である．

2つの閉曲面 M_1 と M_2 の**連結和**(connected sum)

$$M_1 \# M_2$$

とは，M_1, M_2 の双方から，滑らかに埋め込まれた2次元円板 $D_1^2 \subset M_1$ と $D_2^2 \subset M_2$ の内部を取り除き，残った境界のある曲面

$$M_1 - \mathrm{int}\, D_1^2 \quad と \quad M_2 - \mathrm{int}\, D_2^2$$

を，境界の円周 S^1 に沿って張り合わせて得られる閉曲面である(図5.2参照)．M_1 と M_2 が向きづけられている場合は，境界を張り合わせるときの微分同相写像 $\partial(M_1 - \mathrm{int}\, D_1^2) \to \partial(M_2 - \mathrm{int}\, D_2^2)$ は，得られた連結和 $M_1 \# M_2$ に M_1 と M_2 の向きと同じ向きが入るように選ばなければならない．

3個以上の閉曲面の連結和 $M_1 \# M_2 \# \cdots \# M_n$ の定義も同様である．

$g \geqq 1$ のとき，Σ_g は g 個のトーラスの連結和 $T^2 \# T^2 \# \cdots \# T^2$ (g 個)に微分同相である．

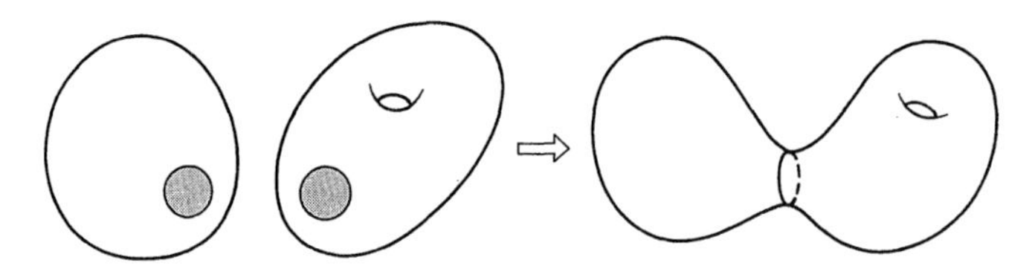

図5.2　連結和 $M_1 \# M_2$

以下の証明でも明らかになるように，Σ_g の Euler 数は $2-2g$ であり，連結和 $P^2 \# P^2 \# \cdots \# P^2$ (k 個)の Euler 数は $2-k$ である．したがって，定理5.11の系として，次が得られる．

系5.12　すべての閉曲面は，向きづけ可能性と Euler 数で分類できる． □

定理5.11を証明しよう．

[証明]　第2章の定理2.20により，閉曲面 M 上に Morse 関数 $f: M \to \mathbb{R}$

が存在する．f をうまく選んで，f による M のハンドル分解において，0-ハンドルと 2-ハンドルとは，ともに 1 個ずつしかないようにすることができる（第 3 章の定理 3.35）．したがって，M のハンドル分解は次のようになる．

$$M = h^0 \cup (h_1^1 \sqcup h_2^1 \sqcup \cdots \sqcup h_k^1) \cup h^2 . \tag{5.4}$$

第 4 章の系 4.19 により，M の Euler 数 $\chi(M)$ は 1-ハンドルの個数 k を使って

$$\chi(M) = 2-k \tag{5.5}$$

と書けることを注意しておこう．

さて，k の値が小さいところから考えてみよう．

$k=0$ であれば，定理 1.16 によって，M は 2 次元球面 S^2 に微分同相である：$M \cong S^2$．このとき，$\chi(M)=2$ である．

$k=1$ であれば，第 3 章の例 3.9 によって，M は射影平面 P^2 に微分同相である：$M=P^2$．このとき，$\chi(M)=1$ である．P^2 には Möbius の帯が含まれているので向きづけ不可能である．

van Kampen の定理を使って，基本群 $\pi_1(P^2, x_0)$ を計算しておこう．N を Möbius の帯とし，$P^2=N\cup D^2$ と考える．基点 x_0 は境界 ∂N 上にとる．N は中心の円周 S^1 にホモトピー同値だから，$\pi_1(N, x_0)$ は $\mathbb{Z}$ に同型である．そして，D^2 は N の周囲に沿って付く．実際にたどると，N の周囲は（ホモトピーの意味で）N の中心線を 2 回まわるから，van Kampen の定理により，$\pi_1(N, x_0)$ の生成元の 2 倍が単位元（この場合 0）に等しいという関係が入る．よって

$$\pi_1(P^2, x_0) \cong \mathbb{Z}_2$$

である．これで $k=1$ の場合を終わる．

$k=2$ のときは 2 つの場合が考えられる．1-ハンドルが 0-ハンドルに付くとき，裏表を保って付く場合と P^2 のときのように裏表を反対にして付く場合とである．

2 本の 1-ハンドルのうち，少なくとも一方（h_1 とする）が裏表を逆にして付く場合を考えて見よう．もう一方の h_2 の足が h_1 の足と交叉して付くとき，h_2 の足を h_1 に沿って滑らせることによって，h_1 の足と h_2 の足の交叉をは

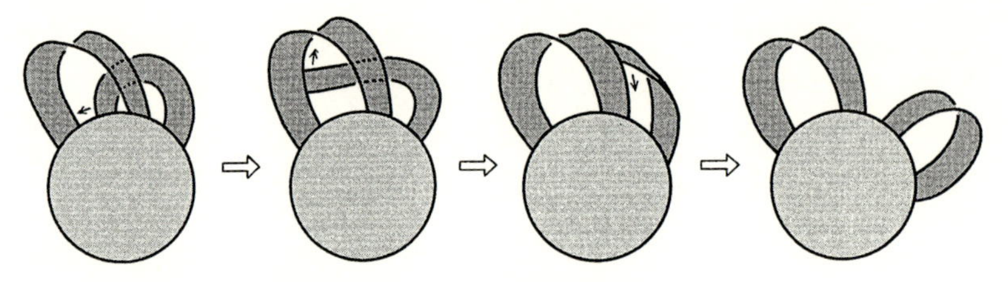

図 5.3　ハンドルの足の交叉をはずす.

ずすことができる(図 5.3).

2 つのハンドル h_1, h_2 の足は交叉していないとしよう. h_1 が裏表を逆にして 0-ハンドルに付いているから, h_2 のほうも裏表を逆にして付いていなければならない. そうでないと, 境界 $\partial(h^0 \cup h_1 \cup h_2)$ は連結でなくなるので, 1 つの 2-ハンドルでふたをして閉曲面にすることができない. 結局, h_1 と h_2 は図 5.4 のように付いていなければならないことがわかる.

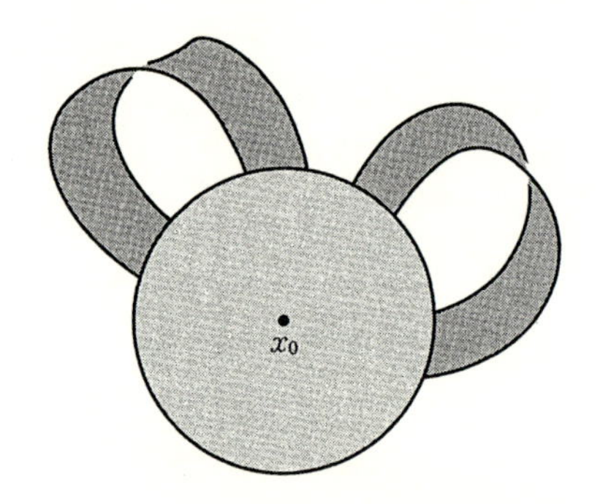

図 5.4　これにふたをすれば $P^2 \# P^2$ になる.

図 5.4 に 2-ハンドルでふたをすると, $P^2 \# P^2$ が得られることがわかるので, この場合の閉曲面は $P^2 \# P^2$ に微分同相である: $M \cong P^2 \# P^2$. Euler 数は $\chi(M)=0$ である. $P^2 \# P^2$ のことを **Klein の壷**と呼ぶことがある.

図 5.4 の 0-ハンドル h^0 の中心 x_0 を基点として, 基本群 $\pi_1(P^2 \# P^2, x_0)$ を計算してみよう.

図 5.4 のハンドル体は 2 つの円周のブーケにホモトピー同値なので, その基本群は階数 2 の自由群 $\langle x_1, x_2 \rangle$ である. 生成元 x_1, x_2 はそれぞれ 1-ハンド

ル h_1, h_2 の心棒に対応する．図5.4の境界に2-ハンドルが付いてふたがされるとき，(この境界に対応するループ)$=1$ という関係が入る．境界を実際にたどってみると，境界に対応するループは $x_1^2x_2^2$ に共役である．したがって，

$$\pi_1(P^2\#P^2, x_0) \cong \langle x_1, x_2 | x_1^2x_2^2 = 1\rangle$$

を得る．

系5.8により，基本群の可換化はホモロジー群だから，

$$H_1(P^2\#P^2) \cong \mathbb{Z}\oplus\mathbb{Z}_2$$

がわかる．

$k=2$ のときにもうひとつ考えなければならないのは，h_1 と h_2 が両方とも裏表を保って付く場合である．この場合，h_1 の足と h_2 の足が交叉していないと，境界 $\partial(h^0\cup h_1\cup h_2)$ は連結にならないので，2つのハンドルの足は図5.5のように互いに交叉していなければならない．

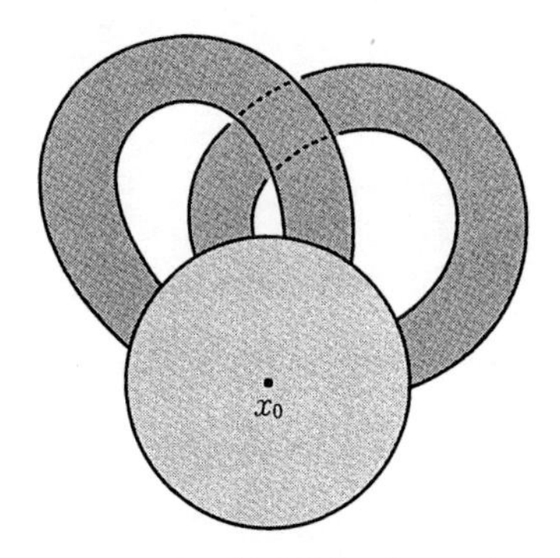

図5.5　これにふたをすればトーラス T^2 になる．

図5.5の周囲に沿って2-ハンドルでふたをすればトーラス T^2 になる．実際，トーラス T^2 から2次元円板の内部 $\mathrm{int}(D^2)$ を除いたもの $T^2-\mathrm{int}(D^2)$ が図5.5のハンドル体に微分同相であることが図5.6のように変形して確かめられる．

前のように，図5.5の0-ハンドル h^0 の中心 x_0 を基点にとって，トーラス T^2 の基本群 $\pi_1(T^2, x_0)$ を計算しよう．図5.5のハンドル体も2つの円周のブーケにホモトピー同値なので，その基本群は階数2の自由群 $\langle x_1, x_2\rangle$ である．

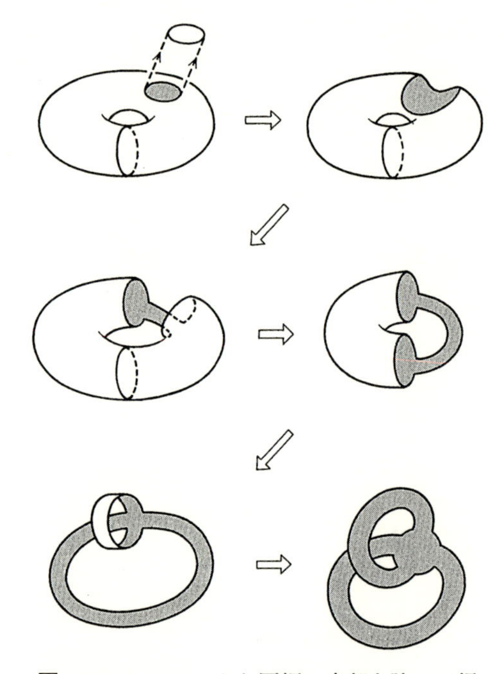

図 5.6　トーラスから円板の内部を除いて得られる曲面

また，このハンドル体の周囲に対応するループは $x_1x_2x_1^{-1}x_2^{-1}$ に共役であるから，

$$\pi_1(T^2, x_0) \cong \langle x_1, x_2 \mid x_1x_2x_1^{-1}x_2^{-1} = 1\rangle$$

が得られる．ここに現れた $x_1x_2x_1^{-1}x_2^{-1}$ を $[x_1, x_2]$ と略記して x_1 と x_2 の**交換子**(commutator)と呼ぶ．交換子が単位元に等しい($[x_1, x_2]=1$)という関係は $x_1x_2=x_2x_1$ (x_1 と x_2 が可換)という関係と同値だから，基本群 $\pi_1(T^2, x_0)$ は階数 2 の自由加群 $\mathbb{Z}\oplus\mathbb{Z}$ に同型であることがわかる．

このようにトーラスの基本群は可換群だから，ホモロジー群 $H_1(T^2)$ は基本群に同型で

$$H_1(T^2) \cong \mathbb{Z}\oplus\mathbb{Z}$$

である．

以上をまとめると，$k=2$ のときは 2 つの場合があって，向きづけ可能の

場合がトーラスT^2で，向きづけ不可能の場合がKleinの壷$P^2\#P^2$である．両方ともEuler数は0であるが，ホモロジー群が同型でないので，トーラスとKleinの壷は同相でない．

$k=3$の場合は，3つの1-ハンドルh_1，h_2，h_3がすべて裏表を保って付くと，境界$\partial(h^0\cup h_1\cup h_2\cup h_3)$は連結にならない(演習問題5.1)．したがって，少なくとも1つの1-ハンドル(h_1とする)は裏表を逆にして付く．すると，$k=2$のときと同様に，h_2とh_3の足をh_1の足と交叉しないようにはずすことができて，最終的に，図5.7を得る．これに2-ハンドルでふたをすれば，$P^2\#P^2\#P^2$が得られる(図5.7)．

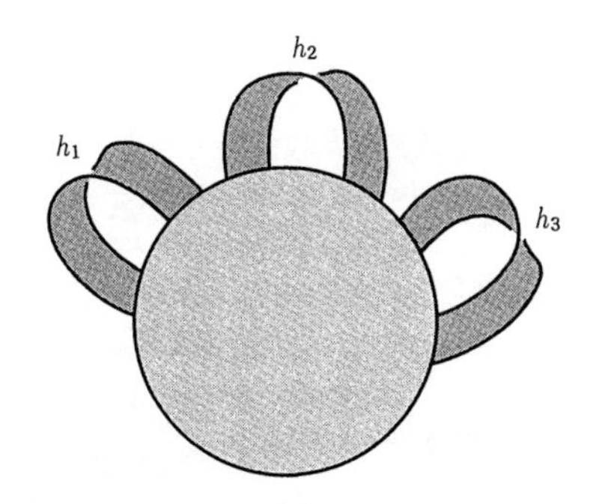

図5.7　これにふたをすれば$P^2\#P^2\#P^2$になる．

基本群を可換化する方法でホモロジー群を計算すると，

$$H_1(P^2\#P^2\#P^2)\cong\mathbb{Z}\oplus\mathbb{Z}\oplus\mathbb{Z}_2.$$

Euler数は$\chi(M)=-1$である．

なお，3つの1-ハンドルの付いたハンドル体であってその周囲$\partial(h^0\cup h_1\cup h_2\cup h_3)$が連結であるものとして，図5.8のようなものも考えられるが，実は，1-ハンドルの足を滑らせてみればわかるように，この図5.8のハンドル体は図5.7のハンドル体に微分同相である(演習問題5.2)．図5.8のハンドル体に2-ハンドルでふたをすると$P^2\#T^2$が得られるので，いま述べた注意から

$$P^2\#T^2\cong P^2\#P^2\#P^2$$

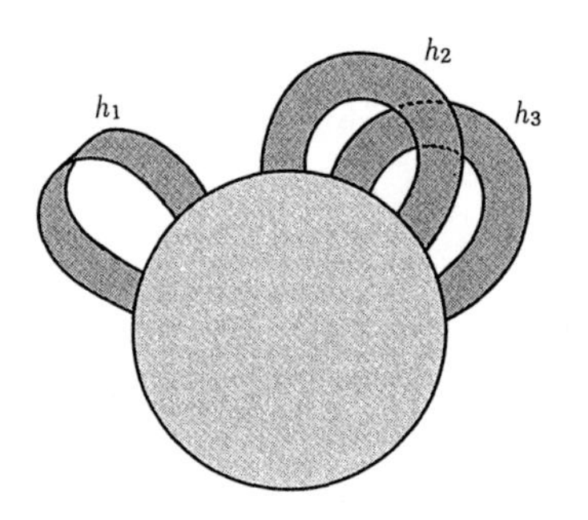

図 5.8　これにふたをすると $P^2 \# T^2$ になる.

がわかる.

まとめると，$k=3$ のときは $M \cong P^2 \# P^2 \# P^2$ であって，Euler 数は $\chi(M) = -1$ である．この場合の M は向きづけ不可能である.

$k \geqq 4$ の場合もハンドルを滑らせることにより(厳密には，帰納法を使って)，次のことがわかる：もしハンドル体(5.4)のなかに裏表を逆にして付く 1-ハンドルがあれば，$h^0 \cup h_1 \cup h_2 \cup \cdots \cup h_k$ は図 5.9 のハンドル体に微分同相である．この場合は M は向きづけ不可能で，

$$M \cong P^2 \# P^2 \# \cdots \# P^2 \qquad (k \text{ 個の } P^2)$$

であって，Euler 数は $\chi(M) = 2-k$ である．またホモロジー群は $k-1$ 個の $\mathbb{Z}$ と 1 つの $\mathbb{Z}_2$ の直和に同型である.

もし裏表を逆にする 1-ハンドルがなければ，$h^0 \cup h_1 \cup h_2 \cup \cdots \cup h_k$ は図 5.10 のハンドル体に微分同相である．この場合は，k は偶数($2g$ としよう)で，M は向きづけ可能であって，

$$M \cong T^2 \# T^2 \# \cdots \# T^2 \qquad (g \text{ 個の } T^2)$$

である．すなわち，g 人乗りの浮き輪 Σ_g である．Euler 数は $\chi(M) = 2-2g$ である．ホモロジー群は $2g$ 個の $\mathbb{Z}$ の直和に同型である.

向きづけ可能な閉曲面のホモロジー群にはねじれ部分群がなく，向きづけ不可能な閉曲面のホモロジー群にはねじれ部分群 ($\cong \mathbb{Z}_2$) があるので，向きづけ可能な閉曲面と不可能な閉曲面が同相になることはない.

以上で定理 5.11 が証明できた. ∎

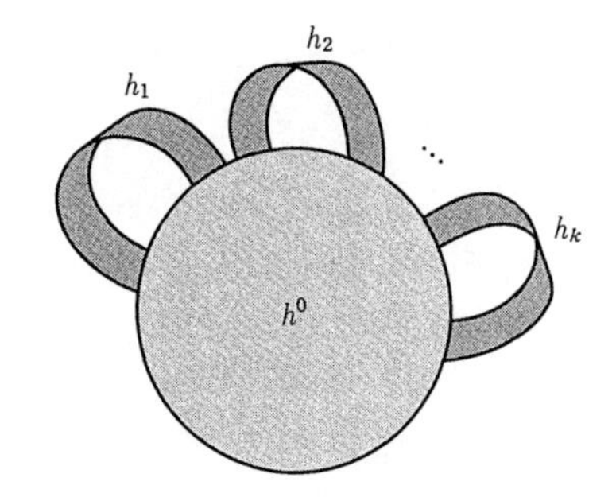

図 5.9　これにふたをすれば $P^2\#P^2\#\cdots\#P^2$ (k 個の P^2)になる.

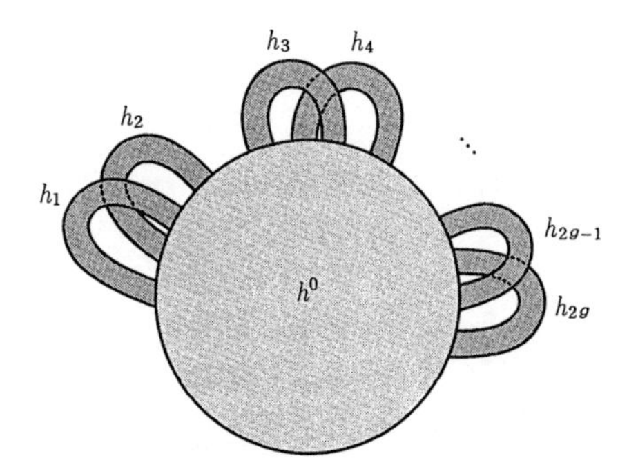

図 5.10　これにふたをすれば $T^2\#T^2\#\cdots\#T^2$ (g 個の T^2)になる.

(b) 3次元多様体

M を連結で向きづけ可能な 3 次元閉多様体とする. $f: M\to\mathbb{R}$ を M 上の Morse 関数で, それに付随するハンドル分解のなかに 0-ハンドルと 3-ハンドルがそれぞれ 1 つずつしかないようなものとする.

$$(5.6)\qquad M = h^0\cup(h_1^1\sqcup\cdots\sqcup h_{k_1}^1)\cup(h_1^2\sqcup\cdots\sqcup h_{k_2}^2)\cup h^3 .$$

このとき, 1-ハンドルの個数 k_1 個と 2-ハンドルの個数 k_2 を使って, M の Euler 数を表すと

$$\chi(M) = 1-k_1+k_2-1 = -k_1+k_2$$

となる(第 4 章の系 4.19).

一方，奇数次元の閉多様体の Euler 数は常に 0 であるから(演習問題 4.3)，$k_1=k_2$ でなければならない．この共通の値を k としよう．

ハンドル分解(5.6)の 0-ハンドルと 1-ハンドルを合わせた部分ハンドル体を N とする．N の向きづけ可能性によって，N は図 5.11 のような形をしている．3 次元多様体論独特の用語で，図 5.11 のような 3 次元ハンドル体を**種数 k のハンドル体**という．第 3 章で扱った一般的なハンドル体と紛らわしい言葉であるが，3 次元多様体論でハンドル体といえば，図 5.11 のようなハンドル体を意味している．これを記号で H_k と書くこともある．その境界 ∂H_k は種数 k の向きづけ可能な閉曲面 Σ_k である．

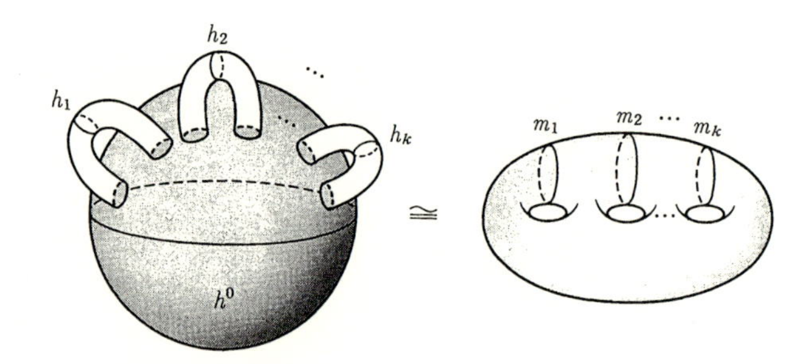

図 5.11　種数 k のハンドル体とメリディアン

$M-\mathrm{int}(N)$ を N^* とおくと，N^* は $-f$ に付随する「逆さまの」ハンドル分解のなかの 0-ハンドルと 1-ハンドルを合わせたものになっている．N^* の 1-ハンドルはもとのハンドル分解(5.6)の 2-ハンドルに対応しているから，N^* の種数は N のなかの 2-ハンドルの個数に等しく，それは N の種数と同じ k である．したがって，N^* は N に微分同相である．こうして，同じ種数 k のハンドル体 N と N^* をその境界の間の微分同相写像

$$\varphi:\partial N^*\to\partial N$$

で張り合わせた多様体として M を表すことができた:

$$M=N\cup_{\varphi}N^*. \tag{5.7}$$

このように M を表すことを**種数 k の Heegaard 分解**(Heegaard splitting)という．Heegaard はデンマークの人で読みは「ヒーゴール」に近い．

種数 k のハンドル体 N に含まれる 1-ハンドルのベルト球面は，境界 ∂N

のなかの k 個の円周になっている．この円周を**メリディアン**(meridian)と呼ぶ．記号で

$$m_1,\ m_2,\ \cdots,\ m_k$$

と表す(図 5.11 参照)．N^* にも同様のメリディアン $m_1^*,\ m_2^*,\ \cdots,\ m_k^*$ が考えられる．N^* の 1-ハンドルは M のハンドル分解(5.6)のなかでは 2-ハンドルであるから，N^* のメリディアンはハンドル分解(5.6)の 2-ハンドルの接着球面である．

M の Heegaard 分解(5.7)において，張り合わせの微分同相写像 $\varphi: \partial N^* \to \partial N$ で N^* のメリディアン $m_1^*,\ m_2^*,\ \cdots,\ m_k^*$ を ∂N に写してみよう．その像を

$$\mu_1 = \varphi(m_1^*), \quad \mu_2 = \varphi(m_2^*), \quad \cdots, \quad \mu_k = \varphi(m_k^*)$$

と書くことにする．

定義 5.13　種数 k のハンドル体 N と，上のようにして得られた境界 ∂N 上の閉曲線 $\mu_1, \mu_2, \cdots, \mu_k$ を合わせたもの

$$(N; \mu_1, \mu_2, \cdots, \mu_k)$$

を M の **Heegaard 図式**(Heegaard diagram)と呼ぶ．　□

M のハンドル分解は一意的ではないから，M の Heegaard 図式も一意的ではない．しかし，逆の対応については次のことが言える．

定理 5.14　Heegaard 図式 $(N; \mu_1, \mu_2, \cdots, \mu_k)$ により，もとの M の微分同相類が一意的に決まる．さらに，$\{h_t\}_{t\in J}$ を $h_0 = \mathrm{id}_{\partial N}$ であるような ∂N のアイソトピーとすると，$t=1$ に対応する微分同相写像 $h_1: \partial N \to \partial N$ で $(\mu_1, \mu_2, \cdots, \mu_k)$ を写して得られる Heegaard 図式 $(N; h_1(\mu_1), h_1(\mu_2), \cdots, h_1(\mu_k))$ が考えられるが，これから決まる 3 次元多様体 M' も M に微分同相である．

［証明］　まず，$\mu_1, \mu_2, \cdots, \mu_k$ に沿って N に 2-ハンドル $h_1^2, h_2^2, \cdots, h_k^2$ を接着して得られるハンドル体

$$N(\mu_1, \mu_2, \cdots, \mu_k) = N \cup (h_1^2 \sqcup h_2^2 \sqcup \cdots \sqcup h_k^2)$$

の微分同相類が，$\mu_1, \mu_2, \cdots, \mu_k$ のみで決まることを証明しよう．実際，μ_i に沿って 2-ハンドル $h_i^2 = D^2 \times D^1$ をつけるには，接着写像 $\varphi_i: \partial D^2 \times D^1 \to \partial N$ を $\varphi_i(\partial D^2 \times \mathbf{0}) = \mu_i$ となるように指定しなければならないが，「管状近傍の一意性定理」([8]の定理 3.6 を見よ)と，いまの場合ハンドルの太さを表す円板

D^1 が1次元であることを使うと，このような φ_i は ∂N のアイソトピーの差を除いて一意的であることが示せる．(ただし，円周 ∂D^2 の方向を反対にする写像 $r_1: \partial D^2 \to \partial D^2$ と $\mathrm{id}: D^1 \to D^1$ の積

$$r_1 \times \mathrm{id}$$

や，D^1 の両端を入れ換える写像 $r_2: D^1 \to D^1$ と $\mathrm{id}: \partial D^2 \to \partial D^2$ の積

$$\mathrm{id} \times r_2$$

を，φ_i に合成する自由度が残っているが，$r_1 \times \mathrm{id}$ や $\mathrm{id} \times r_2$ は2-ハンドル $D^2 \times D^1$ からそれ自身への微分同相写像に拡張できるので，接着写像 φ_i にこれらの写像を合成しても，できあがったハンドル体の微分同相類に変化はない.) そして，ハンドルの接着写像 φ_i を ∂N のアイソトピーで変えても，得られる $N \cup (h_1^2 \sqcup h_2^2 \sqcup \cdots \sqcup h_k^2)$ の微分同相類は変わらない(定理3.30)．これで示せた．

M を得るには $N(\mu_1, \mu_2, \cdots, \mu_k)$ に D^3 を，微分同相写像

$$\psi: \partial D^3 \to \partial N(\mu_1, \mu_2, \cdots, \mu_k)$$

で接着すればよい．別の微分同相写像 ψ' をとったとき，$\psi^{-1} \circ \psi': \partial D^3 \to \partial D^3$ は微分同相写像 $D^3 \to D^3$ に拡張できる([6])ので，M の微分同相類は ψ の取り方にもよらない．これで定理5.14の前半が証明できた．

後半は定理3.21と同様にして証明できる．　■

注意　種数 k のハンドル体 N と ∂N 上の k 個の互いに交わらない単純閉曲線 $\mu_1, \mu_2, \cdots, \mu_k$ が勝手に与えられても，$(N; \mu_1, \cdots, \mu_k)$ は必ずしもある3次元閉多様体 M の Heegaard 図式にはならない．これが Heegaard 図式であるための必要十分条件は，$\mu_1, \cdots, \mu_k$ に沿って N に k 個の2-ハンドルをつけて得られるハンドル体 $N(\mu_1, \cdots, \mu_k)$ の境界 $\partial N(\mu_1, \cdots, \mu_k)$ が2次元球面 S^2 であることである．

$(N; \mu_1, \mu_2, \cdots, \mu_k)$ をある3次元閉多様体 M の種数 k の Heegaard 図式とする．∂N 上に基点 x_0 をとって基本群 $\pi_1(N, x_0)$ を考えると，これは階数 k の自由群 $\langle x_1, x_2, \cdots, x_k \rangle$ になっている．M の基本群 $\pi_1(M, x_0)$ は，自由群 $\langle x_1, x_2, \cdots, x_k \rangle$ に，ループ $\mu_1, \mu_2, \cdots, \mu_k$ に対応する自由群の元をすべて $=1$ とする関係を付け加えたものである．各ループ μ_i に対応する自由群の元は μ_i と N のメリディアン $m_1, m_2, \cdots, m_k$ の交わりを読んでゆけば得られる．

例 5.15（3次元射影空間 P^3）　3次元射影空間 P^3 の Heegaard 図式を求めてみよう．第3章第2節によれば，P^3 は

$$P^3 = h^0 \cup h^1 \cup h^2 \cup h^3$$

という形のハンドル分解をもつ．したがって，P^3 は種数1の Heegaard 分解をもつはずである．

種数1のハンドル体 N は $S^1 \times D^2$ に微分同相である．これを**ソリッド・トーラス**(solid torus)と呼ぶ．S^1 の1点 θ_0 を固定したとき，$\{\theta_0\} \times \partial D^2$ がメリディアン m である．また，m にただ1点で横断的に交わる ∂N 上の単純閉曲線 l を**ロンヂチュード**(longitude)という．メリディアン m の取り方はソリッド・トーラスの表面のアイソトピーを除いて一意的であるが，ロンヂチュード l の取り方は一意的でない．ここでは，∂D^2 の1点 ϕ_0 を固定して $S^1 \times \{\phi_0\}$ の形の閉曲線をロンヂチュード l と考えることにする．

∂N の点 $x_0 = (\theta_0, \phi_0)$ を基点として基本群 $\pi_1(N, x_0)$ を考えると $\pi_1(N, x_0) \cong \mathbb{Z}$ である．ロンヂチュード l が生成元である．3次元射影空間 P^3 には

$$P^3 = e^0 \cup e^1 \cup e^2 \cup e^3$$

の形のセル分割があり，しかもはじめの3つのセルを合わせた $e^0 \cup e^1 \cup e^2$ は2次元射影空間 P^2 のセル分割を与えるようになっている(演習問題5.3)．

したがって，P^3 は P^2 に3セルをつけたものであるから，van Kampen の定理5.6によって

$$\pi_1(P^3, x_0) \cong \pi_1(P^2, x_0) \cong \mathbb{Z}_2$$

がわかる．

このことから，P^3 の Heegaard 図式を与える単純閉曲線 μ はメリディアン m を2回横断的に，しかも同じ方向に横切るものでなくてはならない．このような μ は，∂N のアイソトピーで動かし，かつ，§5.3(a)で述べる微分同相写像 $f_n : S^1 \times D^2 \to S^1 \times D^2$ を境界に制限した微分同相写像 $f_n \mid S^1 \times \partial D^2 : S^1 \times \partial D^2 \to S^1 \times \partial D^2$ でうつすと，次のようなループ $f : (I, \partial I) \to (S^1 \times \partial D^2, x_0)$ に一致させられる．ここで，$S^1 \times \partial D^2$ には角度の対 (θ, ϕ) で座標を入れ，また $x_0 = (0, 0)$ と考えた．

$$f(t) = (4\pi t, \pm 2\pi t)\,.$$

第2座標で $+$ をとるか $-$ をとるかは $S^1\times D^2$ と P^3 の向きをどう決めるかによるので，今は本質的でない．

こうして，P^3 の Heegaard 図式 5.12 が得られた．　□

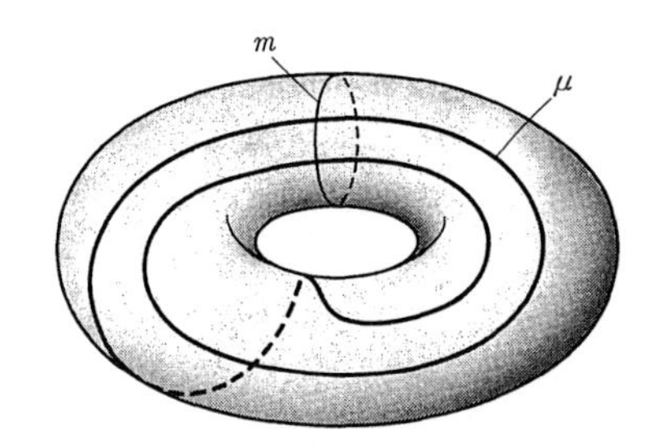

図 5.12　射影空間 P^3 の Heegaard 図式

例 5.16（レンズ空間）　3次元球面 S^3 を $\mathbb{C}^2$ の単位球面 $\{(z_1,z_2)\mid |z_1|^2+|z_2|^2=1\}$ と思う．p を2以上の自然数，q を p と互いに素な自然数とする．簡単のため，$1\leqq q\leqq p-1$ と仮定しよう．

S^3 の2点 (z_1,z_2) と (z_1',z_2') が同値である，すなわち $(z_1,z_2)\sim(z_1',z_2')$ ということを

$$(z_1',z_2')=(\omega^k z_1,\omega^{qk}z_2)$$

であるような整数 k が存在すること，と定義する．ただし $\omega=\exp(2\pi\sqrt{-1}/p)$ である．この関係 $\sim$ は確かに同値関係になっており，S^3 をこの同値関係で割った空間を

$$L(p,q)=S^3/\sim$$

と書いて，(p,q) 型の**レンズ空間**(lens space)と呼ぶ．レンズ空間は向きづけ可能な3次元の閉多様体である．S^3 は $L(p,q)$ を p 重に被覆しており，$\pi_1(L(p,q),x_0)\cong\mathbb{Z}_p$ である．

射影空間 P^3 は $(2,1)$ 型のレンズ空間 $L(2,1)$ と考えられる．

レンズ空間 $L(p,q)$ の Heegaard 図式を証明なしに述べよう．

レンズ空間も種数1の Heegaard 図式で書ける．$N=S^1\times D^2$ とおく．射影空間のときと同様に，境界 $\partial N=S^1\times\partial D^2$ に角度の対 (θ,ϕ) で座標を入れ，ループ $f:(I,\partial I)\to(S^1\times\partial D^2,x_0)$ を

$$f(t) = (2\pi pt, 2\pi qt)$$

と定義する．ただし，$x_0 = (0,0)$ である．このループで表される単純閉曲線を μ とすれば，$(N;\mu)$ が $L(p,q)$ の Heegaard 図式である．□

§5.3　4次元多様体

(a)　4次元閉多様体の Heegaard 図式

M を連結で向きづけ可能な4次元閉多様体とする．Morse 関数 $f: M \to \mathbb{R}$ をうまく選んで，付随するハンドル分解のなかの0-ハンドルと4-ハンドルがそれぞれ1個ずつであるようにできる(定理3.35)．このとき，ハンドル分解は

(5.8)

$$M = h^0 \cup (h_1^1 \sqcup h_2^1 \sqcup \cdots \sqcup h_{k_1}^1) \\ \cup (h_1^2 \sqcup h_2^2 \sqcup \cdots \sqcup h_{k_2}^2) \cup (h_1^3 \sqcup h_2^3 \sqcup \cdots \sqcup h_{k_3}^3) \cup h^4 .$$

ハンドル分解(5.8)において，0-ハンドルと1-ハンドルをすべて合わせたものを N としよう．3次元多様体論のハンドル体の類似として，この N のことを4次元の**ハンドル体**と呼ぶ．もちろん，第3章で扱ったハンドル体よりも特殊な意味である．

1-ハンドルの個数 k_1 が1の場合は，N は1個の4次元円板 D^4 に1個の1-ハンドル $D^1 \times D^3$ を(結果が向きづけ可能になるように)付けたものである．このとき，$N \cong S^1 \times D^3$ がわかる．ソリッド・トーラスの4次元版である．境界 ∂N は $S^1 \times S^2$ に微分同相である．

一般に，1-ハンドルの個数が $k_1 \geqq 1$ のときには，次のことが言える．

補題5.17　境界 ∂N は k_1 個の $S^1 \times S^2$ の連結和に微分同相である：

$$\partial N \cong (S^1 \times S^2) \# (S^1 \times S^2) \# \cdots \# (S^1 \times S^2) \qquad (k_1 \text{ 個の } S^1 \times S^2).$$ □

連結和は，閉曲面については前の節で説明したが，ここで一般次元の多様体について定義しておこう．

定義5.18(連結和)　M_1 と M_2 をともに m 次元の向きづけられた多様体

とする．$f_1 : D^m \to M_1$ を向きを保つ滑らかな埋め込み，$f_2 : D^m \to M_2$ を向きを逆にする滑らかな埋め込みとする．埋め込まれた円板から内部を除き，$M_1 - f_1(\mathrm{int}\, D^m)$ と $M_2 - f_2(\mathrm{int}\, D^m)$ の境界を，微分同相写像

$$\psi = f_2 \circ f_1^{-1} | f_1(\partial D^m) : f_1(\partial D^m) \to f_2(\partial D^m)$$

で張り合わせる．こうして得られた多様体

$$(M_1 - f_1(\mathrm{int}\, D^m)) \cup_\psi (M_2 - f_2(\mathrm{int}\, D^m))$$

のことを，M_1 と M_2 の**連結和**といい，記号で

$$M_1 \# M_2$$

と表す．

連結和 $M_1 \# M_2$ には，M_1 の向きと M_2 の向きを同時に拡張する向きが入る．　□

連結和 $M_1 \# M_2$ の，向きを考慮した微分同相類は，M_1 と M_2 のそれで決まり，構成に使った埋め込み写像 f_1 と f_2 の取り方に依存しない([8]の定理3.18 を見よ)．

ハンドル分解(5.8)に戻る．0-ハンドルから 2-ハンドルまでをすべて付けた部分ハンドル体 $N^{(2)}$ は，4 次元のハンドル体 N にすべての 2-ハンドルを付けて得られる：

$$N^{(2)} = N \cup (h_1^2 \sqcup h_2^2 \sqcup \cdots \sqcup h_{k_2}^2).$$

ここで，i 番目の 2-ハンドル $h_i^2 = D^2 \times D^2$ の接着写像は

$$\varphi_i : \partial D^2 \times D^2 \to \partial N$$

という滑らかな埋め込みである．

3 次元の Heegaard 図式の場合は，接着球面(円周) $\partial D^2 \times \mathbf{0}$ の像 $\varphi(\partial D^2 \times \mathbf{0})$ だけで，2-ハンドルの接着写像 $\varphi : \partial D^2 \times D^1 \to \partial N$ がアイソトピーを除いて決まってしまった．それはアニュラス $\partial D^2 \times D^1$ からそれ自身への，向きを保ち，かつ円周 ∂D^2 の方向を保つ微分同相写像がアイソトピーを除いて 1 つしかないという事情による．

4 次元の場合には，$\dim \partial N = 3$ で，そのなかに埋め込まれた $\varphi_i(\partial D^2 \times D^2)$ は 3 次元のソリッド・トーラス ($\cong S^1 \times D^2$) になる．ソリッド・トーラスからそれ自身への向きを保つ微分同相写像はアイソトピーで分類しても無限個

の種類があるので，2-ハンドルの接着写像 $\varphi_i:\partial D^2\times D^2\to\partial N$ は，接着球面(円周) $\partial D^2\times\mathbf{0}$ の行き先 $\varphi_i(\partial D^2\times\mathbf{0})$ だけを指定したのでは決まらない．

ソリッド・トーラス $S^1\times D^2$ からそれ自身への，向きを保つ微分同相写像が無限個あることを見ておこう．

S^1 に角度 θ で座標を入れ，円板 D^2 には極座標 (r,ϕ) を入れる．r は中心 $\mathbf{0}$ からの距離である．ただし，$0\leqq r\leqq 1$ であるとする．n を自然数とし，微分同相写像 $f_n:S^1\times D^2\to S^1\times D^2$ を

$$f_n(\theta,(r,\phi))=(\theta,(r,\phi+n\theta))$$

という式で定義しよう．S^1 に沿って回る間に，S^1 に直交する円板 D^2 を n 回だけ回転させる，という微分同相写像である．

n と m が違えば f_n と f_m はアイソトピーで移り合わない．また，$S^1\times D^2$ からそれ自身への，向きを保ち，かつ円周 S^1 の方向を保つ微分同相写像は，アイソトピーで動かせばどれかの f_n に移る．

接着写像 $\varphi_i:\partial D^2\times D^2\to\partial N$ に f_n を合成して，$\varphi_i\circ f_n:\partial D^2\times D^2\to\partial N$ としたものを新しい接着写像と考えても，接着球面(円周)の行き先は変わらない：

$$\varphi_i(\partial D^2\times\mathbf{0})=\varphi_i\circ f_n(\partial D^2\times\mathbf{0}).$$

2-ハンドルの接着写像が，φ_i であるか $\varphi_i\circ f_n$ であるかによって，できあがる多様体の微分同相類は一般には変わってしまうので，できる多様体をきめるには，接着球面(円周)の行き先を指定したあと，f_n を合成する自由度を消す必要がある．そのための方法が，中心線 $\varphi_i(\partial D^2\times\mathbf{0})$ に沿って「枠」を指定することである．

D^2 を xy 平面の単位円板 $\{(x,y)\,|\,x^2+y^2=1\}$ と思う．そして，原点 $\mathbf{0}$ からでて，互いに直交する2本の単位ベクトル $\boldsymbol{e}_1$ と $\boldsymbol{e}_2$ を D^2 のなかに描いておく．直積 $\partial D^2\times\boldsymbol{e}_1$ と $\partial D^2\times\boldsymbol{e}_2$ は，$\partial D^2\times D^2$ のなかで，中心線 $\partial D^2\times\{\mathbf{0}\}$ に沿った2本の標準的ベクトル場 $\tilde{\boldsymbol{e}}_1,\tilde{\boldsymbol{e}}_2$ と考えられる．

これらのベクトル場は，中心線に直交し，かつ互いに直交している．

定義 5.19（枠）　3次元多様体 K のなかの滑らかな単純閉曲線 C に沿って2本のベクトル場 $\boldsymbol{v}_1$ と $\boldsymbol{v}_2$ があり，それらは C に接することはなく，かつど

こにおいても互いに1次独立であるとする．このとき，$\{\boldsymbol{v}_1, \boldsymbol{v}_2\}$ のことを C の**枠**(frame)という．C の2つの枠 $\{\boldsymbol{v}_1, \boldsymbol{v}_2\}$ と $\{\boldsymbol{u}_1, \boldsymbol{u}_2\}$ が，C を動かさないアイソトピーで移り合うとき，それらは**同値**な枠であるという．そして，枠の同値類が1つ指定された閉曲線 C を，**枠つき閉曲線**(framed closed curve)という(図5.13)． □

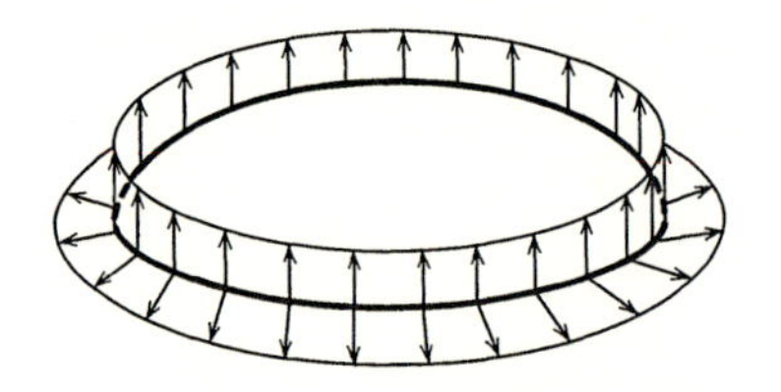

図5.13　枠つき閉曲線

さて，接着写像 $\varphi_i : \partial D^2 \times D^2 \to \partial N$ が与えられたとき，$\partial D^2 \times D^2$ のなかの標準的な枠 $\{\tilde{\boldsymbol{e}}_1, \tilde{\boldsymbol{e}}_2\}$ を φ_i によって移せば，単純閉曲線 $\varphi_i(\partial D^2 \times \mathbf{0})$ の枠 $\{\boldsymbol{v}_1, \boldsymbol{v}_2\}$ $(=\{\varphi_i(\tilde{\boldsymbol{e}}_1), \varphi_i(\tilde{\boldsymbol{e}}_2)\})$ が得られる．接着写像 φ_i のアイソトピー類を指定するには，中心線 $\varphi_i(\partial D^2 \times \mathbf{0})$ と，枠 $\{\boldsymbol{v}_1, \boldsymbol{v}_2\}$ の同値類を指定すればよい．

こうして，各 $i = 1, 2, \cdots, k_2$ について，境界 ∂N の中の単純閉曲線 $\varphi_i(\partial D^2 \times \mathbf{0})$ を枠つき閉曲線と考えれば，接着写像 φ_i のアイソトピー類が指定されるので，2-ハンドルをすべて付けた部分ハンドル体 $N^{(2)}$ の微分同相類が決まることになる．

さらに，次の事実が示せる([7])．

補題5.20　ハンドル分解(5.8)において，0-ハンドルから2-ハンドルまでをすべて付けた部分ハンドル体 $N^{(2)}$ によって，もとの4次元多様体 M の微分同相類が決まる． □

証明の概略を述べる．$N^* = M - \mathrm{int}(N^{(2)})$ は，「逆さまの」Morse 関数 $-f$ に付随するハンドル分解において，0-ハンドルと1-ハンドルを合わせた4次元のハンドル体になっている．N^* の微分同相類は $-f$ に付随する1-ハンドルの本数で決まるから，結局 $\partial N^* = \partial N^{(2)}$ で決まる(補題5.17参照)．そして，Laudenbach–Poenaru の定理[2]により，4次元のハンドル体 N^* の境界 ∂N^* からそれ自身への任意の微分同相写像 $h : \partial N^* \to \partial N^*$ は，N^* からそれ自身への微分同相写像 $\tilde{h}: N^* \to N^*$ に拡張できる．したがって，別の4次元閉多様体 M' のハンドル分解から $N'^{(2)}$ を構成したとき，微分同相写像 h: $N^{(2)} \to N'^{(2)}$ があれば，h は微分同相写像 $\tilde{h}: M \to M'$ に拡張できる．これで補題5.20が示せた．

補題5.20の前に説明したように，$N^{(2)}$ の微分同相類は4次元のハンドル体 N とその境界 ∂N のなかの枠つき閉曲線 $C_1, C_2, \cdots, C_{k_2}$ で決まる．ただし，$C_i = \varphi_i(\partial D^2 \times \mathbf{0})$ と略記した．補題5.20を考慮すると，次の定義は自然であろう([7])．

定義5.21　$(N; C_1, C_2, \cdots, C_{k_2})$ を4次元多様体 M の **Heegaard 図式**と呼ぶ．　□

向きづけ可能な4次元閉多様体の微分同相類は Heegaard 図式で一意的にきまる．

(b)　$N = D^4$ の場合

4次元閉多様体 M のハンドル分解(5.8)において，1-ハンドルがない $(k_1 = 0)$ という特別の場合を考えてみよう．この場合 $N = D^4$ だから，M の Heegaard 図式は

$$(D^4; C_1, C_2, \cdots, C_k)$$

という形をしている．$C_1, C_2, \cdots, C_k$ は3次元球面 $S^3 = \partial D^4$ のなかの，滑らかな枠つき単純閉曲線である．しかも，互いに交わらない．

定義5.22(絡み目)　S^3 のなかの，互いに交わらない滑らかな単純閉曲線 $C_1, C_2, \cdots, C_k$ の和集合 $L = C_1 \cup C_2 \cup \cdots \cup C_k$ を**絡み目**(link)という．

唯1つの単純閉曲線 C_1 からなる絡み目を**結び目**(knot)という．

絡み目は有限個の結び目の非交和である．　□

1-ハンドルのない4次元閉多様体 M の Heegaard 図式は S^3 のなかの**枠つき絡み目**(framed link)である．

S^3 のなかに，互いに交わらない単純閉曲線 C_1, C_2 があり，しかもそれらに向きがついていると，C_1 と C_2 の間の**まつわり数**(linking number)という整数が決まる．まつわり数を記号で

$$\mathrm{Link}(C_1, C_2)$$

と書く.

$\mathrm{Link}(C_1, C_2)$ の値は, C_1 が S^3-C_2 のなかで連続的に変化しても変わらない. C_1 と C_2 の役割を入れ換えても同じことが言える.

また,

$$\mathrm{Link}(C_1, C_2) = \mathrm{Link}(C_2, C_1)$$

が成り立つ.

まつわり数の定義は他の教科書(例えば[10])にゆずるが, ここでは C_1 と C_2 の「絵」から $\mathrm{Link}(C_1, C_2)$ を計算する簡単な方法を述べよう.

図5.14のように C_1 と C_2 の絵が描かれているとする. この絵のなかの C_1 と C_2 の間の2重点(重なって見えるところ)に注目する. 自分自身との2重点は無視する. C_1 と C_2 の向きに関して, 2重点が図5.15の左のように見えるとき, その2重点に $+1$ という値を与え, 右のように見えるとき, -1 という値を与える. C_1 と C_2 の間のすべての2重点についてこの値を合計すると偶数になるが, その半分が $\mathrm{Link}(C_1, C_2)$ に等しい.

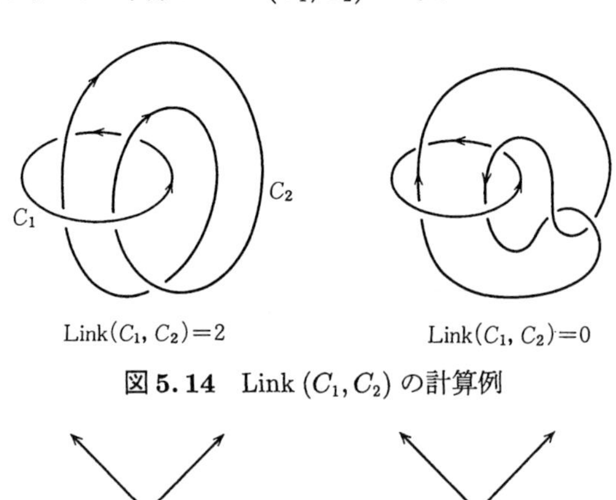

図5.14　$\mathrm{Link}\,(C_1, C_2)$ の計算例

+1　　−1

図5.15　プラスの2重点とマイナスの2重点

まつわり数は S^3 の向きにも依存するが，ここに述べた計算法は S^3 に「右手系」の向きを入れたことに相当している．図5.14はこの方法で $\mathrm{Link}(C_1, C_2)$ を計算した例である．

補題5.23 S^3 のなかの枠つき絡み目 $C_1 \cup C_2 \cup \cdots \cup C_k$ の場合には，各 C_i に，ある整数 a_i を指定することによって，枠の同値類を指定することができる．

［証明］ C_i に勝手に方向を定めておく．C_i に沿った枠 $\{\boldsymbol{v}_1, \boldsymbol{v}_2\}$ が与えられたとき，C_i を枠の方向に押し出したものを C_i' としよう．すなわち，C_i' はベクトル場 $\boldsymbol{v}_1$ の方向に C_i をずらしたものである．C_i と C_i' は「平行に」走り，互いに交わらない．C_i' には C_i と同じ方向を与えておく．すると，まつわり数

$$\mathrm{Link}(C_i, C_i')$$

が決まるが，この数 a_i を C_i に対応させればよい．a_i の値は，最初に勝手にとった C_i の方向にはよらない．（C_i の方向を逆転すると，C_i' の方向も逆転するからである．）

逆に，整数 a_i が与えられたとき，$\mathrm{Link}(C_i, C_i') = a_i$ となるようなベクトル場 $\boldsymbol{v}_1$ が C_i に沿って構成できることは明らかだろう．$\boldsymbol{v}_2$ は $\boldsymbol{v}_1$ を反時計回りに $90°$ 回転させたものとすればよい．

これで，補題5.23が示せた． ∎

例5.24（複素射影平面 $\mathbb{C}P_2$ の Heegaard 図式） 第3章の例3.10と同じ記号を使う．$\mathbb{C}P_2$ の点は $[z_1, z_2, z_3]$ で表される．ただし，0でない複素数 α について，$[\alpha z_1, \alpha z_2, \alpha z_3]$ と $[z_1, z_2, z_3]$ は同じ点を表す．

例3.10で与えた Morse 関数 $\mathbb{C}P_2 \to \mathbb{R}$ の，指数0の臨界点は $[1, 0, 0]$ である．この点に対応する上向き円板として

$$\Delta^4 = \{[1, z_2, z_3] \mid |z_2|^2 + |z_3|^2 \leqq 1\}$$

がとれる．

また，指数2の臨界点は $[0, 1, 0]$ で，対応する2-ハンドルの心棒は

$$\Delta^2 = \{[z_1, 1, 0] \mid |z_1| \leqq 1\}$$

である．共通部分 $C = \Delta^4 \cap \Delta^2$ を求めると

$$C = \{[1, \exp(\sqrt{-1}\,\theta), 0] \mid \theta \in \mathbb{R}\}.$$

したがって，$\mathbb{C}P_2$ の Heegaard 図式 $(\Delta^4; C)$ は 4 次元円板 Δ^4 と，その境界 $S^3 = \partial\Delta^4$ のなかの，標準的な円周 C(結ばれていない円周：**自明な結び目**ともいう)からなっている．

C の枠は整数 1 で与えられる．このことは，直接に計算できる．または，第 4 章の演習問題 4.2 と次の命題 5.25 からもわかる．こうして，$\mathbb{C}P_2$ の Heegaard 図式として，図 5.16 の枠つき絡み目が得られた．

$\mathbb{C}P_2$ に，複素構造から自然に決まる向きと反対の向きを入れたもの $-\mathbb{C}P_2$ の Heegaard 図式は C の枠を -1 にしたものである．　□

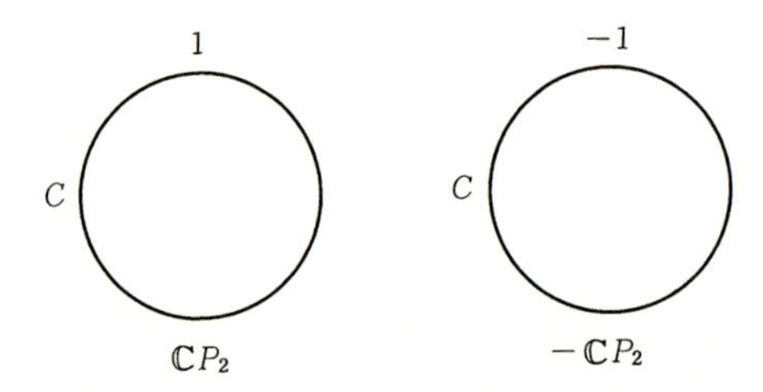

図 5.16　$\mathbb{C}P_2$ と $-\mathbb{C}P_2$ の Heegaard 図式

命題 5.25　1-ハンドルも 3-ハンドルもないハンドル分解をもつ 4 次元閉多様体 M の $H_2(M)$ は自由加群である．交点形式

$$I : H_2(M) \times H_2(M) \to \mathbb{Z}$$

は，Heegaard 図式 $(D^4; C_1, C_2, \cdots, C_k)$ から次のようにして計算できる：各閉曲線 C_i に任意の方向を定める．方向のついた C_i は一意的に $H_2(M)$ の元 x_i を決める．すなわち，C_i を接着球面(円周)とする 2-ハンドルの心棒で代表されるホモロジー類が x_i である．$\{x_1, x_2, \cdots, x_k\}$ が $H_2(M)$ の基底になる．そして，次の関係が成り立つ．

$$I(x_i, x_j) = \begin{cases} \mathrm{Link}(C_i, C_j) & (i \neq j \text{ のとき}) \\ a_i & (i = j \text{ のとき}) \end{cases}$$

□

M のハンドル分解に 1-ハンドルも 3-ハンドルもないとき，$H_2(M)$ が自由加群になることは第 4 章の定理 4.18 とチェイン複体の定義からわかる．2-

ハンドルの心棒のセルがその生成元である．交点形式とまつわり数の関係はよく知られた初等的事実だが，ここでは証明を省略する．

例 5.26　図 5.17 は $S^2 \times S^2$ の Heegaard 図式である．　□

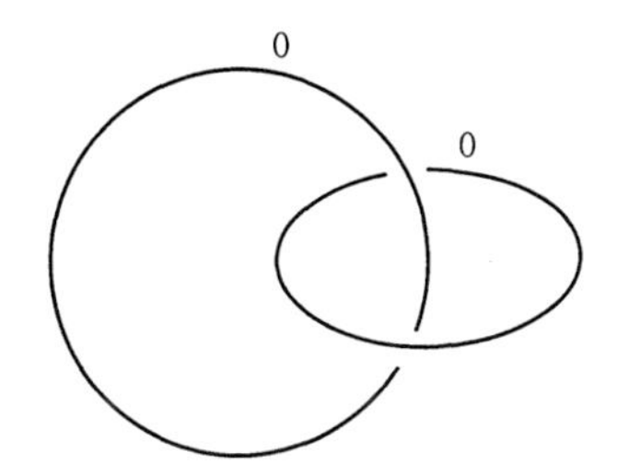

図 5.17　$S^2 \times S^2$ の Heegaard 図式

(c)　Kirby 計算

Kirby [1] は，S^3 内の枠つき絡み目 $L=(C_1, a_1) \cup (C_2, a_2) \cup \cdots \cup (C_k, a_k)$ から出発し，L に沿って D^4 に 2-ハンドルを接着したハンドル体

$$N_L = D^4 \cup (h_1^2 \sqcup h_2^2 \sqcup \cdots \sqcup h_k^2)$$

を考えた．

$(D^4; C_1, C_2, \cdots, C_k)$ は必ずしも 4 次元閉多様体の Heegaard 図式ではない．むしろ Kirby の主眼は境界として現れる 3 次元多様体 $M_L^3 = \partial N_L$ にあった．

定理 5.27（Lickorish [3]）　任意の向きづけられた 3 次元連結閉多様体 M^3 について，S^3 内の枠つき絡み目 $L=(C_1, a_1) \cup \cdots \cup (C_k, a_k)$ があって，M^3 は $M_L^3 (=\partial N_L)$ に，向きも考慮したうえで微分同相である．ただし，便宜上，M_L^3 には S^3 の右手系の向きを拡張する向きが入っているものとする．　□

定理 5.27 によれば，向きづけられた 3 次元閉多様体の研究は，S^3 内の枠つき絡み目の研究に，少なくとも原理的には帰着する．

Kirby は，枠つき絡み目 L の変形(move)として次の I, II を考えた．

変形 I：L を L' に変える．ただし，L' は，自明な結び目 C_0 に $+1$ または -1 の枠を与えたもの $(C_0, \pm 1)$ と L の和集合 $L \cup (C_0, \pm 1)$ のことである．C_0

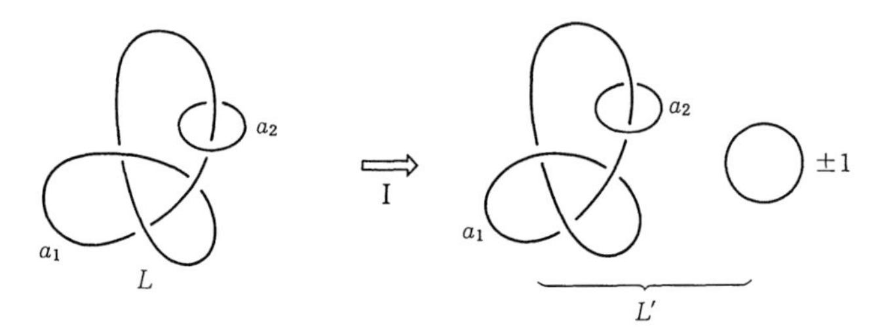

図 5.18　変形 I

は，L から離れて L に絡まない位置にあるとする(図 5.18 参照).

変形 II: L の 2 つの連結成分，例えば (C_1, a_1), (C_2, a_2) に注目し，C_1 をその枠 a_1 の方向に押し出したものを C_1' とする．C_1' と C_2 を図 5.19 のように「バンド」b で連結和したものを $C_1'\#_b C_2$ と書く．ただし，バンド b は両端で C_1' と C_2 に交わるほかには L に交わらないとする．C_2 を $C_1'\#_b C_2$ におきかえる．最後に，

$$a_2' := a_1 + a_2 \pm 2\,\mathrm{Link}(C_1, C_2) \tag{5.9}$$

という整数によって $C_1'\#_b C_2$ の枠を指定する．ここに，プラスを選ぶかマイナスを選ぶかは，$C_1'\#_b C_2$ の向きとして C_2 に一致するものを選んだとき，それが C_1 に平行する向きであるかどうかによる(図 5.19 参照).

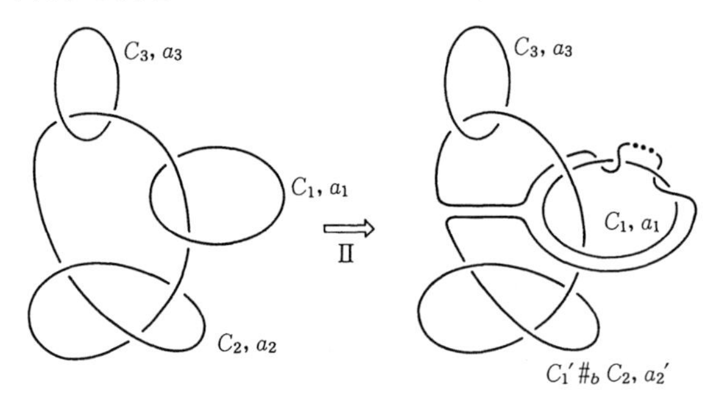

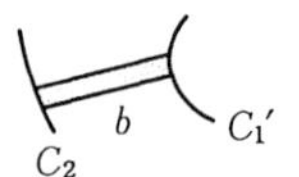

図 5.19　変形 II

変形IIは，ハンドル体 N_L において，C_2 に対応する2-ハンドルを C_1 に対応する2-ハンドルの上を滑らせることに対応している．したがって，変形IIを施しても N_L の微分同相類は変わらない．とくに，境界の3次元多様体 M_L^3 の(向きを考慮した)微分同相類も変わらない．

命題5.25と同様の命題が $H_2(N_L)$ 上の交点形式 I についても成り立ち，枠つき絡み目の各連結成分は N_L の2次元ホモロジー類に対応する．閉じた4次元多様体の場合との違いは，I が必ずしも非退化と限らないことである．

ハンドルを滑らせた後，$C_1'\#_b C_2$ に対応するホモロジー類は $\pm x_1+x_2$ である．$C_1'\#_b C_2$ の枠として，公式(5.9)で決まる整数 a_2' を指定した根拠は，次の式である：

$$I(\pm x_1+x_2,\, \pm x_1+x_2) = I(x_1, x_1)+I(x_2, x_2)\pm 2I(x_1, x_2).$$

変形Iは，N_L を変えてしまう．しかし，境界 M_L^3 の(向きを考慮した)微分同相類は変えない．

定理5.28 (Kirby [1]) S^3 内の枠つき絡み目 L_1 と L_2 について，$M_{L_1}^3$ と $M_{L_2}^3$ が向きも込めて微分同相な3次元多様体であるための必要十分条件は，L_1 と L_2 が変形Iと変形IIおよびそれらの逆を有限回施すことによって移り合うことである． □

S^3 内の枠つき絡み目 L は，前項のようにHeegaard図式として4次元閉多様体を表したり，また，N_L の形の4次元ハンドル体を表したりするが，一方では，$M_L^3\,(=\partial N_L)$ の形の3次元多様体を表すと考える場合もある．このように考える場合，L を3次元多様体 M_L^3 の**Kirby図式**(Kirby diagram)という．図5.16(左)と図5.17の枠つき絡み目は，4次元閉多様体のHeegaard図式としては，それぞれ $\mathbb{C}P_2$ と $S^2\times S^2$ を与えているが，3次元多様体のKirby図式としては両方とも S^3 を表している．

例5.29 (レンズ空間のKirby図式) p, q を $1\leqq q<p$ であって互いに素な整数とする．

$$a_1-\cfrac{1}{a_2-\cfrac{1}{\ddots-\cfrac{1}{a_k}}} \qquad (a_i\geqq 2)$$

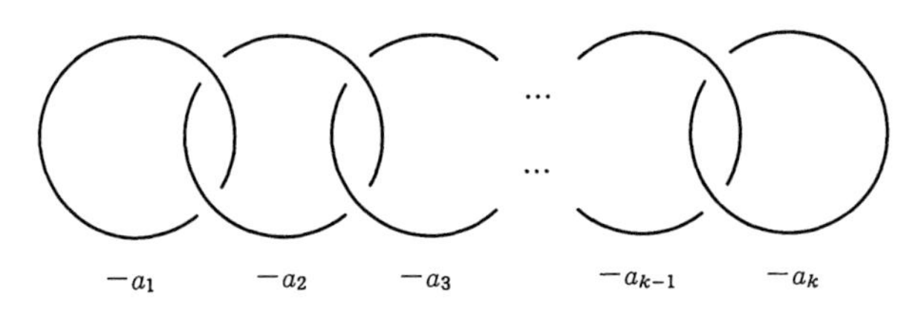

図 5.20　レンズ空間 $L(p,q)$ の Kirby 図式

を $\dfrac{p}{q}$ の連分数展開とすると，$L(p,q)$ の Kirby 図式は図 5.20 のようになる．　□

変形 I と II およびその逆によって枠つき絡み目をいろいろに変形することを，枠つき絡み目の **Kirby 計算**(Kirby calculus)という．また，変形 I と II およびその逆を **Kirby 変形**(Kirby move)という．

Kirby 計算は，2 つの 3 次元多様体が実際に微分同相であることを証明するのにしばしば有効である．Kirby の定理 5.28 は微分同相を判定するアルゴリズムを与えるものではないので，はじめから有用性が明らかだったとは言い難い．しかし，今日では，その理論的な重要性が広く認識されるようになった．

《要約》

5.1　セル複体の基本群は van Kampen の定理によって計算できる．

5.2　閉曲面は，向きづけ可能性と Euler 数によって完全に分類できる．

5.3　向きづけ可能な 3 次元連結閉多様体の微分同相類は Heegaard 図式で記述される．

5.4　4 次元の，向きのついた連結閉多様体の微分同相類は 4 次元の Heegaard 図式で記述される．

5.5　向きのついた 3 次元連結閉多様体の微分同相類は S^3 内の枠つき絡み目(Kirby 図式)でも記述される．

5.6　Kirby 図式を Kirby 変形で変えてもそれの表す 3 次元多様体の微分同相類は変わらない．

演習問題

5.1 円板 D^2 に 3 本の 1-ハンドル h_1, h_2, h_3 が付いている．もしこれらの 1-ハンドルがすべて裏表を保存するように付いていると，境界 $\partial(D^2 \cup h_1 \cup h_2 \cup h_3)$ は連結にならない．このことを証明せよ．

5.2 図 5.7 のハンドル体は図 5.8 のハンドル体に微分同相である．このことを証明せよ．

5.3 3 次元射影空間 P^3 のセル分割 $P^3 = e^0 \cup e^1 \cup e^2 \cup e^3$ であって，はじめの 3 つのセルを合わせた $e^0 \cup e^1 \cup e^2$ が射影平面 P^2 のセル分割になっているようなものを構成せよ．

現代数学への展望

Morse 理論は 1930 年代に確立した．それ以来，Morse 理論は無限次元と有限次元の交錯するところで興味深い発展をとげてきたが，この本はとくに有限次元の側面に限って Morse 理論を紹介した．

有限次元の Morse 理論でもっとも重要なのは，Smale によって創始されたハンドル体の理論である．この本の話題の中心もハンドル体である．高次元の微分位相幾何学が発展した 1960 年代に，ハンドル体の理論を基調として，h-コボルディズム定理と手術理論という 2 つの大きな理論が生み出された．これら 2 つの理論と 1960 年代最後の年に発表された Kirby-Siebenmann 理論によって高次元の微分位相幾何学のほとんどの成果が得られているといっても過言ではない．

1970 年以降は，とくに低次元の多様体が注目されるようになった．低次元多様体については実質的にハンドル体の理論と等価な理論が，Heegaard や Dehn といった人達によってすでに 20 世紀初頭に論じられていたが，これらの仕事が多くの人々の注目を集めるようになったのはやはり 70 年代以降であろう．とくに，Lickorish や Wallace の 60 年代の結果と Cerf の仕事を結合した「枠つき絡み目の Kirby 計算」が，低次元多様体を具体的に見えるようにした功績が大きい．

さらに Kirby 計算によって，低次元多様体論と結び目理論の結びつきが以前にも増して強固なものになった．最近では，結び目理論の結果が Kirby 計算を通して 3 次元多様体論の結果に拡張されたり，その逆の方向の拡張もあるなど，両者はほぼ一体の理論となった感がある．

3 次元空間のなかで 1 本のひもを結ぶやり方は無限に考えられるが，こうして得られる結び目の多様性を見ても，低次元多様体論が一筋縄では行かない理論であることがわかる．低次元のハンドル体理論は，多様体を具体的に目で見えるようにするが，しかし低次元のハンドルを直接扱うのは，多くの場合困難が大きい．例えば，Heegaard 分解を使って 3 次元多様体論を展開するのはなかなか困難な道である．

最近では，Heegaard 分解や Kirby 図式を直接扱う方法とは別に，これらを利用して 3 次元多様体の不変量を構成する研究が活発に行われている．こうして生み出された不変量に，Casson 不変量，河野不変量，種々の量子不変量，大槻の有限型不変量などがある．

興味深いことは，これらの不変量を考えるそもそもの出発点のところに，「接続」全体の空間の上の汎関数(Chern-Simons functional)についての無限次元 Morse 理論が，少なくとも指導原理としてあることである．

3 次元ばかりでなく，4 次元多様体論でも，Donaldson によるゲージ理論の応用(1980 年代初頭)に端を発し，非常に深い理論が組み立てられるようになった．Freedman の 4 次元位相多様体論と Donaldoson 理論を組み合わせて証明される 4 次元異種空間の存在(1983 年)の衝撃はいまだに記憶に新しい．Donaldson 理論も $SU(2)$ 接続全体の作る無限次元空間上の汎関数(Yang-Mills functional)に関する Morse 理論である．さらに最近では Seiberg–Witten 理論が Donaldson 理論を大幅に簡易化した．

20 世紀の末に，無限次元と有限次元の Morse 理論が再び密接に連動しだしたといえる．

当初の予定では，この本の最後の節は代数曲面のトポロジーにあてられるはずであった．しかし，原稿の分量が予定をはるかに超過してしまったので，代数曲面に関する節は省略せざるを得なかった．

そこで述べようとしたのは，Lefschetz ファイバー空間の理論である．これは，複素数の世界での Morse 理論と呼ぶべきもので，代数曲面(という特殊な 4 次元多様体)の位相を研究する際，重要である．特に特異ファイバーのまわりのモノドロミーは，4 次元多様体論と 2 次元閉曲面の写像類群，それに，組み合わせ群論を結びつける役割を果たす．これについて研究すべきことはまだまだあると考えられるが，この話題については別の機会を待ちたい．

最後に，私的な思い出を付け加えさせていただきたい．それはMorseの最晩年の思い出である．Morseが亡くなったのは1977年であるが，そのときちょうど，私はPrincetonの研究所に滞在していた．亡くなるまえに見たMorseはすでに80歳を過ぎていた．Morse家のパーティでピアノを弾いてくれたのを覚えている．Morseの研究室に押しかけていって，自分の話をきいてもらい，いくつか論文の別刷りをもらってきたりした．ある夕方，研究所のメイルボックスの前に立っていたら，Morseを迎えにきたMorse夫人が，“Marston!, Marston!”と，呼んでいるのが聞こえた．姿は見えなかったが，Morse夫人の声が暗くなりかけた廊下に響いていた．それからしばらくしてMorseが亡くなった．お葬式はPrinceton大学構内の教会であったが，出口で参列者に挨拶しているMorse夫人を見て，急に涙が止まらなくなってしまった．

このささやかな本をMorseの思い出に捧げたいと思います．

参考文献

[1] R. C. Kirby, A calculus for framed links in S^3, *Invent. Math.*, **45** (1978), 35–56.

[2] F. Laudenbach and V. Poenaru, A note on 4-dimensional handlebodies, *Bull. Soc. Math. France*, **100**(1972), 337–347.

[3] W. B. R. Lickorisch, A representation of orientable combinatorial 3-manifolds, *Ann. Math.*, **76**(1962), 531–540.

[4] J. Milnor, *Lectures on the h-cobordism theorem*, Princeton Univ. Press, 1965.

[5] J. Milnor, On manifolds homeomorphic to the 7-sphere, *Ann. of Math.*, **64**(1956), 399–405.

[6] S. Smale, Diffeomorphisms of the 2-sphere, *Proc. Amer. Math. Soc.*, **10**(1959), 621–626.

[7] J. M. Montesinos, Heegaard diagrams for closed 4-manifolds, *Geometric Topology* (ed. by J. Cantrell), Acad. Press, 1979.

[8] 田村一郎，微分位相幾何学，岩波書店，1992.

[9] 佐藤肇，位相幾何，岩波講座「現代数学の基礎」，1996.

[10] 松本幸夫，トポロジー入門，岩波書店，1985.

[11] 松本幸夫，多様体の基礎，東京大学出版会，1988.

[12] 松島与三，多様体入門，裳華房，1965.

[13] J. Milnor, *Topology from the differentiable viewpoint*, U. P. of Virginia, 1965.

[14] 佐武一郎，線型代数学，裳華房，1958.

[15] 田村一郎，トポロジー，岩波全書，1972.

参考書

1. J. Milnor, Morse theory, *Ann. Math. Studies*, **51**(1963), Princeton U. P.
有限次元の Morse 理論からはじめて，Lie 群の道の空間上のエネルギー汎関数の Morse 理論に及ぶ．そして最終的に，Lie 群の安定ホモトピー群に関する Bott 周期性という美しい定理が証明される．叙述は簡潔でわかりやすい．Morse 理論の古典的名著である．
2. J. Milnor, *Lectures on the h-cobordism theorem*, Princeton U. P., 1965.
高次元多様体の微分位相幾何で重要な h-コボルディズム定理の解説である．多様体のハンドル分解の理論をていねいに解説している．この本も非常に読みやすくわかりやすい．本書のハンドル体の扱いは多くをこの本によっている．
3. R. C. Kirby, The topology of 4-manifolds, *Lect. Notes in Math.*, **1374**(1989), Springer-Verlag.
枠つき絡み目と低次元多様体論の交錯を軸にして，4 次元多様体論を展開している．叙述はかなり直観的なところもあるので，図の多い割りには，初めての人にはとっつきにくい印象を与えるかも知れない．
4. 服部晶夫，いろいろな幾何 II，岩波講座「応用数学」，岩波書店，1993.
Morse 理論を含む多様体のトポロジーのいろいろな側面について，簡潔に解説してくれている．(「多様体のトポロジー」として単行本化されている．)
5. 横田一郎，多様体とモース理論，現代数学社，1978.
本書とあわせ読まれれば大変参考になると思う．
6. 横田一郎，群と位相，裳華房，1971.
Lie 群や等質空間を中心に据えた多様体のトポロジーへの入門書である．
7. 田村一郎，微分位相幾何学，岩波書店，1992.
多様体のトポロジーの本格的教科書．研究に必要な知識は大体これで間に合う．
8. 森元勘治，3 次元多様体入門，培風館，1996.
3 次元多様体論への現代的な入門書である．非常に要領よくまとめられている印象を受ける．
9. D. Rolfsen, Knots and Links, *Math. Lecture Series*, **7**(1976), Publish and

Perish, Inc.
結び目理論への入門書．絵が豊富．

10. 河内明夫，結び目理論，シュプリンガー・フェアラーク東京，1990.
結び目理論の現状が概観できる．

11. 深谷賢治，ゲージ理論とトポロジー，シュプリンガー・フェアラーク東京，1995.
無限次元の Morse 理論に多く関係する本であるが，序論に Morse 理論の見事な解説がある．

演習問題解答

第1章

1.1　標準的な2次元球面 S^2 を南北両半球に分割しておく：$S^2=D_-\cup D_+$. $H_2\colon D_2\to D_-$ を任意の微分同相写像とすると，補題1.20により合成 $(H_2\,|\,\partial D_2)\circ h\colon \partial D_1\to\partial D_-=\partial D_+$ は，微分同相写像 $H_1\colon D_1\to D_+$ に拡張される．すると，2つの微分同相写像 H_1 と H_2 を張り合わせて1つの微分同相写像 $H\colon D_1\cup_h D_2\to S^2$ が得られる．

1.2　まず，D^2 に極座標 (r,θ) を入れる．$r=1$ の部分が円周 S^1 であり，$r=0$ は原点 $\mathbf{0}$ である．$H\colon D^2\to D^2$ を

$$H(r,\theta)=(r,h(\theta))$$

と定義すればよい．h が同相写像であれば，H も同相写像である．ただし，はじめの $h\colon S^1\to S^1$ が C^∞ 級でも，一般に $H\colon D^2\to D^2$ は中心点のところで微分できなくなる．したがって，微分同相写像 $h\colon S^1\to S^1$ を微分同相写像 $H\colon D^2\to D^2$ に拡張することはこの方法ではできない．(ここで述べたような D^2 の境界の同相写像を D^2 の同相写像に拡張する議論は一般の n 次元円板 D^n にも適用でき，Alexander のトリックと呼ばれている．演習問題3.1参照.)

1.3　円周 S^1 に角度 θ で座標を入れる．必要なら D^2 を裏返す微分同相写像を合成することにして，h は S^1 の方向を変えないと仮定してよい．すると $\dfrac{dh}{d\theta}(\theta)>0$ であると仮定できる．まず $h\colon S^1\to S^1$ をアニュラスの微分同相写像 $H'\colon S^1\times[0,1]\to S^1\times[0,1]$ に拡張する．それには，

$$H'(\theta,t)=(th(\theta)+(1-t)\theta,t),\quad \forall(\theta,t)\in S^1\times[0,1] \tag{1}$$

とおけばよい．ここに，$b(t)$ は実数直線上の実数値 C^∞ 関数で，

$$\begin{cases} b(t)=0 & t\leqq 0\\ 0<b(t)<1 & 0<t<1\\ b(t)=1 & 1\leqq t\end{cases}$$

を満たすものである．このような性質を持つ関数 $b(t)$ の構成は比較的よく知られているが，ここで解説しておこう．まず，実数直線上の実数値 C^∞ 関数 $a(t)$ を次のように構成する：

$$a(t)=\begin{cases} exp(-\dfrac{1}{t}) & t>0 \\ 0 & t\leqq 0. \end{cases}$$

このように構成された関数 $a(t)$ が実際に C^∞ 関数になることは，参考文献[11]の§13 で証明されている．関数 $a(t)$ の値は，$t>0$ の範囲で常に正である．いま必要な関数 $b(t)$ は，上で構成された関数 $a(t)$ を使って

$$b(t)=\frac{a(t)}{a(t)+a(1-t)}$$

という式で与えられる．(参考文献[11] §13 参照.) この関数 $b(t)$ の微分係数は $0<t<1$ の範囲でつねに正である．

さて，関数 $b(t)$ を用いて式(1)のように定義された H' の Jacobi 行列の行列式はつねに正であることがわかり，H' は微分同相写像である．はじめの S^1 は $S^1\times\{1\}$ に同一視されている．$S^1\times\{0\}$ では H' は恒等写像になっており，この円周 $S^1\times\{0\}$ に沿って円板 D^2 を張り付ける．そして，アニュラス $S^1\times[0,1]$ の微分同相写像 H' を，張り付けた円板 D^2 の部分では恒等写像とおくことにより拡張する．こうして，$h:S^1\to S^1$ は $S^1\times[0,1]\cup D^2$ の微分同相写像 H に拡張できる．$S^1\times[0,1]\cup D^2$ がまた円板 D^2 に微分同相であることは容易にわかるから，はじめの微分同相写像 $h:S^1\to S^1$ が円板の微分同相写像 H に拡張できたことになる．

(この解答のアイデアは青山学院大学の矢野公一氏に教えていただいた．ただし，筆者の不注意から，H' の構成に関数 $b(t)$ を用いず，単に

$$H'(\theta,t)=(th(\theta)+(1-t)\theta,t)$$

としていたので，H' を $S^1\times[0,1]\cup D^2$ に拡張した写像が $S^1\times\{0\}$ と $S^1\times\{1\}$ のところで，一般に微分できなくなる．上の関数 $b(t)$ を用いれば，関数 $b(t)$ の微分係数は何階の微分係数でも $t=0,1$ ですべて 0 となることから，H' を拡張して得られる H がどこでも C^∞ 級になることがわかる．このような修正の必要性を金沢大学の岩瀬順一氏から注意された.)

1.4 トーラス上の任意の点で，(θ,ϕ) を局所座標系として使える．

$$\frac{\partial f}{\partial\theta}=-(R+r\cos\phi)\sin\theta=0,\quad \frac{\partial f}{\partial\phi}=(-r\sin\phi)\cos\theta=0$$

を解いて，$(\theta,\phi)=(0,0)$, $(0,\pi)$, $(\pi,0)$, (π,π) の 4 点が臨界点である．Hesse 行列 H_f を各臨界点で求めてみると，これらの臨界点が非退化であること，また $(0,0)$, $(0,\pi)$, (π,π), $(\pi,0)$ の指数が順に $2,1,1,0$ であることがわかる．

第2章

2.1 点 p_0 のまわりの異なる局所座標系 $(x_1, \cdots, x_m)$, $(y_1, \cdots, y_m)$ をとる．偏微分の座標変換の公式

$$\frac{\partial f}{\partial x_i}(p_0) = \sum_{j=1}^{m} \frac{\partial y_j}{\partial x_i} \frac{\partial f}{\partial y_j}(p_0)$$

から，p_0 が $(y_1, \cdots, y_m)$ で計算したとき f の臨界点 $\left(\dfrac{\partial f}{\partial y_1}(p_0) = \cdots = \dfrac{\partial f}{\partial y_m}(p_0) = 0\right)$ であれば，$(x_1, \cdots, x_m)$ で計算したときも f の臨界点 $\left(\dfrac{\partial f}{\partial x_1}(p_0) = \cdots = \dfrac{\partial f}{\partial x_m}(p_0) = 0\right)$ であることがわかる．2つの座標系の役割を入れ換えても同じことが言えるから，p_0 が f の臨界点であることは局所座標系の取り方によらない．

2.2 臨界点は $(0, \cdots, 0, \pm 1)$ の2つだけである．その指数は $(0, \cdots, 0, -1)$ が 0, $(0, \cdots, 0, 1)$ が $m-1$ である．第1章の例1.15参照．

2.3 (p, q) を直積 $M \times N$ の任意の点とし，$(x_1, \cdots, x_m)$ と $(y_1, \cdots, y_n)$ をそれぞれ p と q のまわりの M と N の局所座標系とすると，直積 $M \times N$ のなかの，(p, q) のまわりの局所座標系として $(x_1, \cdots, x_m, y_1, \cdots, y_n)$ がとれる．

$$\frac{\partial F}{\partial x_i} = \left(\frac{\partial f}{\partial x_i}\right)(B+g), \quad \frac{\partial F}{\partial y_j} = (A+f)\left(\frac{\partial g}{\partial y_j}\right)$$

であるから，A と B をそれぞれ M と N の上で $A > |f|$ と $B > |g|$ が成り立つように十分大きくとっておくと，

$$\frac{\partial F}{\partial x_i}(p, q) = \frac{\partial F}{\partial y_j}(p, q) = 0 \ \ (i = 1, \cdots, m, \ \ j = 1, \cdots, n)$$

と

$$\frac{\partial f}{\partial x_i}(p) = 0 \ \ (i = 1, \cdots, m) \text{ かつ } \frac{\partial g}{\partial y_j}(q) = 0 \ \ (j = 1, \cdots, n)$$

が同値になる．したがって，F の臨界点は (p_0, q_0) に限る．ここに，p_0 と q_0 はそれぞれ f と g の臨界点である．このときの (p_0, q_0) の指数は p_0 の指数と q_0 の指数の和である．(p_0 と q_0 の近傍で f と g を標準形で表して，計算せよ．)

2.4 $\dfrac{\partial f}{\partial \theta_i} = 0$ と $\theta_i = 0, \pi$ は同値である(2π の整数倍の違いは無視する)．したがって，臨界点は $(\varepsilon_1, \varepsilon_2, \cdots, \varepsilon_m)$ (ただし，$\varepsilon_i = 0, \pi$)．これらの臨界点が非退化であることの証明は省略．$(\varepsilon_1, \cdots, \varepsilon_m)$ の指数は $\varepsilon_i = 0$ であるような ε_i の個数に等しい．

第3章

3.1 D^m を半径1の m 次元円板とし，その中心を $\mathbf{0}$ とする．$\mathbf{0}$ と S^{m-1} の点 x を結ぶ線分上，$\mathbf{0}$ からの距離が r であるような D^m の点を (r,x) と書く．$\overline{h}\colon D^m \to D^m$ を $\overline{h}(r,x)=(r,h(x))$ とおけばよい．

3.2 直観的にはやさしいが，具体的に式で書こうとすると，それほど簡単ではない．いろいろな方法が考えられるが，ここでは次のような手順でアイソトピー $\{h_t\}_{t\in J}$ を構成しよう．まず，C^∞ 級の1変数関数 $f(x)$ であって

$$f(x)=\begin{cases} 1 & \left(|x|<\dfrac{1}{3}\right) \\ 0 & \left(|x|>\dfrac{1}{2}\right) \end{cases},\quad 0\leqq f(x)\leqq 1$$

を満たすものを1つ選んでおく．(このような $f(x)$ が存在することについては，文献[11]の§13を見よ.)

$\varepsilon>0$ を十分小さい正数とすれば，

$$f_\varepsilon(x)=\varepsilon f(x)+x$$

は x について単調増加であって，しかも，$|x|>\dfrac{1}{2}$ のとき $f_\varepsilon(x)=x$ である．また，$f_\varepsilon(0)=\varepsilon$ である．さらに，広義単調増加な C^∞ 級の1変数関数 $\rho_\varepsilon(x)$ を

$$\rho_\varepsilon(x)=\begin{cases} 0 & \left(x<\dfrac{\varepsilon}{2}\right) \\ 1 & (x>\varepsilon) \end{cases}$$

であるように選んでおく．(このような $\rho_\varepsilon(x)$ の存在についても文献[11]の§13を見よ.)

以上の準備のもとに C^∞ 級の k 変数関数 $g_\varepsilon(x_1,\cdots,x_{k-1},x_k)$ を次のように定義する．

$$g_\varepsilon(x_1,\cdots,x_{k-1},x_k)=(1-\rho_\varepsilon(x_1^2+\cdots+x_{k-1}^2))f_\varepsilon(x_k)+\rho_\varepsilon(x_1^2+\cdots+x_{k-1}^2)x_k.$$

このように g_ε を定義すると，ρ_ε の性質により，

$$\begin{cases} x_1^2+\cdots+x_{k-1}^2<\dfrac{\varepsilon}{2}\ \text{のとき，}\ g_\varepsilon(x_1,\cdots,x_{k-1},x_k)=f_\varepsilon(x_k), \\ x_1^2+\cdots+x_{k-1}^2>\varepsilon\ \text{のとき，}\ g_\varepsilon(x_1,\cdots,x_{k-1},x_k)=x_k \end{cases}$$

であることがわかる．また，$f_\varepsilon(x_k)$ の性質により

$$|x_k|>\frac{1}{2}\ \text{ならば，}\ g_\varepsilon(x_1,\cdots,x_{k-1},x_k)=x_k$$

であることもわかる．$g_\varepsilon(x_1, \cdots, x_{k-1}, x_k)$ は x_k に関しては単調増加であって，しかも $g_\varepsilon(0, \cdots, 0, 0) = f_\varepsilon(0) = \varepsilon$ である．

微分同相写像 $h \colon D^k \to D^k$ を

$$h(x_1, \cdots, x_{k-1}, x_k) = (x_1, \cdots, x_{k-1}, g_\varepsilon(x_1, \cdots, x_{k-1}, x_k))$$

と定義すれば，上に述べた $g_\varepsilon(x_1, \cdots, x_{k-1}, x_k)$ の性質により，($\varepsilon > 0$ を十分小さく選んでおけば) h は ∂D^k の近傍で恒等写像 id であり，しかも

$$h(0, \cdots, 0, 0) = (0, \cdots, 0, \varepsilon)$$

であることがわかる．すでに選んでおいた広義単調増加関数 $\rho_\varepsilon(x)$ をもう一度利用して，D^k のアイソトピー $\{h_t\}_{t \in J}$ を

$$h_t(x_1, \cdots, x_{k-1}, x_k) = (x_1, \cdots, x_{k-1}, \rho_\varepsilon(t) g_\varepsilon(x_1, \cdots, x_{k-1}, x_k) + (1 - \rho_\varepsilon(t)) x_k)$$

と定義する．そうすると確かに

$$\begin{cases} t \leqq 0 \text{ のとき，} h_t = \mathrm{id} \\ t \geqq \varepsilon \text{ のとき，} h_t = h \end{cases}$$

である．$t = 1$ のときの h_1 は h に等しく，それは D^k の原点 $(0, \cdots, 0)$ を $(0, \cdots, 0, \varepsilon)$ にうつす．

いまは $\varepsilon > 0$ は十分小さい正数であったが，次に，$\varepsilon < a < 1$ であるような任意の正数 a が与えられたとき，

$$h_1(0, \cdots, 0) = (0, \cdots 0, a)$$

であるようなアイソトピーを構成しよう．そのために，$\delta > 0$ を十分小さい正数とし，広義単調増加関数 $\sigma(x)$ を

$$\sigma(x) = \begin{cases} \dfrac{\varepsilon}{a} & (x < a + \delta) \\ 1 & (x > a + 2\delta) \end{cases}$$

を満たすように選ぶ．そして微分同相写像 $H \colon D^k \to D^k$ を

$$H(x_1, \cdots, x_k) = (\sigma(\|x\|) x_1, \cdots, \sigma(\|x\|) x_k)$$

と定義しよう．ただし，$\|x\|^2 = x_1^2 + \cdots + x_k^2$ である．H は ∂D^k の近傍では恒等写像 id であり，かつ

$$H(0, \cdots 0, a) = (0, \cdots, 0, \varepsilon)$$

である．はじめに構成しておいたアイソトピー $\{h_t\}_{t \in J}$ と H を合成して，アイソトピー $\{H^{-1} \circ h_t \circ H\}_{t \in J}$ を考えれば，$t \leqq 0$ のとき，恒等写像であり，$t \geqq 1$ のとき，$H^{-1} \circ h_1 \circ H$ は D^k の原点 $(0, \cdots, 0)$ を $(0, \cdots, 0, a)$ にうつす．

こうして構成されたアイソトピーに D^k の回転を合成すれば，原点を D^k の内部の任意の点 p_1 にうつすアイソトピーが得られる．さらに，そのようなアイソトピーと，その逆を 2 つ続ければ D^k の内部の任意の点 p_1 と p_2 について，p_1 を p_2 にうつすアイソトピーが得られる．

3.3 連続関数を C^∞ 級関数で近似するための，次のような手法を使って解決しよう．まず，$\mathbb{R}$ 上で定義された 1 変数 C^∞ 級関数 $\sigma(t)$ で，次の 4 つの性質をもつものを考える(図 A.1)．

（i） $\sigma(t) \geqq 0$.

（ii） $|t| > \varepsilon$ のとき，$\sigma(t) = 0$．ただし，$\varepsilon > 0$ は十分小さい正数．

（iii） $\displaystyle\int_{-\infty}^{\infty} \sigma(t)dt = 1$.

（iv） $\sigma(t) = \sigma(-t)$.

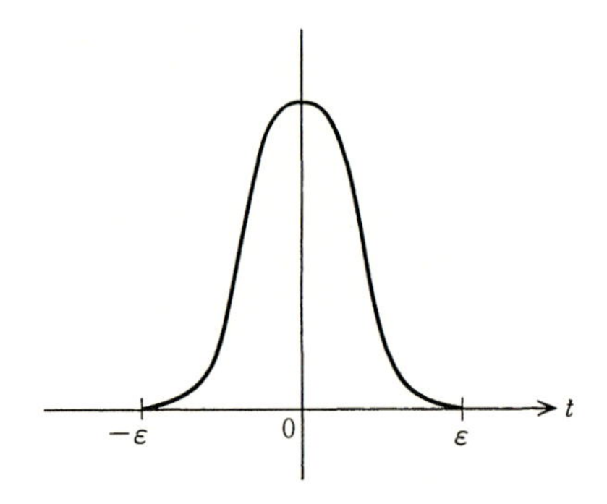

図 **A.1** $\sigma(t)$ のグラフ

このような $\sigma(t)$ は，例えば文献[11] §13 の関数 $c_\varepsilon(t)$ を $\left\{1 \Big/ \int_{-\infty}^{\infty} c_\varepsilon(t)dt\right\}$ 倍すれば得られる．$f(t)$ を $\mathbb{R}$ 上の連続関数として，

$$g(x) = \int_{-\infty}^{\infty} f(t)\sigma(x-t)dt$$

とおくと，$g(x)$ は，$|t-x| < \varepsilon$ という t の範囲での $f(t)$ の重みつき平均値である．したがって，ε が小さければ小さいほど，$g(x)$ は $f(x)$ の良い近似になっている．また $f(t)$ が単調増加であれば，$g(x)$ も単調増加である．上の定義式から，f が微分可能でなくとも，$g(x)$ は x に関して C^∞ 級であることに注意しよう．さらに，σ の対称性(性質(iv))から次のことがわかる．すなわち，q をある実数として，q を中心とする t の範囲 $|t-q| < 2\varepsilon$ において，$f(t)$ が 1 次関数($f(t) = At+B$)であれば，$g(x)$ は $|x-q| < \varepsilon$ の範囲で同じ形の 1 次関数($g(x) = Ax+B$)である．

以上の一般論の応用として，問題 3.3 を考えよう．以下，記号は問題 3.3 と同じである．$f_0(t)$ を，1 次関数をつなげた「折れ線関数」で，次の 3 性質をもつものとする．

（i） $f_0(t)$ は t に関して単調増加である．

（ii） $t<c+2\varepsilon$ または $t>d-2\varepsilon$ のとき，$f_0(t)=t$．ただし，ε は上で σ を定義するときに使った正数である．

（iii） $|t-q_1|<2\varepsilon$ の範囲で，$f_0(t)=t+a-q_1$．

$f_0(t)$ のグラフは図 A.2 のようになる．この f_0 を C^∞ 級で近似する関数 $g_0(x)$ を

$$g_0(x)=\int_{-\infty}^{\infty} f_0(t)\sigma(x-t)dt$$

と定義する．すると，$g_0(x)$ は C^∞ 級であって，次の 3 性質をもつことがわかる．

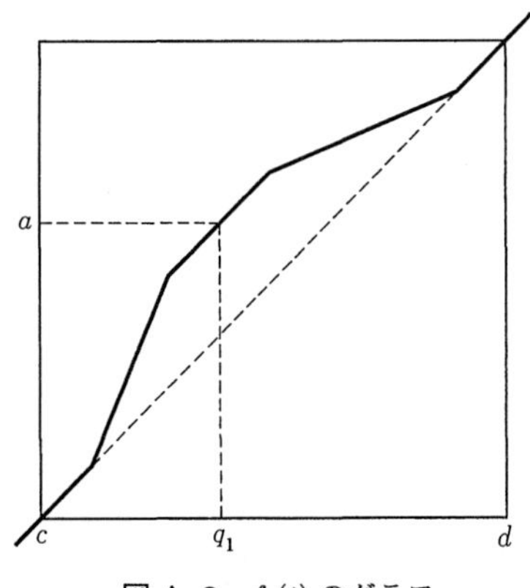

図 A.2 $f_0(t)$ のグラフ

（i） $g_0(x)$ は単調増加で，x が c から d まで増加すると，$g_0(x)$ も c から d まで増加する．

（ii） $x<c+\varepsilon$ または $x>d-\varepsilon$ の範囲で，$g_0(x)=x$．

（iii） $|x-q_1|<\varepsilon$ の範囲で，$g_0(x)=x+a-q_1$．とくに $g_0(q_1)=a$ である．

次に，q_1 を q_2 に，a を b におきかえて，同様の性質をもつ関数 $g_1(x)$ を構成する．$g_1(x)$ はとくに $g_1(q_2)=b$ を満たす．

広義単調増加な C^∞ 級関数 $\rho(s)$ で

$$\rho(s)=\begin{cases}0 & s\leqq 0\\ 1 & s\geqq 1\end{cases}$$

であるようなものを選ぶ(この $\rho(s)$ は演習問題 1.3 の解答中で使った関数 $b(t)$ と同じにとればよい：$\rho(s)=b(s)$)．求める関数 $G(x,s)$ は

$$G(x,s)=(1-\rho(s))g_0(x)+\rho(s)g_1(x)$$

とおいて，定義すればよい．

3.4 例 3.11 で計算したように，問題の臨界点における Hesse 行列は $\dfrac{m(m-1)}{2}$ 行 $\dfrac{m(m-1)}{2}$ 列対角行列である．その「第 (i,k) 番目」の対角成分は

$$-c_i\varepsilon_i-c_k\varepsilon_k$$

である．$i<k$ と仮定する．$1<c_1<c_2<\cdots<c_m$ であることと，$\varepsilon_i=\pm 1$ であることから，この対角成分は $\varepsilon_k=1$ であれば(ε_i の正負にかかわらず)負である．このような k を 1 つ止めれば，対 (i,k) は $k-1$ 個ある．したがって，$\varepsilon_k=1$ であるような k を小さい順に

$$k_1,\ k_2,\ \cdots,\ k_n$$

と並べておけば，Hesse 行列の指数は

$$(k_1-1)+(k_2-1)+\cdots+(k_n-1)$$

で与えられる．

第 4 章

4.1 $H_0(P^2)\cong\mathbb{Z}$, $H_1(P^2)\cong\mathbb{Z}_2$．$i\geqq 2$ ならば，$H_i(P^2)\cong\{0\}$.

4.2 交点形式の非退化性から証明できる．

4.3 Poincaré 双対性により，M の Betti 数 $b_0(M), b_1(M), \cdots, b_m(M)$ の間には $b_i(M)=b_{m-i}(M)$ $(i=0,1,\cdots,m)$ という関係がある．ただし，$m=\dim M$．このことと Euler–Poincaré 公式 $\chi(M)=\sum_{i=1}^{m}(-1)^i b_i(M)$ から，m が奇数ならば $\chi(M)=0$ であることがわかる．(なお，M が閉じた奇数次元多様体であれば，M が向きづけ可能でなくとも $\chi(M)=0$ であることが知られている．)

第 5 章

5.1 もし h_1 の足が h_2, h_3 の足と全然交叉していなければ，境界 $\partial(D^2\cup h_1\cup h_2\cup h_3)$ は連結でない．したがって，h_1 の足は少なくとも 1 つの 1-ハンドル(そ

れを h_2 としよう)の足と交叉しているとしてよい．そうすると，境界 $\partial(D^2 \cup h_1 \cup h_2)$ は連結(円周)になるので第 3 の 1-ハンドル h_3 の足を滑らすことによって h_3 の足は h_1 や h_2 の足と交叉していないようにできる．そうすると，$\partial(D^2 \cup h_1 \cup h_2 \cup h_3)$ は連結にならない．

5.2 図 A.3 を見ればよい．

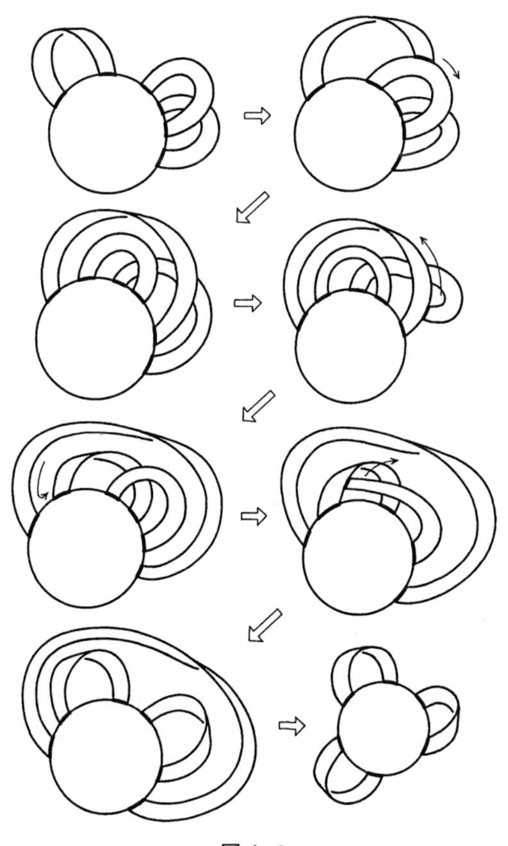

図 A.3

5.3　3次元球面 S^3 を4次元空間の単位球面 $\{(x,y,z,w) \mid x^2+y^2+z^2+w^2=1\}$ と考える．S^3 を，2つの0セル $e^0_\pm=(\pm 1,0,0,0)$，2つの1セル $e^1_\pm=\{(x,y,0,0) \mid x^2+y^2=1,\ \pm y>0\}$，2つの2セル $e^2_\pm=\{(x,y,z,0) \mid x^2+y^2+z^2=1,\ \pm z>0\}$，2つの3セル $e^3_\pm=\{(x,y,z,w) \mid x^2+y^2+z^2+w^2=1,\ \pm w>0\}$ に分割すれば，この分割が求める P^3 の分割に落ちる．

欧文索引

和文索引

タ 行

ナ 行

ハ 行

マ 行

ヤ 行

ラ 行

ワ 行

■岩波オンデマンドブックス■

Morse 理論の基礎

2005年 8月 9日　第1刷発行
2015年 6月19日　第4刷発行
2019年 3月12日　オンデマンド版発行

著　者　松本幸夫（まつもとゆきお）

発行者　岡本 厚

発行所　株式会社 岩波書店
〒101-8002 東京都千代田区一ツ橋 2-5-5
電話案内 03-5210-4000
http://www.iwanami.co.jp/

印刷／製本・法令印刷

ISBN 978-4-00-730862-8　　Printed in Japan